U0640821

新时期绿色建筑设计研究

史瑞英　著

西北农林科技大学出版社

内容简介

本书立足于目前我国绿色建筑节能的发展现状，引进国际上先进的建筑节能 理念，提出了绿色建筑节能设计的方法，旨在引导我国绿色建筑节能设计的进步 与创新，推动绿色建筑及相关行业的发展。主要内容包括绿色建筑的基本知 识、不同地区绿色建筑的设计特点节能标准、绿色建筑的设计标准、绿色建筑的设计路线、绿色建筑使用的材料、既有建筑的绿色改造、绿色建筑的景观设计，共七章。本书在内容上具有以下 特点：

（1）覆盖范围广，涉及绿色建筑设计的方方面面，内容详实，实用性强；

（2）集概念、设计、施工于一体，整体思路清晰，逻辑性强，适合不同 层次和水平的读者阅读；

（3）涵盖绿色建筑新建与改造两个方面，使读者能够清楚地了解绿色建筑的设计基本途径。

图书在版编目（CIP）数据

新时期绿色建筑设计研究 / 史瑞英著. –– 杨凌：

西北农林科技大学出版社, 2020.7

ISBN 978-7-5683-0853-3

Ⅰ.①新… Ⅱ.①史… Ⅲ.①生态建筑－建筑设计—

研究 Ⅳ.①TU201.5

中国版本图书馆CIP数据核字(2020)第142447号

新时期绿色建筑设计研究

出版发行	西北农林科技大学出版社	
地　　址	陕西杨凌杨武路 3 号　　邮　编　712100	
印　　刷	北彩虹印制厂	
版　　次	2020 年 7 月第 1 版	
印　　次	2022 年 9 月第 2 次	
开　　本	16	
印　　张	12.5	
字　　数	300 千字	
ISBN	978-7-5683-0853-3	

定　价：78.00元

前　　言

　　我国是能源消费大国，建筑能耗在社会总能耗中所占的比重较大，建筑节能 工作任务艰巨，任重而道远。积极推进绿色建筑节能，有利于改善人民生活水平和工作环境，保证国民经济持续稳定发展，减轻大气污染和温室气体排放，是推 动我国建筑业可持续发展和节能减排的重要工作。

　　本书立足于目前我国绿色建筑节能的发展现状，引进国际上先进的建筑节能 理念，提出了绿色建筑节能设计的方法，旨在引导我国绿色建筑节能设计的进步 与创新，推动绿色建筑及相关行业的发展。主要内容包括绿色建筑的基本知 识、不同地区绿色建筑的设计特点节能标准、绿色建筑的设计标准、绿色建筑的设计路线、绿色建筑使用的材料、既有建筑的绿色改造、绿色建筑的景观设计，共七章。本书在内容上具有以下 特点：

　　（1）覆盖范围广，涉及绿色建筑设计的方方面面，内容详实，实用性强；

　　（2）集概念、设计、施工于一体，整体思路清晰，逻辑性强，适合不同 层次和水平的读者阅读；

　　（3）涵盖绿色建筑新建与改造两个方面，使读者能够清楚地了解绿色建筑的设计基本途径。

　　本书可作为普通高校建筑环境与设计、建筑学、城乡规划等专业的 选修课教材，也可供其他土建类设计及施工人员学习参考。

　　由于作者水平有限，且时间仓促，书中难免有疏漏和不妥之处，恳切希望得到各方面的批评和指正，以使本书不断完善。

目　　录

第一章 概　述

第一节　绿色建筑的概念

绿色是自然界植物的颜色，是生命之色，象征着生机盎然的自然及生态系统。中国的绿色思想可追溯到《易传》，"人与天地合其德，与日月合其明，与四时合其序，与鬼神合其吉凶"。其中的天人合一的思想，体现了原始、自发、朴素的绿色意识。

"绿色建筑"在日本称为"环境共生建筑"，在一些欧美国家称之为"生态建筑""可持续建筑"，在北美国家则称之为"绿色建筑"。"绿色建筑"的"绿色"，并非一般意义上的立体绿化、屋顶花园或建筑花园概念，而是代表一种节能、生态概念或象征，是指建筑对环境无害，能充分利用环境的自然资源，并且在不破坏环境基本生态平衡条件下建造的一种建筑。因此，绿色建筑也被很多学者称为"低碳建筑""节能环保建筑"等，其本质都是关注建筑的建造和使用及对资源的消耗和对环境造成的影响最低，同时也强调为使用者提供健康舒适的建成环境。

由于各国经济发展水平、地理位置和人均资源等条件不同，在国际范围内对于绿色建筑的定义和内涵的理解也就不尽相同，存在一定的差异。

一、绿色建筑的概念

（一）绿色建筑的几个相关概念

1. 生态建筑

生态建筑理念源于从生态学的观点看持续性，问题集中在生态系统中的物理组成部分和生物组成部分相互作用的稳定性。古西洋神话中有一种叫欧伯罗斯（Ouroboros）的怪兽，可以吞食自己不停生长的尾巴而长生不死。古埃及与古希腊常以一对互吞尾巴的蛇纹形图腾来表现 Ouroboros，象征不断改变形式但永不消失的一切物质与精神的统合，也隐喻着毁灭与再生的循环。1974 年，美国明尼苏达州建造了第一座以 Ouroboros 命名的生态住宅建筑，顾名思义，就是希望建筑能达到完全与环境共生并符合自给自足的生态循环系统的最高境界。

生态建筑受生态生物链、生态共生思想的影响，对过分人工化、设备化的环境提出质疑，生态建筑强调使用当地自然建材，尽量不使用电化设备，而多采用太阳能热水、雨水回收利用、人工污水处理等方式。生态建筑的目标主要体现在：生态建筑提供有益健康的建成环境，并为使用者提供高质量的生活环境；减少建筑的能源与资源消耗，保护环境，尊重自然，成为自然生态的一个因子。

2. 可持续建筑（sustainable building）

可持续建筑是查尔斯·凯博特博士 1993 年提出的，旨在说明在达到可持续发展的进程中建筑业的责任，指以可持续发展观规划的建筑，内容包括从建筑材料、建筑物、城市区域规模大小等，到与这些有关的功能性、经济性、社会文化和生态因素。可持续发展是一种从生态系统环境和自然资源角度提出的关于人类长期发展的战略和模式。

1993 年美国出版《可持续发展设计指导原则》一书列出了可持续的建筑设计细则，并提出了可持续建筑的六个特征：（1）重视设计地段的地方性、地域性，延续地方场所的文化脉络；（2）增强运用技术的公众意识，结合建筑功能的要求，采用简单合适的技术；（3）树立建筑材料循环使用的意识，在最大范围内使用可再生的地方性建筑材料，避免使用破坏环境、产生废物及带有放射性的材料，争取重新利用旧的建筑材料及构件；（4）针对当地的气候条件，采用被动式能源策略，尽量利用可再生能源；（5）完善建筑空间的使用灵活性，减少建筑体量，将建设所需资源降至最少；（6）减少建造过程中对环境的损害，避免破坏环境、资源浪费以及建材浪费。

3. 绿色建筑和节能建筑

绿色建筑和节能建筑两者有本质区别，二者从内容、形式到评价指标均不一样。具体来说，节能建筑是符合建筑节能设计标准这一单项要求即可，节能建筑执行节能标准是强制性的，如果违反则面对相应的处罚。绿色建筑涉及六大方面，涵盖节能、节地、节水、节材、室内环境和物业管理。绿色建筑目前在国内是引导性质，鼓励开发商和业主在达到节能标准的前提下做诸如室内环境、中水回收等项目。

我国目前通过绿色建筑评价标识的项目有 550 多个，总面积达 5200 万平方米；经过能效评测的节能建筑有 100 多项。不过，目前我国节能建筑的管理机制尚缺最后一个环节，前期有设计施工审查，交付有竣工验收，唯独在能效标识上没有强制手段。

（二）国外学者对"绿色建筑"概念的理解和定义

克劳斯·丹尼尔斯（Klaus Daniels）在《生态建筑技术》中提出，"绿色建筑是通过有效地管理自然资源，创造对于环境友善的、节约能源的建筑。它使得主动和被动地利用太阳能成为必需，并在生产、应用和处理材料等过程中尽可能减少对自然资源（如水、空气等）

的危害"。此定义简洁概要，并具有一定的代表性。

艾默里·罗文斯（Amory Lovins）在《东西方观念的融合：可持续发展建筑的整体设计》中提出，"绿色建筑不仅仅关注的是物质上的创造，而且还包括经济、文化交流和精神上的创造"；"绿色设计远远超过了热能的损失、自然采光通风等因素，它已延伸到寻求整个自然和人类社区的许多方面"。

詹姆斯·瓦恩斯（James wines）在《绿色建筑学》一书中回顾了 20 世纪初以来亲近自然环境的建筑发展，以及近年来定向绿色建筑概念的设计探索，总结了包含景观与生态建筑的绿色环境建筑设计在当代发展中的一般类型，更广泛的绿色建造业与生活环境创造应遵循的基本原则。

英国建筑设备研究与信息协会（BSRIA）指出，一个有利于人们健康的绿色建筑，其建造和管理应基于高效的资源利用和生态效益原则。所谓"绿色建筑"，不是简单意义上进行了充分绿化的建筑，或其他采用了某种单项生态技术的建筑，而足一种深刻、平衡、协调的关于建筑设计、建造和运营的理念。

（三）我国对"绿色建筑"的定义

《绿色建筑评价标准》GB/T 50378—2014 对绿色建筑（green building）的定义是："在全寿命期内，最大限度地节约资源（节能、节地、节水、节材）、保护环境、减少污染，为人们提供健康、适用和高效的使用空间，与自然和谐共生的建筑。"绿色建筑的定义体现了绿色建筑的三大要素和三大效益，如图 1-1 所示。

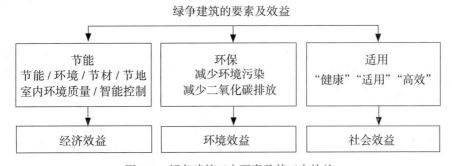

绿争建筑的要素及效益

节能 节能 / 环境 / 节材 / 节地 室内环境质量 / 智能控制	环保 减少环境污染 减少二氧化碳排放	适用 "健康""适用""高效"
经济效益	环境效益	社会效益

图 1-1　绿色建筑三大要素及其三大效益

1. 绿色建筑的"建筑的全寿命周期"概念

"工程项目的全寿命周期管理"概念，起源于英国人 A. Gordon 在 1964 年提出的"全寿命周期成本管理"理论，即建筑物的前期决喷、勘察设计、施工、使用维修乃至拆除各个阶段的管理相互关联而又相互制约，构成一个全寿命管理系统，为保证和延长建筑物的实际使用年限，必须根据其全寿命周期来制定质量安全管理制度。20 世纪 70 年代美国的一份环境污染法规中，也提出产品的整个生命周期内优先考虑产品的环境属性，同时保证产品应有的基本性能、使用寿命和质量设计。绿色建筑的"建筑的全寿命周期"，即指建筑从最初的规划设计到随后施工建设、运营管理及最终的拆除，形成了一个全寿命周期。

与传统建筑设计相比，绿色建筑设计有两个基本特点，一是在保证建筑物的性能、质量、

寿命、成本要求的同时，优先考虑建筑物的环境属性，从根本上防止污染，节约资源和能源；二是设计时所考虑的时间跨度大，涉及建筑物的整个生命周期。关注建筑的全寿命周期，意味着不仅在规划设计阶段充分考虑并利用环境因素，而且确保施工过程中对环境的影响最低，运营管理阶段能为人们提供健康、舒适、低耗、无害空间，拆除后又对环境危害降到最低，并使拆除材料尽可能的再循环利用。

2. 我国的绿色建筑的评价标准及指标体系

《绿色建筑评价标准》GB/T50378—2014 中，绿色建筑指标体系包括节地与室外环境、节能与能源利用、节水与水资源利用、节材与材料资源利用、室内环境质量、施工管理和运营管理共七类指标组成。这七类指标涵盖了绿色建筑的基本要素，包含了建筑物全寿命周期内的规划设计、施工、运营管理及回收各阶段的评定指标的子系统。每个指标下有若干项，每个指标下，满足一定的项数即可由高到低被评为三星级、二星级和一星级绿色建筑。

绿色建筑设计的核心内涵：1）绿色建筑是以人、建筑和自然环境的协调发展为目标，利用自然条件和人工手段创造良好、健康的居住环境，并遵循可持续发展原则。2）绿色建筑强调在规划、设计时充分考虑利用自然资源的同时，尽量减少能源和资源的消耗，不破坏环境的基本生态平衡，充分体现向大自然的索取和回报之间的平衡。3）绿色建筑的室内布局应合理，尽量减少使用合成材料，充分利用自然阳光，节省能源，为居住者创造一种接近自然的感觉。4）绿色建筑是在生态和资源方面有回收利用价值的一种建筑形式，推崇的是一套科学的整合设计和技术应用手法。

总之，没有一幢建筑物能够在所有的方面都能符合绿色建筑的要求，但是，只要建筑设计能够反映建筑物所处的独特气候情况和所肩负的功能，同时又能尽量减少资源消耗和对环境的破坏的话，便可称为绿色建筑。

第二节　绿色建筑的设计理念、原则、目标

一、绿色建筑的设计理念

绿色建筑需要人类以可持续发展的思想反思传统的建筑理念，走以低能耗、高科技为手段的精细化设计之路，注重建筑环境效益、社会效益和经济效益的有机结合。绿色建筑的设计应遵循以下理念：

1）和谐理念。绿色建筑追求建筑"四节"（即节能、节地、节水、节材）和环境生态共存；绿色建筑与外界交叉相连，外部与内部可以自动调节，有利于人体健康；绿色建筑的建造对地理条件有明确的要求，土壤中不存在有毒、有害物质，地温适宜，地下水纯净，地磁适中；绿色建筑外部要强调与周边环境相融合，和谐一致、动静互补，做到既保护自然生态环境又与环境和谐共生。

2）环保理念。绿色建筑强调尊重本土文化、重视自然因素及气候特征；力求减少温室气体排放和废水、垃圾处理，实现环境零污染；绿色建筑不使用对人体有害的建筑材料和装修材

料以提高室内环境质量，保证室内空气清新，温、湿度适当，使居住者感觉良好，身心健康。

3）节能理念。绿色建筑要求将能耗的使用在一般建筑的基础降低 70% ~ 75%；尽量采用适应当地气候条件的平面形式及总体布局；考虑资源的合理使用和处置；采用节能的建筑围护结构，减少采暖和空调的使用；根据自然通风的原理设置风冷系统，有效地利用夏季的主导风向；减少对水资源的消耗与浪费。

4）可持续发展理念。绿色建筑应根据地理及资源条件，设置太阳能采暖、热水、发电及风力发电装置，以充分利用环境提供的天然可再生能源。

二、绿色建筑遵循的基本原则

绿色建筑应坚持"可持续发展"的建筑理念。理性的设计思维方式和科学程序的把握，是提高绿色建筑环境效益、社会效益和经济效益的基本保证。绿色建筑除满足传统建筑的一般要求外，尚应遵循以下基本原则：

（1）关注建筑的全寿命周期。建筑从最初的规划设计到随后的施工建设、运营管理及最终的拆除，形成了一个全寿命周期。即意味着不仅在规划设计阶段充分考虑并利用环境因素，而且确保施工过程中对环境的影响最低，运营管理阶段能为人们提供健康、舒适、低耗、无害空间，拆除后又对环境危害降到最低，并使拆除材料尽可能再循环利用。

（2）适应自然条件，保护自然环境。①充分利用建筑场地周边的自然条件，尽量保留和合理利用现有适宜的地形、地貌、植被和自然水系；②在建筑的选址、朝向、布局、形态等方面，充分考虑当地气候特征和生态环境；③建筑风格与规模和周围环境保持协调，保持历史文化与景观的连续性；④尽可能减少对自然环境的负面影响，如减少有害气体和废弃物的排放，减少对生态环境的破坏。

（3）创建适用与健康的环境。①绿色建筑应优先考虑使用者的适度需求，努力创造优美和谐的环境；②保障使用的安全，降低环境污染，改善室内环境质量；③满足人们生理和心理的需求，同时为人们提高工作效率创造条件。

（4）加强资源节约与综合利用，减轻环境负荷。①通过优良的设计和管理，优化生产工艺，采用适用的技术、材料和产品；②合理利用和优化资源配置，改变消费方式，减少对资源的占有和消耗；③因地制宜，最大限度利用本地材料与资源；④最大限度地提高资源的利用效率，积极促进资源的综合循环利用；⑤增强耐久性能及适应性，延长建筑物的整体使用寿命。⑥尽可能使用可再生的、清洁的资源和能源。

此外，绿色建筑的建设必须符合国家的法律法规与相关的标准规范，实现经济效益、社会效益和环境效益的统一。

三、绿色建筑的设计原则

绿色建筑的设计原则，可概括为自然性、系统协同性、高效性、健康性、经济性、地域性、进化性等 7 个原则

1. 自然性原则

在建筑外部环境设计、建设与使用过程中，应加强对原生生态系统的保护，避免和减少

对生态系统的干扰和破坏；应充分利用场地周边的自然条件和保持历史文化与景现的连续性，保持原有生态基质、廊道、斑块的连续性；对于在建设过程中造成生态系统破坏的情况，采取生态补偿措施。

2. 系统协同性原则

绿色建筑是其与外界环境共同构成的系统，具有系统的功能和特征，构成系统的各相关要素需要关联耦合、协同作用以实现其高效、可持续、最优化地实施和运营。绿色建筑是在建筑运行的全生命周期过程中、多学科领域交叉、跨越多层级尺度范畴、涉及众多相关主体、硬科学与软科学共同支撑的系统工程。

3. 高效性原则

绿色建筑设计应着力提高在建筑全生命周期中对资源和能源的利用效率。例如采用创新的结构体系、可再利用或可循环再生的材料系统、高效率的建筑设备与部品等。

4. 健康性原则

绿色建筑设计通过对建筑室外环境营造和室内环境调控，提高建筑室内舒适度，构建有益于人的生理舒适健康的建筑热、声、光和空气质量环境，同时为人们提高工作效率创造条件。

5. 经济性原则

绿色建筑应优化设计和管理，选择适用的技术、材料和产品，合理利用并优化资源配置，延长建筑物整体使用寿命，增强其性能及适应性。基于对建筑全生命周期运行费用的估算，以及评估设计方案的投入和产出，绿色建筑设计应提出有利于成本控制的具有可操作性的优化方案；在优先采用被动式技术的前提下，实现主动式技术与被动式技术的相互补偿和协同运行。

加强资源节约与综合利用，遵循"3R 原则"，即 Reduce（减量）、Reuse（再利用）和 Recycle（循环再生）。

（1）"减量"（Reduce）。即绿色建筑设计除了满足 传统建筑的一般设计原则外，应遵循可持续发展理念，在满足当代人需求的同时，应减少进入建筑物建设和使用过程的资源（土地、材料、水）消耗量和能源消耗量，从而达到节约资源 和减少排放的目的。

（2）"再利用"（ReuSe）。即保证选用的资源在整个建筑过程中得到最大限度的利用。尽 可能多次及以多种方式使用建筑材料或建筑构件。

（3）"循环再生"（Recycle）。即尽可能利用可再生资源；所消耗的能量、原料及废料能循环利用或自行消化分解。在规划设计中能使其各系统在能量利用、物质消耗、信息传递及分 解污染物方面形成一个封闭闭合的循环网络。

6. 地域性原则

绿色建筑设计应密切结合所在地域的自然地理气候条件、资源条件、经济状况和人文特质，分析、总结和吸纳地与传统建筑应对资源和环境的设计、建设和运行策略，因地制宜地制定与地域特征紧密相关的绿色建筑评价标准、设计标准和技术导则，选择匹配的对策、方法和技术。

7. 进化性原则（也称弹性原则、动态适应性原则）

在绿色建筑设计中充分考虑各相关方法与技术更新、持续进化的可能性，并采用弹性的、对未来发展变化具有动态适应性的策略，在设计中为后续技术系统的升级换代和新型设施的添加应用留有操作接口和载体，并能保障新系统与原有设施的协同运行。

四、绿色建筑的目标

绿色建筑的目标分为观念目标、评价目标和设计目标。

1. 绿色建筑的观念目标

对于绿色建筑，目前得到普遍认同的认知观念是，绿色建筑不是基于理论发展和形态演变的建筑艺术风格或流派，不是方法体系，而是试图解决自然和人类社会可持续发展问题的建筑表达，是相关主体（包括建筑师、政府机构、投资商、开发商、建造商、非营利机构、业主等）在社会、政治、经济、文化等多种因素影响下，基于社会责任或制度约束而共同形成的对待建筑设计的严肃而理性的态度和思想观念。

2. 绿色建筑的评价目标

评价目标是指采用设计手段使建筑相关指标符合某种绿色建筑评价标准体系的要求，并获取评价标识。目前国内外绿色建筑评价标准体系可以划分为两大类：

1）第一类，是依靠专家的主观判断与决策，"通过权重实现对绿色建筑不同生态特征的整合，进而形成统一的比较与评价尺度"。其评价方法优点在于简单、便于操作。不足之处为，缺乏对建筑环境影响与区域生态承载力之间的整体性进行表达和评价。

2）第二类，是基于生态承载力考量的绿色建筑评价，源于"自然清单考察"评估方法，通过引入生态足迹、能值、碳排放量等与自然生态承载力相关的生态指标，对照区域自然生态承载力水平，评价人类建筑活动对环境的干扰是否影响环境的可持续性，并据此确立绿色建筑设计目标。其优点在于易于理解，更具客观性；不足之处是具体操作较繁复。

3. 绿色建筑的设计目标

绿色建筑的设计目标包括节地、节能、节水、节材及注重室内环境质量几个方面。

（1）节地与室外环境

1）建筑场地选择。包括：①优先选用已开发且具城市改造潜力的用地；②场地环境应安全可靠，远离污染源，并对自然灾害有充分的抵御能力；③保护并充分利用原有场地上的自然生态条件，注重建筑与自然生态环境的协调；④避免建筑行为造成水土流失或其他灾害。

2）节地措施。包括：①建筑用地适度密集，适当提高公共建筑的建筑密度，住宅建筑立足创造宜居环境，确定建筑密度和容积率；②强调土地的集约化利用，充分利用周边的配套公共建筑设施；③高效利用土地，如开发利用地下空间，采用新型结构体系与高强轻质结构材料，提高建筑空间的使用率。

3）降低环境负荷。包括：①建筑活动对环境的负面影响应控制在国家相关标准规定的允许范围内；②减少建筑产生的废水、废气、废物的排放；③利用园林绿化和建筑外部设计以减少热岛效应；④减少建筑外立面和室外照明引起的光污染；⑤采用雨水回渗措施，维持土壤水生态系统的平衡。

4）绿化设计。包括：①优先种植乡土植物，采用耐候性强的植物，减少日常维护的费用；②采用生态绿地、墙体绿化、屋顶绿化等多样化的绿化方式，应对乔木、灌木和攀缘植物进行合理配置，构成多层次的复合生态结构，达到人工配置的植物群落自然和谐，并起到遮阳、降低能耗的作用；③绿地配置合理，达到局部环境内保持水土、调节气候、降低污染和隔绝噪音的目的。

5）交通设计。包括：①充分利用公共交通网络；②合理组织交通，减少人车干扰；③地面停车场采用透水地面，并结合绿化为车辆遮阴。

（2）节能与可再生能源利用

1）降低能耗。包括：①利用场地自然条件，合理考虑建筑朝向和楼距，充分利用自然通风和天然采光，减少使用空调和人工照明；②提高建筑围护结构的保温隔热性能，采用由高效保温材料制成的复合墙体和屋面及密封保温隔热性能好的门窗，采用有效的遮阳措施；③采用用能调控和计量系统。

2）提高用能效率。包括：①采用高效建筑供能、用能系统和设备。如合理选择用能设备，使设备在高效率工作；根据建筑物用能负荷动态变化，采用合理的调控措施。②优化用能系统，采用能源回收技术。如考虑部分空间、部分负荷下运营时的节能措施；有条件时宜采用热、电、冷联供形式，提高能源利用效率；采用能量回收系统，如采用热回收技术。③针对不同能源结构，实现能源梯级利用。

3）使用可再生能源。可再生能源，指从自然界获取的、可以再生的非化石能源，包括风能、太阳能、水能、生物质能、地热能、海洋能、潮汐能等，以及通过热泵等先进技术取自自然环境（如大气、地表水、污水、浅层地下水、土壤等）的能量。可再生能源的使用不应造成对环境和原生态系统的破坏以及对自然资源的污染。

4）确定节能指标。包括：①各分项节能指标；②综合节能指标。

（3）节水与水资源利用

1）节水规划。根据当地水资源状况，因地制宜地制定节水规划方案，如中水、雨水回用等，保证方案的经济性和可实施性。

2）提高用水效率。包括：①按高质高用、低质低用的原则，生活用水、景观用水和绿化用水等按用水水质要求分别提供、梯级处理回用。②采用节水系统、节水器具和设备，如采取有效措施，避免管网漏损；空调冷却水和游泳池用水采用循环水处理系统；卫生间采用低水量冲洗便器、感应出水龙头或缓闭冲洗阀等，提倡使用免冲厕技术等。③采用节水的景观和绿化浇灌设计，如景观用水不使用市政自来水，尽量利用河湖水、收集的雨水或再生水，绿化浇灌采用微灌、滴灌等节水措施。

3）雨污水综合利用。包括：①采用雨水、污水分流系统，有利于污水处理和雨水的回收再利用；②在水资源短缺地区，通过技术经济比较，合理采用雨水和中水回用系统；③合理规划地表与屋顶雨水径流途径，最大限度地降低地表径流，采用多种渗透措施增加雨水的渗透量。

4）确定节水指标。包括：①各分项节水指标；②综合节水指标。

（4）节材与材料资源

1）节材。包括：①采用高性能、低材耗、耐久性好的新型建筑体系；②选用可循环、可回用和可再生的建材；③采用工业化生产的成品，减少现场作业；④遵循模数协调原则，减少施工废料；⑤减少不可再生资源的使用。

2）使用绿色建材。包括：①选用蕴能低、高性能、高耐久性和本地建材，减少建材在全寿命周期中的能源消耗；②选用可降解、对环境污染少的建材；③使用原料消耗量少和采用废弃物生产的建材；④使用可节能的功能性建材。

（5）注重室内环境质量

1）光环境。包括：①设计采光性能最佳的建筑朝向，发挥天井、庭院、中庭的采光作用；②采用自然光调控设施，如采用反光板、反光镜、集光装置等，改善室内的自然光分布；③办公和居住空间，开窗能有良好的视野；④室内照明尽量利用自然光，如不具备时，可利用光导纤维引导照明，以充分利用阳光，减少白天对人工照明的依赖；⑤照明系统采用分区控制、场景设置等技术措施，有效避免过度使用和浪费；⑥分级设计一般照明和局部照明，满足低标准的一般照明与符合工作面照度要求的局部照明相结合；局部照明可调节，以有利使用者的健康和照明节能；⑦采用高效、节能的光源、灯具和电器附件。

2）热环境。包括：①优化建筑外围护结构的热工性能，防止因外围护结构内表面温度过高过低、透过玻璃进入室内的太阳辐射热等引起的不舒适感；②设置室内温度和湿度调控系统，使室内热舒适度能得到有效的调控；③根据使用要求合理设计温度可调区域的大小，满足不同个体对热舒适性的要求。

3）声环境。包括：①采取动静分区的原则进行建筑的平面布置和空间划分，如办公、居住空间不与空调机房、电梯间等设备用房相邻，减少对有安静要求房间的噪声干扰；②合理选用建筑围护结构构件，采取有效的隔声、减噪措施，保证室内噪声级和隔声性能符合《民用建筑隔声设计规范》GB50118 的要求；③综合控制机电系统和设备的运行噪声，如选用低噪声设备，在系统、设备、管道（风道）和机房采用有效的减振、减噪、消声措施，控制噪声的产生和传播。

4）室内空气品质。包括：①人员经常停留的工作和居住空间应能自然通风，可结合建筑设计提高自然通风效率，如采用可开启窗扇、利用穿堂风、竖向拔风作用通风等；②合理设置风口位置，有效组织气流；采取有效措施防止串气、泛味，采用全部和局部换气相结合，避免厨房、卫生间、吸烟室等处的受污染空气循环使用；③室内装饰、装修材料对空气质量的影响应符合《民用建筑室内环境污染控制规范》GB50325 的要求；④使用可改善室内空气质量的新型装饰装修材料；⑤设集中空调的建筑，宜设置室内空气质量监测系统，维护用户的健康和舒适；⑥采取有效措施防止结露和滋生霉菌。

第三节　我国不同地域建筑能耗与节能特点

一、建筑气候分区与热工设计要求

我国国土面积广阔，地形地势差异较大；受到纬度、地势以及地理因素的影响，全国的气候差异也较大。但从陆地面积上说，从我国最北部的漠河地区到最南端的三亚地区，一月份的气温差异就可高达50℃。根据气候资料，全国各地区的相对湿度的差异性也较大，沿着东南到西北一线，相对湿度依次降低，例如1月份的海南地区为87%，而拉萨地区与29%；

7月份的上海地区为83%，新疆地区为31%。

不同地区的气候特征对建筑采暖制冷有不同的要求。为了从技术上满足建筑的通风采光、保温隔热、采暖制冷要求，我国《民用建筑热工设计规范》（GB50176—1993）从建筑热工设计角度出发，明确提出了建筑与气候的关系，将我国民用建筑设计划分为五个分区，即严寒、寒冷、夏热冬冷、夏热冬暖和温和地区，其分区指标、辅助指标和技术要求如表1-1所示。

表1-1　建筑气候分区与热工设计要求

分区名称	分区指标	辅助指标	设计要求
严寒地区	最冷月平均温度	日平均温度小于5℃的天数大于145天	必须充分满足冬季保温要求，一般可不考虑夏季防热
寒冷地区	最冷月平均温度 -10℃～0℃	日平均温度小于51的天数90～145天	应满足冬季保温要求，部分地区兼顾夏季防热
夏热冬冷地区	最冷月平均温度 0℃～10℃，最热月平均温度25℃～30℃	日平均温度小于5℃的天数为0-90天，日平均温度大于25℃的天数为40~110天	必须满足夏季防热要求，适当兼顾冬季保温
夏热冬暖地区	最冷月平均温度>10℃，最热月平均温度25℃～29℃	日平均温度大于25℃的天数，100～200天	必须充分满足夏季防热，一般可不考虑冬季保温
温和地区	最冷月平均温度 0℃～13℃，最热月平均温度18℃～25℃	日平均温度小于5℃的天数0~90天	部分地区应考虑冬季保温．一般可不考虑夏季防热

二、夏热冬冷地区建筑耗能水平分析

（一）城市建筑能耗水平统计

本小节统计分析了夏热冬冷地区五个一线城市的建筑面积和用电量，从而得到了不同城市的平均用电量和能耗水平，这五个一线城市为武汉、南京、上海、长沙和杭州。五个典型城市2015年单位面积建筑的平均用电量。由图可以看出，这五个城市的居住建筑能耗水平相当，基本在30~32kWh/（m² · a）的范围内，并没有较大差异。

自2010年开始，中国的经济高速发展，人们的生活水平得到显著提高，因此人们对居住环境的要求随即提高。这首先表现在建筑面积的增大，人均居住面积由15m²增加到了25m²，这在一定程度上提升了家庭用电量。其次，夏热冬冷地区基本分布于长三角地区，经济发展最为迅速，多种大型家用电器得到普及。截至2010年，户均空调数量可以到1.3~2.0台之间，这不但提高了单位面积建筑的用电量，也极大地增大了建筑耗能总量。同时可以看出，除了上海市的用电强度稳定提升之外，其他城市基本上呈线性增长。

从20世纪90年代开始，中国已经陆续展开建筑节能工作，并进行了一系列的建筑能耗调研，因此本小节对一些地区的建筑能耗以及建筑节能措施进行了分析。夏热冬冷地区城市夏季的采暖制冷能耗相对较低。

2. 上海市建筑能耗特点

首先，本小节基于上海电力公司的数据，统计分析了上海地区居住节能的能耗情况。选取了上海市44981户，分析了2015年逐月能耗用电量，如图1-2所示。从图上可以看出，8

月和 12 月的居住建筑用电量达到高峰，这与上海市夏季 8 月湿热高温，冬季 12 月湿冷的特点相对应分析其能耗水平可知，这两个月份比其他月份的平均值高出 160% 和 100%，可以推测，能耗需求波动会对电力系统造成很大压力。

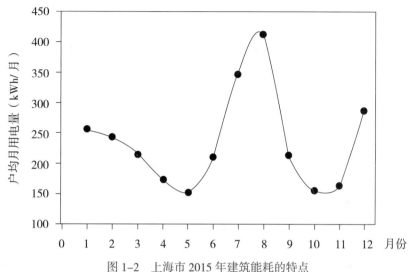

图 1-2　上海市 2015 年建筑能耗的特点

上海市 5 月和 11 月的气候较好，居住建筑的能耗基本不受季节影响。从图上可以看出这两个月的用电量较小，因此选取这两个月的耗电量为基准值推算其他月份的空调耗电量，可以看出空调耗电量在家庭中占有很大的比例此外，按照能耗的主要用途比例统计，得到居住建筑的用能模式为：照明用能 66%，采暖 14%，制冷 20%，这说明家用电器的使用比例较大此外，本小节选取上海市七栋政府办公建筑，进行了建筑能耗统计分析。

表 1-2 从分项能方面统计了各建筑的用能比例，其中用能分项包括空调、插座、照明、电梯、给排水以及其他部分。由表 1-2 可以看出，这些建筑的空调系统的耗能量最大，基本占到 30% 以上；其次是插座和照明系统，能耗比例在 10%~30% 之间；而电梯和给排水能耗的比例较小，基本在 5% 和 2% 以下；其他部分的能耗来源于计算机房和厨房等区域，特别地，部分建筑的计算机系统陈旧，耗能量较大，可以占到 30.9%。

表 1-2　上海市政府办公建筑耗能统计

建筑编号	建筑用能类别					
	空调	插座	照明	电梯	给排水	其他
1	51.7%	15.3%	12.7%	4.7%	1.8%	13.8%
2	29.5%	29.0%	34.0%	2.8%	2.8%	1.9%
3	36.3%	21.1%	17.1%	2.0%	1.2%	22.3%
4	29.7%	31.0%	30.7%	1.6%	2.1%	4.9%
5	42.1%	10.2%	14.1%	2.1%	0.6%	30.9%
6	31.3%	34.0%	33.6%	—	—	1.1%
7	40.5%	23.5%	17.9%	1.9%	1.5%	14.7%

在统计分析过程中，本小节总结分析了上海市政府办公建筑的能耗特点，主要包括：

（1）建造时间较早，未采取保温隔热措施

本次调研中，部分建筑的建造时间较早这些建筑中有 3 栋建筑建于 20 世纪 80 年代以前，部分建筑区域被列为优秀历史保护建筑；有 3 栋建造于 20 世纪八九十年代之间；有 1 栋建于 21 世纪，但是也有 10 多年的历史。这些建筑的围护结构均没有采用节能措施，外墙普遍采用黏土砖和混凝土多孔砖材料，而且厚度较薄；屋面则普遍采用了钢筋混凝土材料；外窗普遍采用单层玻璃。这些建筑全部建于 2005 年之前，当时并没有公共建筑节能设计标准的指导，成为这些未能采取保温隔热措施的原因之一。

（2）机械设备陈旧，运行效率低

自建筑建造之时，建筑就配备与之并行的机械设备，如给排水系统、空调设备等、这些设备不能符合 2005 年颁布的《公共建筑节能设计标准》的要求，设备效率低下，造成大量的能耗损失。

（3）计算机房能耗量较大

计算机房是政府办公部门不可缺少的部分，但是这些设备的能耗量巨大 _ 首先，计算机系统需要时刻维持在运行状态，而这些设备的单位面积散热量基本在 200500W 之间，造成室内温度升高。为了维持正常的设备运行状态，安装了空调系统进行制冷，将热量排出室外。在机械设备运行散热，空调设备制冷的过程中，造成计算机房的能耗量远远高于其他建筑区域

3. 南京办公建筑能耗分析

本小节调查分析了南京市的既有办公建筑能耗，并从建筑围护结构、暖通空调和照明系统三个方面进行了分析。

（1）围护结构

建筑围护结构的性能受到建筑年代的影响，按照《公共建筑节能设计标准》的实施为界限，可以将围护结构性能分为两个阶段在 2005 年以前，围护结构的热工性能较差，传热系数一般在 $2.0W/(m^2 \cdot K)$，建筑材料基本为黏土砖、加气混凝土砌块等。在 2005 年之后，建筑围护结构的热力性能得到很大程度上的提升，传热系数降低到 $1.0W/(m^2 \cdot K)$。建筑外窗结构与自然通风、采光、保温隔热以及噪声控制等密切相关。

建筑遮阳是夏热冬冷地区的又一节能策略，如果在建筑中能够合理地采用外遮阳技术，能够减少室内 70%~85% 的太阳辐射，即可降低空调设备的使用但是目前南京普遍采用的遮阳形式为内遮阳，很少采用外遮阳技术。

总的来说，建筑围护结构对建筑能耗油很大的影响，如果围护结构具有较好的热工性能，那么建筑能耗将能够得到降低在以后的建筑节能设计中，要着重考虑这一策略。

（2）暖通空调系统

办公建筑暖通空调设备的运行时间比较同定，一般为 8：00~18：00；同时建筑的使用功能比较单一，采用的空调系统的工作区域也比较固定，如办公室、会议室以及计算机房等。

由于办公建筑内空调系统多为独立运行，而不需要其他形式的功能本小节对暖通空调系统冷热源进行了整理，如表 1-3 所示。由表可以看出，冷热源形式的能耗水平差距较大，在建筑节能设计和评价应该加以考虑

表 1-3　冷热源特点

冷热源形式	建筑特点	空调特点	能耗水平
分体式空调	建筑面积小，公共区域少且功能较单一	分散安装，灵活性强	50~80kWh/m²
风冷热泵机组（水）	能耗需求大，功能复杂	采暖制冷采用同一冷热源	80~100kWh/m²
风冷热泵机组（VRV）	能耗需求大，功能复杂	集成度高，便于控制管理；采暖制冷采用同一冷热源	80~100kWh/m²
水冷冷水机组加锅炉	热水需求性大	制冷采用水冷机组，供热设置锅炉	
冷水机组加集中供热	热水需求性大	制冷采用水冷机组，供热设置锅炉	70kWh/m²
溴化锂吸收式	—	低位热能空调和供热	50kWh/m²

（3）照明系统

在 2005 年之前的建筑，一般采用普通荧光灯，很少采用节能灯具。2005 年之后，随着对公共建筑节能意识的提高．严格按照《公共建筑节能设计标准》进行照明系统节能设计和改造，使得照明效率得到提高

三、寒冷地区建筑耗能与节能特点

（一）寒冷地区气候特征

寒冷地区冬夏两季较为漫长其中，冬季的持续时间会在 150 天左右，平均气温在 -10℃ ~0℃，最低气温一般在 -10℃ ~-20℃之间与夏热冬暖地区相比，寒冷地区的气温普遍低 15℃以上。夏季的持续时间会在 110 天左右，平均气温会在 28℃，这与夏热冬暖地区的气温相差不大，甚至月最高气温要比夏热冬暖地区的气温高出 5$ 左右。例如济南、天津、西安、石家庄等地夏季气温都达到过 40℃。寒冷地区春秋两季持续时间较短，一般在 60 天左右：从全年来看，寒冷地区一年中大部分时间的舒适性较差，因此对采暖制冷的要求较高

寒冷地区的年降水量介于 300~1000mm，单日最大降水量为 200~300mm，全面的平均相对湿度为 50%~70%。降雪天数一般在 15 天以下，年积雪日数为 10~40 天，最大积雪深度为 10~30mm。寒冷地区较为干旱，湿度较低寒冷地区受到季风影响较大，冬季受到西伯利亚寒流带来的西北季风的影响，夏季受到东南沿海地区和低纬度气流造成的东南季风的影响寒冷地区的全年光照时长在 2000 ~ 2800 小时，太阳能资源较为丰富，年太阳辐射总量为 3340~8400MJ/m²。总的来说，寒冷地区日照资源丰富，如果能够加以利用，可以有效地降低建筑能耗。

（二）建筑能耗特点

寒冷地区的冬季持续时间较长，一般在 4 个月以上，该地区的冬季供暖期一般在当年 11 月份到次年 3 月份在冬季，建筑的热量基本上是通过建筑围护结构和门窗上的狭缝散失的其中，围护结构热量散失量达到 70%~80%，门窗狭缝热量散失量达到具体的热量散失形式如表 1-4 所示。

表1-4　建筑结构热量散失比例

	围护结构						门窗狭缝
形式	外墙	外窗	楼梯间隔墙	屋面	阳台、户门	地面	20%~30%
比例	25%~30%	23%~25%	8%~11%	8%~9%	3%~5%	3%	

由表1-4可以看出，外墙上的热量损耗最为严重，因此在建筑节能重要加以重视；其次是门窗部位，其通过门窗散热和门窗缝散失的热量和可以达到50%，因此这成为建筑保温体系最为薄弱的区域，同样需要加以重视但是目前已经生产出质量合格的门窗材料，而且门窗的密闭性有了很大程度的提高但是门窗结构的价格较高，因此人们需要在经济性和适用性取得平衡另外，其他K域也需要进行改进，从而提高整个建筑的热工性能，寒冷地区的夏季同样较为漫长，主要在6—8月，而且气候较为炎热，太阳辐射较强，人们通常通过风扇和空调设备制冷这需要通过合理的建筑遮阳技术，减少太阳辐射，降低室内温度；还需要合理的室内设计，保障空气的流通，提高空调设备的能效，提高建筑能源效率

（三）建筑节能规划设计

1. 选址

基地选址是一切建筑活动的基础，同样基地选址又会制约着随后进行的场地规划、设计施工以及建筑运行等一系列的活动相应地，在这些过程中的节能设计和节能行为也会受到影响。在基地选址时，引入建筑节能理念，便能够利用自然地形地貌，合理构造建筑区、交通区以及功能区，减少对原有环境系统的破坏和干扰在基地选址时，需要注重尊重周围环境与气候条件，分配规划环境资源。

寒冷地区的基地选址需要注重两个因素：日照和风。对于前者，会影响一个地区的光照时长和光照强度，进而会影响该地区的室内热工环境质量：在寒冷地区，建筑室内应该在冬季尽可能多的获取太阳辐射．而夏季应该尽可能地减少辐射。因此，应该将基地选在平地上；如果受到环境限制，那么可以将建筑选在南山坡上，这样在冬季可以接受阳光照射，并阻挡北方寒风；在夏季受到高度角的影响，太阳辐射很难进入室内：由于寒冷地区冬季下午光照较弱且较短，因此应该避免建筑西向采光。风环境是建筑运行中较为重要的因素。在建筑的使用过程中．如果风速过大且较为寒冷，会加剧室内外的热量交换，造成热量损失而在夏季，风速过小，又不利于建筑自然通风，难以加以利用此在建筑选址时，应该尽量适应冬夏两季的季风条件。

2. 场地设计

一旦建筑选址完成，就要进行建筑场地设计建筑场地设计会对周围环境造成一定的影响，进而会影响建筑能耗在进行建筑场地设计时，需要基于以下几个原则进行：

首先，需要尊重当地的地形地貌，进行综合分析研究，考虑如何基于现有环境条件，创造出美观的立体景观，这样便可以保留当地植被与土地资源，减少土地改造，降低工程其次，应该尽可能地保护现有的植被，以及当地的植被特征，进行绿化设计。合理的绿化设计会营造出良好的小气候，降低夏季气温，又能够组织、引导和阻挡建筑周围的冬季寒风、因此，

这可以起到保护原有植被、美观环境与节约资源的作用。

同时，还需要结合场地周围的水文地质条件，合理地规划建筑，既要便于利用周围的水资源，又要减少对自然水系的干扰，从而做到水系与场地共生为了保护周围水系，需要从这三方面进行：①尽量保护场地内成者周围的水源．保持其原有的蓄水能力，避免填水造陆的行为；②收集并利用雨水，做到水资源的回收利用；③应该保护场地内的可渗透性土地资源。

（四）严寒地区建筑耗能与节能特点

1. 建筑能耗的构成

严寒地区的能耗主要石油采暖、热水、炊事、空调、照明以及家电等几个方面构成的，其中，采暖占建筑能耗的大部分；热水作为生活必要部分，也消耗了一部分能量；炊事、空调以及照明也消耗了很多的能源根据严寒地区建筑能耗统计方法，可以将能源统计分为两种：一是建筑采暖能耗，二是建筑电耗。

2. 建筑能耗统计方法

按照前面介绍的建筑能耗的构成，可以将建筑能耗统计方法分为建筑采暖能耗和建筑用电两种方法进行统计。

（1）建筑采暖能耗统计

由于严寒地区的建筑采暖能耗占建筑总能耗的大部分，因此有必要对该地区的建筑采暖能耗进行统计分析。该地区的采暖能耗主要包括：锅炉房供热、热电厂供热、电热等等，其中集中式锅炉房供热形式的效率最高，为了全面地统计建筑采暖能耗，可以从电力公司、锅炉房单位进行调研，从而得到必要的供热数据生活热水和炊事照明等方面的用能，可以从燃气公司和燃煤公司获取通过汇总上述全部数据，即可得到完整的建筑采暖能耗结果，

（2）建筑用电统计

目前，严寒地区没有成熟的电力统计年鉴，因此要获取完整的建筑电耗数据，需要对不同领域的用电量进行分项统计。

（3）能耗统计与节能潜力分析

本节选取严寒地区的典型城市哈尔滨为例，进行了公共建筑调研。从空间布局上将，哈尔滨市大部分的公共建筑属于内廊式、核心筒式和中庭式等形式。外廊式建筑较少的原因是该地区的气候寒冷，与室外连通空间相应减少。内廊式建筑多为建造时间稍长的多层建筑，随着房地产行业的发展，现在公共建筑已经趋向于高层化，多属于核心筒式。为了满足建筑室内采光和取暖的要求，一般采用中庭构造，从而调节建筑室内热环境和建筑空间内部气流。

哈尔滨地区已建成建筑的围护结构多为复合保温墙，建筑材料包括黏土实心砖、页岩陶粒、普通混凝土小型空心砌块、烧结多孔砖、空心砖与聚苯板等等。大多数建筑采用集中式供热方式．大约占该地区的52%，采暖期燃煤强度在 50~60kg 之间；也有部分建筑采用分散式小型锅炉供热该地区的经济发展水平较高，空调系统的普及率较高，但是使用水平较低。

（4）能耗与上位结构关系

建筑能耗受到多个参数的影响，例如气候条件、建筑体形系数、建筑朝向、周围风环境、建筑结构体系等。本节将主要分析这些因素对建筑能耗的影响。

体形系数对建筑能耗的影响较为明显，建筑体形系数越高，其受热和散热面越大，其建筑能耗相应提高。

需要选择合理的建筑朝向，获得较多的太阳辐射热，通常采用增大建筑南向得热面积的策略。根据研究表明，当建筑方位为正南，长宽比为 5：1 时，其获得的太阳辐射量要高于相同方位正方形布局的 1.87 倍。如果改变建筑方位，建筑得热会随之降低如果建筑方位角为 45° 时，正方形建筑得热要高于长方形对于平面布局不规则的建筑，要获得建筑朝向对其能耗的影响，可以进行必要的计算，也可以查阅已有建筑的相关文献资料并进行修正得到。

在严寒地区，应该注重建筑抗风，做出适应性的设计策略，降低建筑能耗。在冬季，如果寒风直接吹入建筑物，那么容易造成温度下降，降低室内的热舒适度，：因此通常在规划设计阶段，通过合理的建筑外轮廓设计，组织和引导风向，避开居住建筑，减少其对建筑内气温的影响。由于建筑周围环境较为复杂，一些建筑无法避免地受到寒风直接作用因此可以采取措施，使得这些建筑处于封闭状态地域寒风。

建筑气密性与冬季冷风渗透有直接的关系，因此保证建筑门窗的气密性有助于建筑保温。特别地，在严寒地区，冬季外部气候寒冷且大风天气常见。如果门窗系统的气密性不佳，将会造成室内冷风量增加，降低室内温度，造成采暖能耗升高，同时室内的热舒适性将会大大降低。

需要采用气密性好的门窗结构，例如新型塑钢门窗或带断热桥的铝合金门窗。同样在建筑构造上，也需要进行建筑气密性设计。例如，冬季通常在建筑门口处设置挡风门斗或者窗帘，从而减低建筑传热系数和速率，能够有效地减少建筑风压，防止冷风渗透现象。此外，尽量地减少人员反复出入门口，也能够降低冷风渗透量。

（5）传热系数与能耗关系

为了提高围护结构保温性能．减少严寒地区热量散失，该地区普遍选择外墙外保温体系，其次可以选择夹心保温体系，对于部分历史建筑或者是不能改变建筑原貌的建筑，可以采用内保温体系，以免破坏建筑外形，影响其原有功能。

建筑开洞会对建筑围护结构的通风、采光、保温、美观有一定的影响。在严寒地区，建筑开窗以及窗墙比会随着该地区不同区域的气候差异而产生不同的结果。为了提高窗户的保温性能，可以采用双层中空玻璃取代单层玻璃，从而减少室内的热量散失，并提高内部空间获得阳光辐射量。玻璃材料的热绝缘系数会影响热量传递的速率。为了减缓室内热量向外传递的速度，要尽可能地降低外窗材料的传热系数。在实际工程中，一般采用热反射玻璃或者吸热玻璃根据严寒地区的建筑节能设计标准，考虑当地的经济发展水平，要求建筑外墙传热系数为 0.15~0.45W/（$m^2 \cdot K$），外窗传热系数则为 I.5~2.2W/（$m^2 \cdot K$）。

窗墙比与建筑的保温隔热有着密切的联系。在过去，建筑采用玻璃一般为单层普通玻璃，其保温隔热性能较差，因此普遍认为开窗面积越大，建筑热量散失越多。近年来，为了保证建筑立面的美观和艺术效果，建筑开窗面积越来越大。在此前提下，为了保证室内温度和舒适性，具有良好保温隔热性能的玻璃营运而生。通过改善太阳辐射热，冬季吸收热量，夏季反射太阳辐射，达到室内吸热和得热平衡。此外，窗墙比对建筑能耗的影响还受到建筑朝向的影响。通过研究不同朝向墙体上的窗墙比与建筑能耗的关系，得出以下结论：北向窗户与建筑耗能影响最大，东向次之，南向其次，最后西向。

四、夏热冬暖地区绿色建筑设计特点

夏热冬暖地区位于我国南岭以南，在北纬 27° 以南、东经 97° 以东部分地区，包括海南全境、广东大部、广西大部、福建南部、云南西南部和元江河谷地区，以及香港、澳门与台湾。夏热冬暖地区与建筑气候区划图中的区完全一致。

（一）夏热冬暖地区的气候特征

夏热冬暖地区气候特点是冬季暖和、夏季漫长，海洋暖湿气流使得空气湿度大，太阳辐射强烈，平均气温高。该地区的绿色建筑节能设计以改善夏季室内热环境，强调自然通风，减少空调用电为主。建筑外墙、屋顶和外窗三大围护结构的隔热、遮阳、室内的通风设计是绿色建筑节能设计的重点。夏热冬暖地区具体的气候特征如下。

（1）夏热冬暖地区大多数是热带和亚热带季风海洋性气候，最明显的气候特征是长夏无冬、温高湿重。夏季时间长、温度高，一般夏季会从 4 月持续至 10 月，大部分地区一年中约半年的气温保持在 10℃ 以上。气温年较差和日较差均比较小；雨量丰沛，多热带风暴和台风袭击，易有大风暴雨天气；太阳高度角大，日照较少，太阳辐射强烈。

（2）夏热冬暖地区很多城市具有显著的高温高湿气候特征，其中以珠江流域为湿热的中心。以广州为夏热冬暖地区典型代表城市，夏热冬暖地区 1 月的平均气温高于 10℃，7 月的平均气温为 25 ~ 29℃，极端最高气温为 40℃，个别可达 42.5℃；气温年较差为 7 ~ 19℃；年平均气温日较差为 5 ~ 12℃；年日平均气温高于或等于 25℃ 的日数为 100 ~ 200 天。

（3）夏热冬暖地区年平均相对湿度为 80% 左右，四季变化不太大；年降雨日数为 120 ~ 200 天，年降水量大多在 1500 ~ 2000mm，是我国降水量最多的地区；年暴雨日数为 5 ~ 20 天，几乎每月均可发生，主要集中在 4 ~ 10 月，暴雨强度比较大，台湾地区尤甚。

（4）在夏热冬暖地区，夏季太阳高度角大，日照时间长，但是年太阳总辐射照度仅为 130 ~ 170W/m²，在我国属于较少的地区之一，年日照时数大多在 1500 ~ 2600h，年日照百分率为 35% ~ 50%，一般 12 月 ~ 翌年 5 月偏低。

（5）夏热冬暖地区 10 月 ~ 翌年 3 月普遍盛行东北风和东风，4 ~ 9 月大多盛行东南风和西南风，年平均风速为 1 ~ 4m/s，沿海岛屿的风速显著偏大，台湾海峡平均风速在全国最大，可达 7m/s 以上。受海洋的影响较大，临海地区尤其如此。白天的风速较大，由海洋吹向陆地；夜间的风速略小，从陆地吹向海洋。

（6）夏热冬暖地区年大风的日数各地相差悬殊，内陆大部分地区全年不足 5 天，沿海为 10 ~ 25 天，岛屿可达 75 ~ 100 天，个别可超过 150 天；年雷暴日数为 20 ~ 120 天，西部偏多，东部偏少。

根据上述夏热冬暖地区的气候特征，其绿色建筑基本要求应符合下列规定：①建筑物必须充分满足夏季防热、通风、防雨要求，冬季可以不考虑防寒和保温。②总体规划、单体设计和构造处理宜开敞通透，充分利用自然通风；建筑物应避免西晒，宜设置遮阳设施；应注意防暴雨、防洪、防潮、防雷击；夏季施工应有防高温和防暴雨措施。

（二）

传统建筑比较注重自然通风和建筑遮阳，因此建筑的层高一般较高，屋面和外墙的厚度较大，用于减少外部热量向室内传递传统建筑普遍采用240mm厚的实心砖墙和黏土砖，而屋面采用大阶砖通风屋面为了节约建筑材料，降低工程造价，外墙厚度由240mm减小到180mm，但是其保温隔热性能不能满足节能标准的要求。随着人们经济水平和节能意识的提高，现在的外墙和屋面等围护结构，普遍采用轻质的保温隔热材料

随着人们对建筑美观要求的提升，女儿墙构造的高度提高，造成了原有的通风屋面起不到原有的效果；同时，人们为了提高建筑空间利用率，建筑建造比较密集，隔断了自然通风通道，外窗结构只起到了通风采光的作用，而没有考虑到建筑遮阳，部分地区普遍采用飘窗，导致太阳辐射直接进入室内，室内热环境降低。从总体上看，这一地区建筑热力性能较差，围护结构的气密性和保温隔热性能较差，室内的热舒适度较低。

通过调查发现：该地区的夏季电负荷较大，一般为冬季建筑用电量的一倍，这与该地区夏季炎热，冬季温暖的气候特点相一致。进入21世纪之后，人们对居住环境的要求提升，家庭住宅面积和家用电器数量大幅度增加，导致用电量增加了20%以上。对部分高档建筑而言，其单位面积的年用电量达到38~90kWh，平均为60kWh；夏季空调器的用电强度更高。

2. 节能规划

我国建筑节能工作起步较晚，因此建筑节能设计方法和手段仍需要进一步探讨。但从总体来说，夏热冬暖地区的建筑节能设计需要从节能规划、单体设计和空调设计这三个方面展开。

建筑节能规划是指：基于"建筑气候结合"的设计思想，分析建筑节能设计中的气候性影响因素，包括太阳辐射、季风、地理因素等，通过合理的建筑规划布局，营造适合建筑节能的微环境，如图2-38显示了建筑节能规划中的控制点。对建筑空间的相对关系而言，在建筑规划中，需要综合考虑建筑选址，建筑单体与道路布局、建筑朝向、体型间距等因素，这些都是可以通过建筑设计手法来实现的。

首先，在建筑体型搭配方面，可以通过不同的建筑进行高低组合排列，使得建筑群体采光最优化。只要室内能够充分地利用自然光，便可以减少人工照明的使用量，从而达到建筑节能的目的。此外建筑体量的布置，还要考虑小区内的自然通风的要求，合理地调节周围的小气候在我国夏热冬暖地区，夏季盛行东南风和南风，因此在规划设计中需要充分利用季风气候，合理地设计建筑朝向、建筑间距等，不但能够提高小区内的空气质量，还能够通过通风实现降温的目的。在我国东南沿海一带，还可以利用海风，改变建筑通道，形成向然通风体系。

除了注重室外通风之外，还需要分析建筑室内风环境可以基于"风玫瑰图"，进行室内建筑通风与节能设计由于受到周围绿化植被、建筑构造的影响，室内外建筑风环境的构造措施并不相同，这需要考虑地形地貌、周围建筑以及地理环境，充分结合场地环境与当地风环境，进而找出室内风环境的特点，从而采取有效的节能措施，提高室内舒适度，减少能源消耗。

此外，合理的建筑体形系数，以及合理的建筑平、立、剖面也能够降低建筑能耗。体型

系数越大，对应的建筑表面积也大，散热面也就越大。因此，降低建筑体形系数，可以减少围护结构的热损失。

五、温和地区建筑能耗与节能特点

我国绿色建筑标准目前已涵盖民用建筑的公共建筑与居住建筑，且气候区已覆盖严寒、寒冷地区、夏热冬冷地区和夏热冬暖地区。但是长期以来，我们只重视了上述地区的绿地建筑设计标准制定和实施工作，却忽视了温和地区绿色建筑标准的制定工作，甚至有些专家也认为温和地区不需要搞绿色建筑，这种认识是十分错误的。

（一）温和地区建筑气候的特点

1. 温和地区的概念

根据现行的《建筑气候区划标准》（GB50178—1993）中的规定，对我国 7 个主要建筑气候区划的特征描述，温和地区建筑气候的类型应属于第 V 区划。该地区立体气候特征明显，大部分地区冬温夏凉，干湿季分明；常年有雷暴、多雾，气温的年较差偏小，日较差偏大，日照较少，太阳辐射强烈，部分地区冬季气温偏低；该地区建筑气候特征值应符合下列条件：

2. 温和地区建筑气候的特点

（1）气候条件比较舒适，通风条件比较优越。温和地区的气温总体上讲，冬季温暖、夏季凉爽，年平均湿度不大，全年空气质量良好，但昼夜温差较大。以云南昆明为例，最冷月平均气温为 7.5℃，最热月平均气温为 19.7℃，全年空气平均湿度为 74%，最冷月平均湿度为 66%，最热月平均湿度为 82%，全年空气均处于优良状态。2007 年主城区空气质量日均值达标率为 100%；全年以西南风为主，夏季室外平均风速为 2.0m/S，冬季室外平均风速为 1.8m/s。因此，自然通风应作为温和地区建筑夏季降温的主要手段。

（2）太阳辐射资源比较丰富。温和地区太阳辐射的特点是：全年总量大、夏季强、冬季足。以云南昆明为例，全年晴天比较多，日照数年均为 2445.6h，日照率达到 56%；终年太阳投射角度大，年均总辐射量达 54.3J/m²，其中雨季为 26.29J/m²，干季为 28.01J/m²，两季之间变化比较小。丰富的太阳能资源为温和地区发展太阳能与建筑相结合的绿色建筑提供了非常有利的条件。

根据冬夏两季太阳辐射的特点，温和地区夏季需要防止建筑物获得过多的太阳辐射，最直接有效的方法是设置遮阳；冬季则相反．需要为建筑物争取更多的阳光，应充分利用阳光进行自然采暖或者太阳能采暖加以辅助。基于温和地区气候舒适、太阳辐射资源丰富的条件，自然通风和阳光调节是最适合于该地区的绿色建筑设计策略，低能耗、生态性强且与太阳能结合是温和地区绿色建筑设计的最大特点。

（二）温和地区能耗与节能特点

与其他建筑气候区相比，温和地区气候条件较为优越，全面温度较高且比较稳定，因此该地区的建筑设计具有较高的灵活性同样，这也是温和地区建筑普遍重视建筑造型，忽视建筑节能设计的一个重要原因根据调研研究，假定温和地区建筑采用砖混结构，当墙体为

240mm 的厚黏土实心砖墙时，就能满足建筑保温隔热的要求；如果采用框架结构，当墙体为 190mm 厚的空心砖时，同样也可以满足建筑节能标准对室内热舒适度的要求

长期以来，温和地区已经形成了既定的建筑设计模式，即在任何情况下，不考虑建筑围护结构的保温隔热问题，只要按照习惯做法，在建筑屋面上加设保护结构即可，一般情况下，建设材料为 60mm 厚的膨胀保温层。随着现代建筑节能技术的推广，这种传统的建筑设计方法已经受到了挑战，

3. 建筑节能潜力与挑战

伴随着经济与社会的发展，建筑水平越来越高，居住者对室内空间环境舒适度的要求也随之增加现在，很多大型公共建筑以及居住建筑.安装暖通空调系统，因此设备的耗电量或者耗热量正在迅速增加.在这样的大背景下，建筑节能形势对于全国的每一个气候区都是比较严峻的，并要求建筑节能措施和水平到达新的台阶。

基于当地的经济发展水平和气候特征，云南省近年来开始着手于建筑节能的发展，建立了新建建筑节能试点项目和既有建筑节能改造项目，并颁布了相应的法律法规。从建筑技术上来说，建筑遮阳（经济可取）能够充分利用温和地区大气透明度高、位置纬度低和海拔高度的特点.阻挡强烈的太阳能辐射，提高室内的热舒适度。

随着人们建筑节能意识的提升和建筑节能工作的开展，建筑师们已经认识到建筑节能设计的重要性同时，温和地区建筑遮阳的研究和应用工作也取得了丰富的成果，但是仍然面临着很大的挑战。这主要表现在经济实力、气候特征与技术水平等诸多方面。

与其他地区相比，温和地区主要是位于我国西南偏远山区，经济较为落后，因此很少有资金投入进行建筑节能技术的激励、推广与应用：与其他的建筑热工分区相比，温和地区的建筑节能标准与规范比较少见，而针对夏热冬冷地区、夏热冬暖地区、寒冷地区或者严寒地区都已经颁布了对应的节能规范此外，在技术水平方面，在长三角、珠三角、黄三角甚至东北地区，人们已经研发出了对应的节能产品，而在温和地区建筑节能产品或者设计方法的研究较少。因此在以后的研究中，亟须建筑研究人员对温和地区建筑节能设计进行研究

温和地区的热工性能研究主要表现在建筑遮阳方面，尤其是门窗结构的建筑遮阳性能。在未来一段时间内，要从建筑遮阳设计入手，建立从建筑规划设计、施工建造到建筑运营维护的遮阳系统，从而保证降低建筑能耗，提高室内热湿舒适度：另一方面，需要注重建筑节能研究人才的培养。目前，该地区面临着人们节能意识薄弱，节能设计能力差的难题。这主要是由于人们的遮阳知识缺失，无法合理地利用已有的资源与条件进行节能设计同时，目前采用的遮阳设计手段大都是建筑主体完成后的附属性工作，导致建筑节能不能与其他建筑功能同步完成，即建筑遮阳、通风、采光、视线以及造型严重脱节。

第二章
不同气候区域绿色建筑设计特点

第一节　严寒地区绿色建筑设计特点

严寒地区的绿色建筑设计除了满足建筑的一般要求以外，还应满足《绿色建筑技术导则》和《绿色建筑评价标准》的要求，且应注意结合严寒地区的气候特点、自然资源条件进行综合设计。

一、严寒地区绿色建筑总体布局的设计原则

1. 应体现人与自然和谐、融洽的生态原则。严寒地区建筑群体布局应科学合理地利用基地及周边自然条件，还应考虑局部气候特征、建筑用地条件、群体组合和空间环境等因素。

2. 充分利用太阳能。我国严寒地区太阳能资源丰富，太阳辐射量大。严寒地区建筑冬季利用太阳能，主要依靠南面垂直墙面上接收的太阳辐照量。冬季太阳高度角低，光线相对于南墙面的入射角小，为直射阳光，不但可以透过窗户直接进入建筑物内，且辐照量也比地平面上要大。

二、严寒地区绿色建筑总体布局的设计方法

（一）建筑物朝向与太阳辐射得热

建筑物的朝向选择，应以当地气候条件为依据，同时考虑局地的气候特征。在严寒地区，应使建筑物在冬季最大限度地获得太阳辐射，夏季则尽量减少太阳直接射入室内。严寒地区的建筑物冬季能耗，主要由围护结构传热失热和通过门窗缝隙的空气渗透失热，再减去通过

围护结构和透过窗户进入的太阳辐射得热构成。

"太阳总辐射照度"，即水平或垂直面上单位时间内、单位面积上接受的太阳辐射量。其计算公式为：太阳总辐射照度 = 太阳直射辐射照度 + 散射辐射照度。

太阳辐射得热与建筑朝向有关。研究结果表明，同样层数、轮廓尺寸、围护结构、窗墙面积比的多层住宅，东西向的建筑物比南北向的能耗要增加 5.5% 左右。各朝向墙面的太阳辐射热量，取决于日照时间、日照面积、太阳照射角度和日照时间内的太阳辐射强度。日照时间的变化幅度很大，太阳直射辐射强度一般是上午低、下午高，所以无论冬夏，墙面上接受的太阳辐射热量，都是偏西朝向比偏东朝向的稍高一些。以哈尔滨为例，冬季 1 月各朝向墙面接受的太阳辐射照度，以南向最高为 3095W/（m² · 日），东西向则为 1193W/（m² · 日），北向为 673W/（m2 · 日）。因此，为了冬季最大限度地获得太阳辐射，在严寒地区建筑朝向以选择南向、南偏西、南偏东为最佳。东北严寒地区最佳和适宜朝向建议，见表 2-1 所列。

表 2-1　东北严寒地区最佳和适宜朝向建议

地区	最佳朝向	适宜朝向	不宜朝向
哈尔滨	南偏东 15° ～ 20°	南至南偏东 20°、南至南偏西 15°	西北、北、东北
长春	南偏东 30°、南偏西 10°	南偏东 45°、南偏西 45°	北、东北、西北
沈阳	南、南偏东 20°	南偏东至东、南偏西至西	东北东至西北西

此外，确定建筑物的朝向还应考虑利用当地地形、地貌等地理环境，充分考虑城市道路系统、小区规划结构、建筑组群的关系以及建筑用地条件，以利于节约建筑用地。从长期实践经验来看，南向是严寒地区较为适宜的建筑朝向。

（二）建筑间距

决定建筑间距的因素很多，如日照、通风、防视线干扰等，建筑间距越大越有利于满足这些要求。但我国土地资源紧张，过大的建筑间距不符合土地利用的经济性。严寒地区确定建筑间距，应以满足日照要求为基础，综合考虑采光、通风、消防、管线埋没与空间环境等要求为原则。

（三）居住区风环境设计，注重冬季防风，适当考虑夏季通风

住区风环境设计是住区物理环境的重要组成部分，充分考虑建筑物可能会造成的风环境问题并及时加以解决，有助于创造良好的户外活动空间，节省建筑能耗，获得舒适、生态的居住小区。合理的风环境设计，应该根据当地不同季节的风速、风向进行科学的规划布局，做到冬季防风和夏季通风；充分利用由于周围建筑物的遮挡作用在其内部形成的风速较高的加速区和风速较低的风影区；分析不同季节进行不同活动的不同人群对风速的要求，进行合理、科学的布置，创造舒适的室外活动环境；在严寒地区尤其要根据冬季风的走向与强度设置风屏障（如种植树木、建挡风墙等）。

夏季，自然风能加强热传导和对流，有利于夏季房间及围护结构的散热，改善室内空气品质；冬季，自然风却增加冷风对建筑的渗透，增加围护结构的散热量，增加建筑的采暖能耗。

因此，对于严寒地区的建筑，做好冬季防风是非常必要的，具体措施如下：

选择建筑基地时，应避免不利地段。严寒地区的建筑基地不宜选在山顶、山脊等风速很大之处；应避开隘口地形，避免气流向隘口集中、流线密集、风速成倍增加形成急流而成为风口。

减少建筑长边与冬季主导风向的角度。建筑长轴应避免与当地冬季主导风向正交，或尽量减少冬季主导风向与建筑物长边的入射角度，以避开冬季寒流风向，争取不使建筑大面积外表面朝向冬季主导风向。不同的建筑布置形式对风速有明显的影响：

（1）平行于主导风的行列式布置的建筑小区：因狭管效应，风速比无建筑地区增加15% ~ 30%。

（2）周边式布置的建筑小区。在冬季风较强的地区，建筑围合的周边式建筑布局，风速可减少40% ~ 60%，建筑布局合适的开口方向和位置，可避免形成局地疾风。这种近乎封闭的空间布置形式，组成的院落比较完整且具有一定的空地面积，便于组织公共绿化及休息场地，对于多风沙地区，还可阻挡风沙及减少院内积雪。周边布置的组合形式有利于减少冷风对建筑的作用，还有利于节约用地，但是这种布置会有相当一部分房间的朝阳较差。

图 2-1　周边布置的基本形式

三、严寒地区绿色建筑单体设计的设计方法

（一）控制体形系数

所谓体形系数，即建筑物与室外空气接触的外表面积 F_0 与建筑体积 V_0 的比值，即：

S（体形系数）$= F_0/V_0$

体形系数的物理意义是单位建筑体积占有多少外表面积（散热面）。由于通过围护结构的传热耗热量与传热面积成正比，显然，体形系数越大，单位建筑空间的热散失面积越大，能耗就越高；反之，体形系数较小的建筑物，建筑物耗热量必然较小。当建筑物各部分围护结构传热系数和窗墙面积比不变时，建筑物耗热量指标随着建筑体形系数的增长而呈线性增长，如图 2-2 所示。有资料表明，体形系数每增大 0.01，能耗指标约增加 2.5%。可见，体形系数是影响建筑能耗最重要的因素。从降低建筑能耗的角度出发，应该将体形系数控制在一个较低的水平。

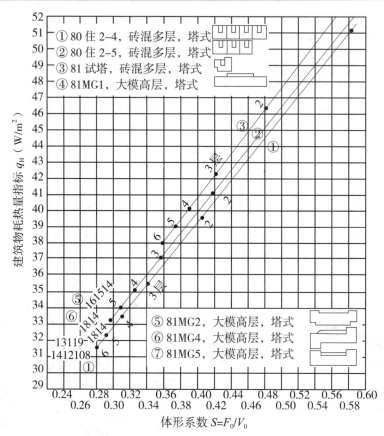

图 2-2　建筑物耗热量指标随体形系数的变化

（二）平面布局宜紧凑，平面形状宜规整

　　严寒地区建筑平面布局，应采用有利于防寒保温的集中式平面布置，各房间一般集中分布在走廊的两侧，平面进深大，形状较规整。平面形状对建筑能耗的影响很大，因为平面形状决定了相同建筑底面积下建筑外表面积，建筑外表面积的增加，意味着建筑由室内向室外的散热面积的增加。假设各种平面形式的底面积相同，建筑高度为 H，此时的建筑平面形状与建筑能耗的关系见表 2-2 所列。

表 2-2　建筑平面形状与能耗的关系

平面形状					
平面周长	$16a$	$20a$	$18a$	$20a$	$18a$
体型系数	$\dfrac{1}{a}+\dfrac{1}{H}$	$\dfrac{5}{4a}+\dfrac{1}{H}$	$\dfrac{9}{8a}+\dfrac{1}{H}$	$\dfrac{5}{4a}+\dfrac{1}{H}$	$\dfrac{9}{8a}+\dfrac{1}{H}$
增加	0	$\dfrac{1}{4a}$	$\dfrac{1}{8a}$	$\dfrac{1}{4a}$	$\dfrac{1}{8a}$

由上表可以看出，平面为正方形的建筑，周长最小、体形系数最小。如果不考虑太阳辐射且各面的平均传热系数相同时，正方形是最佳的平面形式。但当各面的平均有效传热系数不同且考虑建筑白昼获得大量太阳能时，综合建筑的得热、散热分析，则传热系数相对较小、获得太阳辐射量最多的一面应作为建筑的长边，此时正方形将不再是建筑节能的最佳平面形状。可见，平面凹凸过多、进深小的建筑物，散热面（外墙）较大，对节能不利。因此，严寒地区的绿色建筑应在满足功能、美观等其他需求基础上，尽可能使平面布局紧凑，平面形状规整，平面进深加大。

（三）功能分区兼顾热环境分区

建筑空间布局在满足功能合理的前提下，应进行热环境的合理分区。即根据使用者热环境的需求将热环境质量要求相近的房间相对集中布置，这样既有利于对不同区域分别控制，又可将对热环境质量要求较低的房间（如楼梯间、卫生间、储藏间等）集中设于平面中温度相对较低的区域，把对热环境质量要求较高的主要使用房间集中设于温度较高区域，从而获得对热能利用的最优化。

严寒地区冬季北向房间得不到日照，是建筑保温的不利房间；与此同时，南向房间因白昼可获得大量的太阳辐射，导致在同样的供暖条件下同一建筑产生两个高低不同的温度区间，即北向区间与南向区间。在空间布局中，应把主要活动房间布置于南向区间，而将阶段性使用的辅助房间布置于北向区间。这样，北向的辅助空间形成了建筑外部与主要使用房间之间的"缓冲区"，从而构成南向主要使用房间的防寒空间，使南向主要使用房间在冬季能得到舒适的热环境。

（四）合理设计建筑入口

建筑入口空间是指从建筑入口外部环境到达室内稳定热环境区域的过渡空间，是使用频率最高的部位。入口空间主要包括门斗、休憩区域、娱乐区域、交通区域等，当受到室外气候环境影响时，入口空间能够起到缓冲和阻挡作用，从而对室内物理环境产生调控作用，同时也可以阻止热量的流失，起到控制双重空间环境的作用。入口空间可以将其分划分为低温区、过渡区和稳定区三个区域。

建筑入口位置是建筑围护结构的薄弱环节，针对建筑入口空间进行建筑建筑节能研究，具有很现实的意义。

①入口的位置。入口位置应结合平面的总体布局，它是建筑的交通枢纽，是连接室外与室内空间的桥梁，是室内外空间的过渡。建筑主入口通常处于建筑的功能中心，既是室内外空间相互渗透的节点，也是"进风口"，其特殊的位置及功能决定了它在整个建筑节能中的地位。

②入口的朝向。严寒地区建筑入口的朝向应避开当地冬季的主导风向，应在满足功能要求的基础上，根据建筑物周围的风速分布来布置建筑入口，减少建筑的冷风渗透，从而减少建筑能耗。

③入口的形式。从节能的角度，严寒地区建筑入口的设计主要应注意采取防止冷风渗透及保温的措施，具体可采取以下设计方法：

a. 设门斗。门斗可以改善入口处的热工环境。第一，门斗本身形成室内外的过渡空间，

其墙体与其空间具有很好的保温功能；第二，它能避免冷风直接吹入室内，减少风压作用下形成空气流动而损失的热量。由于门斗的设置，大大减弱了风力，门斗外门的位置与开启方向对于气流的流动有很大的影响，如图 2-3 所示。

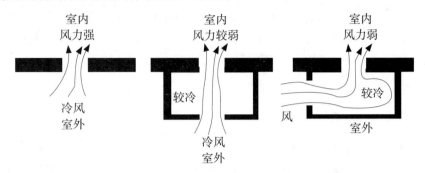

图 2-3　外门的位置对入口热工环境的影响与气流的关系

b. 选择合适的门的开启方向。门的开启方向与风的流向角度不同，所起的作用也不相同。例如，当风的流向与门扇的方向平行时，具有导风作用；当风的流向与门扇垂直或成一定角度时，具有挡风作用，所以垂直时的挡风作用为最大（图 2-4）。因此，设计门斗时应根据当地冬季主导风向，确定外门在门斗中的位置和朝向以及外门的开启方向，以达到使冷风渗透最小的目的。

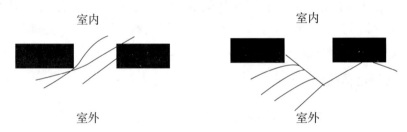

图 2-4　门的开启方向与挡风作用

c. 设挡风门廊。挡风门廊适用于冬季主导风向与入口成一定角度的建筑，显然，其角度越小效果越好（图 2-5）。此外，在风速大的区域以及建筑的迎风面，建筑应做好防止冷风渗透的措施。例如在迎风面上应尽量少开门窗和严格控制窗墙面积比，以防止冷风通过门窗口或其他孔隙进入室内，形成冷风渗透。

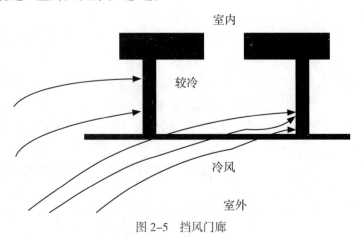

图 2-5　挡风门廊

（五）围护结构注重保温节能设计

建筑围护结构的节能设计是建筑节能设计的主要环节，采用恰当的围护结构部件及合理的构造措施可以满足保温、隔热、采光、通风等各种要求，既保证了室内良好的物理环境，又降低了能耗，这是实现建筑节能的基本条件。围护结构的节能设计主要涉及的因素有外墙、屋顶、门窗、地面、玻璃幕墙及窗墙比等。

建筑保温是严寒地区绿色建筑设计十分重要的内容之一，建筑中空调和采暖的很大一部分负荷，是由于围护结构传热造成的。围护结构保温隔热性能的好坏，直接影响到建筑能耗的多少。为提高围护结构的保温性能，通常采取以下 6 项措施：

①合理选材及确定构造型式。选择容重轻、导热系数小的材料，如聚苯乙烯泡沫塑料、岩棉、玻璃棉、陶粒混凝土、膨胀珍珠岩及其制品、膨胀蛭台为骨料的轻混凝土等可以提高围护构件的保温性能。严寒地区建筑，在保证围护结构安全的前提下，优先选用外保温结构，但是不排除内保温结构及夹芯墙的应用。采用内保温时，应在围护结构内适当位置设置隔气层，并保证结构墙体依靠自身的热工性能做到不结露。

②防潮防水。冬季由于外围护构件两侧存在温度差，室内高温一侧水蒸气分压力高于室外，水蒸气就向室外低温一侧渗透，遇冷达到露点温度时尤会凝结成水，构件受潮。此外雨水、使用水、土壤潮气等也会侵入构件，使构件受潮受水。围护结构表面受潮、受水时会使室内装修变质损坏，严重时会发生霉变，影响人体健康。构件内部受潮、受水会使多孔的保温材料充满水分，导热系数提高，降低围护材料的保温效果。在低温下，水分在冰点以下结晶，进一步降低保温能力，并因冻融交替而造成冻害，严重影响建筑物的安全和耐久性。为防止构件受潮受水，除应采取排水措施外．在靠近水、水蒸气和潮气的一侧应设置防水层、隔汽层和防潮层。组合构件一般在受潮一侧应布置密实材料层。

③避免热桥。在外围护构件中，由于结构要求经常设有导热系数较大的嵌入构件，如外墙中的钢筋混凝土梁和柱、过梁、圈梁、阳台板、雨篷板、挑檐板等这些部位的保温性能都比主体部位差，且散热大，其内表面温度也较低，当低于露点温度时易出现凝结水，这些部位通常称为围护构件的"热桥"现象（图 2-6）。为了避免和减轻热桥的影响，首先应避免嵌入的构件内外贯通，其次应对这些部位采取局部保温措施，如增设保温材料等，以切断热桥（图 2-7）。

④防止冷风渗透。当围护构件两侧空气存在压力差时，空气将从高压一侧通过围护构件流向低压一侧，这种现象称为空气渗透。空气渗透可由室内外温度差（"热压"）引起，也可由"风压"引起。由热压引起的渗透，热空气由室内流向室外，室内热量损失；风压使冷空气向室内渗透，使室内变冷。为避免冷空气渗入和热空气直接散失，应尽量减少外围护结构构件的缝隙，例如使墙体砌筑砂浆饱满，改进门窗加工和构造方式，提高安装质量，缝隙采取适当的构造措施等。提高门窗气密性的方法主要有两种：

a. 采用密封和密闭措施。框和墙间的缝隙密封可用弹性软型材料(如毛毡)、聚乙烯泡沫、密封膏等。框与扇间的密闭可用橡胶条、橡塑条、泡沫密闭条，以及高低缝、回风槽等。扇与扇之间的密闭可用密闭条、高低缝及缝外压条等。窗扇与玻璃之间的密封可用密封膏、各

种弹性压条等。

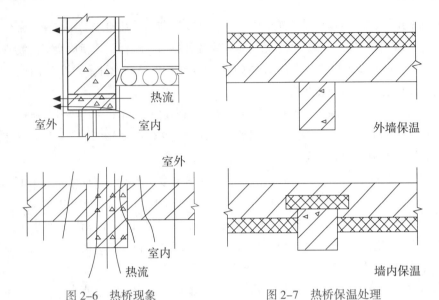

图 2-6 热桥现象　　　　　　图 2-7 热桥保温处理

b. 减少缝的长度。门窗缝隙是冷风渗透的根源，以严寒地区传统住宅窗户为例，一个 $1.8m \times 1.5m$ 的窗，其各种接缝的总长度达 11m 左右。因此为减少冷风渗透，可采用大窗扇、扩大单块玻璃面积以减少门窗缝隙；同时合理减少可开窗扇的面积，在满足夏季通风的条件下，扩大固定窗扇的面积。

⑤合理设计门窗洞口面积

a. 窗的洞口面积确定。窗的传热系数远远大于墙的传热系数，因此窗户面积越大，建筑的传热、耗热量也越大。严寒地区建筑设计应在满足室内采光和通风的前提下，合理限定窗面积的大小。我国严寒地区传统民居南向开窗较大，北向往往开小窗或不开窗，这是利用太阳能改善冬季白天室内热环境与光环境及节省采暖燃料的有效方法。我国《民用建筑节能设计标准》中限定了"窗墙面积比"。以哈尔滨为例，北向的窗墙面积比限值为 0.25；东西向限值为 0.3；南向限值为 0.45。在欧美一些国家，为了让建筑师在决定窗口面积时有一定灵活性，他们不直接硬性规定窗墙面积比，而是规定整幢建筑窗和墙的总耗热量。如果设计人员要开窗大一些，即窗户耗热量多一些，就必须以加大墙体的保温性能来补偿；若墙体无法补偿时，就必须减小窗户面积，显然也是间接地限制窗的面积。

b. 门的洞口面积确定。门洞的大小尺寸，直接影响着外入口处的热工环境，门洞的尺寸越大，冷风的侵入量越大，就越不利于节能。但是，外入口的功能要求门洞应具有一定的尺寸，以满足消防疏散及人们日常使用及搬运家具等要求。所以，门洞的尺寸设计应该是在满足使用功能的前提下，尽可能地缩小尺寸，以达到节能要求。

⑥合理设计建筑的首层地面

建筑物的耗热量不仅与其围护结构的外墙和屋顶的构造做法有关，而且与其门窗、楼梯间隔墙、首层地面等部位的构造做法有关。在建筑围护结构中，地面的热工质量对人体健康的影响较大。普通水泥地面具有坚固、耐久、整体性强、造价较低、施工方便等优点，但是

其热工性能很差，存在着"凉"的缺点，地面表面从人体吸收热量多。因此，对于严寒地区建筑的首层地面，还应进行保温与防潮设计。

在严寒地区的建筑外墙内侧 0.5 ~ 1.0m 范围内，由于冬季受室外空气及建筑周围低温土壤的影响，将有大量的热量从该部位传递出去。因此，在外墙内侧 0.5 ~ 1.0m 范围内应铺设保温层，地下室保温需要根据地下室用途确定是否设置保温层，当地下室作为车库时，其与土壤接触的外墙可不保温。当地下水位高于地下室地而时，地下室保温需要采取防水措施。

第二节　寒冷地区绿色建筑设计特点

一、寒冷地区绿色建筑设计原则

严寒地区的绿色建筑设计应综合加以考虑，一般可将绿色建筑设计原则概括为协同性、地域性、高效性、自然性、健康性、经济性、进化性 7 个原则。

（1）协同性原则。其一，绿色建筑是其与外界环境共同构成的系统，具有系统的功能和特征，构成系统的各相关要素需要关联耦合、协同作用以实现其高效、可持续、最优化地实施和运营。其二，绿色建筑是在建筑运行的全生命周期过程中、多学科领域交叉、跨越多层级尺度范畴、涉及众多相关主体、硬科学与软科学共同支撑的系统工程。

（2）地域性原则。绿色建筑设计应密切结合所在地域的自然地理气候条件、资源条件、经济状况和人文特质，分析、总结和吸纳地与传统建筑应对资源和环境的设计、建设和运行策略，因地制宜地制定与地域特征紧密相关的绿色建筑评价标准、设计标准和技术导则，选择匹配的对策、方法和技术。

（3）高效性原则。绿色建筑设计应着力提高在建筑全生命周期中对资源和能源的利用效率，以减少对土地资源、水资源以及不可再生资源和能源的消耗，减少污染排放和垃圾生成量，降低环境干扰。例如采用创新的结构体系、可再利用或可循环再生的材料系统、高效率的建筑设备与部品等。

（4）自然性原则。该原则强调在建筑外部环境设计、建设与使用过程中应加强对原生生态系统的保护，避免和减少对生态系统的干扰和破坏，尽可能保持原有生态基质、廊道、斑块的连续性；对受损和退化生态系统采取生态修复和重建的措施；对于在建设过程中造成生态系统破坏的情况，采取生态补偿的措施。

（5）健康性原则。绿色建筑设计应通过对建筑室外环境营造和室内环境调控，构建有益于人的生理舒适健康的建筑热、声、光和空气质量环境，以及有益于人的心理健康的空间场所和氛围。

（6）经济性原则。基于对建筑全生命周期运行费用的估算，以及评估设计方案的投入和产出，绿色建筑设计应提出有利于成本控制的具有经济运营现实可操作性的优化方案；进而，根据具体项目的经济条件和要求选用技术措施，在优先采用被动式技术的前提下，实现主动式技术与被动式技术的相互补偿和协同运行。

新时期绿色建筑设计研究

（7）进化性原则。在绿色建筑设计中充分考虑各相关方法与技术更新、持续进化的可能性，并采用弹性的、对未来发展变化具有动态适应性的策略，在设计中为后续技术系统的升级换代和新型设施的添加应用留有操作接口和载体，并能保障新系统与原有设施的协同运行。也可称作弹性原则、适应性原则等。

二、建筑的合理布局

寒冷地区绿色建筑设计时应综合考虑场地内外建筑日照、自然通风与噪声要求等方面，在设计中仅孤立地考虑形体因素本身是不够的，需要与其他因素综合考虑，才有可能处理好节能、节地、节水、节材等问题。建筑形体的设计应充分利用场地的自然条件，综合考虑建筑的朝向、间距、开窗位置和比例等因素，使建筑获得良好的日照、通风、采光和视野。在规划与建筑单体设计时，宜通过场地日照、通风、噪声等模拟分析确定最佳的建筑形体。

1. 精心设计建筑布局和朝向

工程测试充分证明，单体建筑物的三维尺寸及形状对周围的风环境影响很大。从建筑节能的角度考虑，应创造有利的建筑形态来降低风速，减少建筑能耗热损失；同时，从避免冬季季风对建筑物侵入来考虑，应减小风向与建筑物长边的入射角度。建筑物高度、长度的变化对局部气流和风环境也有较大的影响。进行建筑单体设计时，在场地风环境分析的基础上，宜通过调整建筑物的长宽高比例，使建筑物迎风面压力合理分布，避免在背风面形成涡旋区。建筑物长度对气流的影响如图 2-8 所示；建筑物高度对气流的影响如图 2-9 所示。

在进行建筑物单体设计中应利用计算机对日通模拟分析，以建筑周边场地以及既有建筑为边界前提条件，确定满足建筑物最低日照标准的最大形体与高度，并结合建筑节能和经济成本权衡分析。

在确定建筑物的最小间距时，要保证室内要有一定的日照量。建筑物的朝向对建筑节能也有很大影响，从建筑节能的角度考虑，建筑物应首先选择长方形体形，南北朝向。同体积不同体形获得的太阳辐射量也是有很大差异的。朝向既与日照有关，也与当地的主导风向有关，因为主导风直接影响冬季住宅室内的热损耗与夏季室内的自然通风。同体积不同体形建筑获得太阳辐射量的比较如图 2-10 所示。

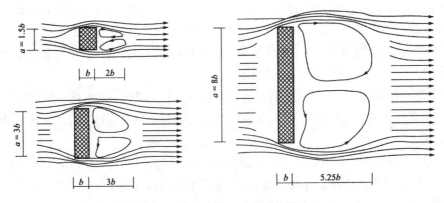

图 2-8　建筑物长度对气流的影响

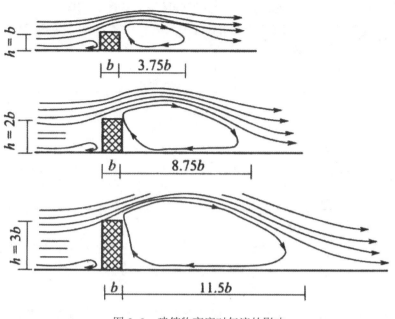

图 2-9　建筑物高度对气流的影响

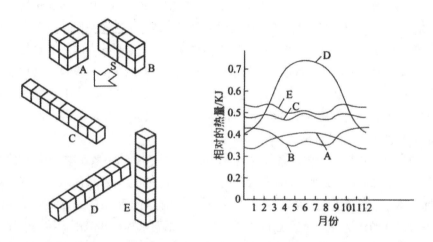

图 2-10　同体积不同体形建筑获得太阳辐射量的比较

　　寒冷地区建筑朝向的选择，涉及当地气候条件、地理环境、建筑用地情况等，设计时必须全面考虑。应根据建筑所在地区气候条件的不同，采用最佳朝向或接近最佳朝向。当建筑处于不利朝向时，应进行补偿设计。

　　寒冷地区朝向选择的总原则是：在节约用地的前提下，要满足冬季能争取较多的日照，夏季避免过多的日照，并有利于自然通风的要求。从长期实践经验来看，南向是全国各地区都较为适宜的建筑朝向。但在建筑设计时建筑朝向受各方面条件的制约，不可能都采用南向。这就应结合各种设计条件，因地制宜地确定合理建筑朝向的范围，以满足生产和生活的要求。我国寒冷地区部分地区建议建筑朝向见表 2-3。

表 2-3　我国寒冷地区部分地区建议建筑朝向

地区	最佳朝向	适宜朝向	不宜朝向
北京	南至南偏东 30°	南偏东 45° 范围内，南偏西 35° 范围内	北偏西 30° ~ 60°
石家庄	南偏东 15°	南至南偏东 30°	西
太原	南偏东 15°	南偏东至东	西北
呼和浩特	南至南偏东、南至南偏西	东南、西南	北、西北
济南	南、南偏东 10° ~ 15°	南偏东 30°	北偏西 5° ~ 10°
郑州	南偏东 15°	南偏东 25°	西北

2. 严格控制建筑体形系数

寒冷地区绿色建筑的设计与严寒地区基本相同，更应注重建筑与环境的关系，尽可能减少建筑对环境的影响。在一般情况下，建筑应在满足建筑功能与美观的基础上尽可能降低建筑体形系数。

体形系数对建筑能耗的影响较大，依据寒冷地区的气候条件，建筑物体形系数在 0.3 的基础上每增加 0.01，该建筑物能耗约增加 2.4% ~ 2.8%；每减少 0.01，该建筑物能耗约增加 2.0% ~ 3.0%。如寒冷地区建筑的体形系数放宽，围护结构传热系数限值将会变小，使得围护结构传热系数限值在现有的技术条件下实现的难度增大，同时投入的成本太大。

设计经验证明，适当地将低层建筑的体形系数放大到 0.52 左右，将 4 ~ 8 层建筑的体形系数放大到 0.33 左右，有利于控制居住建筑的总体能耗。高层建筑的体形系数一般宜控制在 0.23 左右。为了给建筑师更灵活的设计空间，当建筑层数大于或等于 14 层时，可将寒冷地区的体形系数放宽控制在 0.26。

建筑的耗热量指标随着体形系数的减小而减小，并且体形系数每减少 0.01.建筑的耗热量指标的减少在 2.1% ~ 2.9% 范围内，平均减少 2.5%。通过对数据的拟合发现，建筑的耗热量指标与体形系数的线性关系较强。建筑的耗热量指标与体形系数的关系如图 2-11 所示。

如果所设计的建筑一旦超过规定的体形系数时,则要求提高建筑围护结构的保温性能,并进行围护结构热工性能的权衡判断.审查建筑物的采暖能耗是否能控制在规定的范围内。

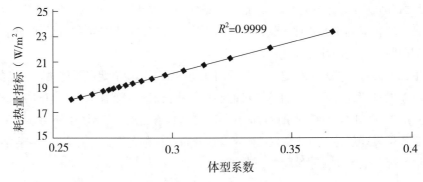

图 2-11　建筑的耗热量指标与体形系数的关系

3. 合理确定建筑物窗墙面积比

窗墙面积比是指某一朝向的外窗（包括透明幕墙）总面积，与同朝向墙面总面积（包括窗面积在内）之比，简称窗墙比。窗墙面积比的确定要综合考虑多方面的因素，其中最主要的是不同地区冬、夏季日照情况、季风影响、室外空气温度、室内采光设计标准以及外窗开窗面积与建筑能耗等因素。一般普通窗户的保温隔热性能比外墙差很多，窗墙面积比越大，采暖和空调能耗也越大。因此，从降低建筑能耗的角度出发，必须限制窗墙面积比。在一般情况下，应以满足室内采光要求作为窗墙面积比的确定原则。

寒冷地区人们无论是在过渡季节还是在冬、夏两季，普遍都有开窗加强房间通风的习惯。一是通过自然通风后，将室内污浊的空气排出，室外新鲜空气进入室内，从而可以改善室内空气品质；二是夏季在阴雨降温或夜间，室外的气候凉爽宜人，加强房间通风能带走室内余热和积蓄冷量，可以减少空调运行时的能耗.这就需要较大的窗墙面积比。

根据寒冷地区的设计经验，参考近年小康住宅小区的调查情况和北京、天津等地标准的规定，建筑的窗墙面积比一般宜控制在 0.35 以内；如果窗的热工性能较好，窗墙面积比可以适当提高。寒冷地区的中部和东部，冬季一般室外平均风速都大于 2.5m/s，西部冬季室外气温比严寒地区偏高 3 ~ 7℃，室外的风速比较小，尤其是夏季夜间静风率高，如果南北向的窗墙面积比相对过大，则不利于夏季穿堂风的形式。

另外，如果窗口的面积过小，容易造成室内采光不足。西部冬季平均日照率不大于 25%，这一地区增大南部窗口冬天太阳辐射所提供的热量，对室内采暖的作用有限，经过 DOE-2 程序计算和工程实测，单位面积的北部窗热损失明显大于南部窗。如果窗口面积太小，所增加的室内照明用电能耗，将超过节约的采暖能耗。因此，寒冷地区西部进行围护结构节能设计时.不宜过分地依靠减少建筑窗墙面积比，而重点是提高窗的热工性能。

近年来，寒冷地区居住建筑的窗墙面积比有越来越大的趋势，这是因为商品住宅的购买者大部分希望自己的住宅更加通透明亮。考虑到临街建筑立面美观的需要，窗墙面积比适当大些是允许的。但当窗墙面积比超过规定值时，应首先考虑减小窗户（含阳台透明部分）的传热系数，如采用单框双玻璃或中空玻璃窗，并加强夏季活动遮阳，其次可考虑减小外墙的传热系数。

大量的调查和测试表明，太阳辐射通过窗进入室内的热量是造成夏季室内过热的主要原因，日本、美国、欧洲以及中国香港等国家和地区，都把提高窗的热工性能和阳光控制作为夏季防热、住宅节能的重点，而且建筑普遍在窗外安装有遮阳措施。在我国的很多寒冷地区现有的窗户普遍为合金窗，其传热系数大，空气渗透严重，而且大多数建筑无遮阳措施。因此.应对窗的热工性能和窗墙面积比做出明确的规定。

寒冷地区的夏季太阳辐射西（东）向最大，不同朝向墙面太阳辐射强度的峰值，以西（东）向墙面最高，西南（东南）向墙面次之，西北（东北）向墙面又次之，北向墙面为最小。因此，要严格控制西（东）向的窗墙面积比限值，尽量做到东西向不开窗是合理的。

对外窗的传热系数和窗户的遮阳辐射透过率进行严格限制，是寒冷地区建筑节能设计的特点之一。在放宽窗墙面积比限值的情况下，必须提高对外窗热工性能的要求，才能真正实

现建筑节能的目标。技术经济分析表明，提高外窗的热工性能，所需要的资金并不多，每平方米建筑面积约 10 ～ 20 元，比提高外墙热工性能的资金效益高 3 倍以上。同时，放宽窗墙面积比，提高外窗热工性能，给建筑师和开发商可提供更大的灵活性，更好地满足人们追求住宅通透明亮的要求。

测试资料表明，门窗是建筑立面隔声的薄弱环节，是建筑设计中应引起重视的问题。应综合立面造型、外界噪声情况、采光通风要求等确定窗口的大小。在一般情况下，只要能满足规定的采光、通风要求，门窗的尺寸应尽量减小。建筑师在立面设计中常采用通长带形窗，但往往到施工完毕才发现由于带形窗横跨相邻房间，噪声不能完全阻断造成互相影响，因此要做好此处的隔声构造设计。由于噪声传播具有方向性，所以将开加方向避开噪声源形成锯齿状、波浪状窗也可以减少噪声的传入。

寒冷地区住宅的南向的房间大多数为起居室、主卧室和客厅，常常开设尺寸比较大的窗户，夏季透过窗户进入室内的太阳辐射热构成了空调负荷的主要部分。因此，部分寒冷地区建筑的南向外窗（包括阳台的透明部分），宜设置水平遮阳或活动式遮阳。在南向窗的上部设置水平外遮阳，夏季可减少太阳辐射热进入室内，冬季由于太阳高度角比较小，对进入室内的太阳辐射影响不大。有条件的最好在南向窗设置卷帘式或百叶窗式的外遮阳。东西向窗也需要设置遮阳，但由于太阳高升西落时其角度比较低，设置在窗口上部的水平遮阳几乎不起遮阳作用，宜设置展开或关闭后可以全部遮蔽窗户的活动式遮阳。

冬夏两季透过窗户进入室内的太阳辐射，对降低建筑能耗和保证室内环境的舒适性所起的作用是截然相反的。活动式外遮阳容易兼顾冬夏两季室内对阳光的不同需求，所以设置活动式外遮阳更加合理。窗外侧的卷帘、百叶窗等就属于"展开或关闭后可以全部遮蔽窗户的活动式遮阳"，虽然其造价比一般固定式的遮阳高一些，但遮阳效果比较好，适宜冬夏两季使用，是值得提倡应用的一种遮阳方式。

值得引起注意的是：现在有些地方对建筑体形过于追求形式新异，结果造成结构不合理、空间浪费或构造过于复杂等情况.引起建造材料大量增加或运行费用过高。为片面追求美观而以较大资源消耗为代价，不符合绿色建筑的基本要求。在进行门窗具体设计中，应严格控制造型要素中没有功能作用的装饰构件的应用，以降低门窗的工程投资。

三、围护结构保温节能设计方面

在建筑围护结构的门窗、墙体、屋面、地面四大围护部件中，其中门窗的绝热性最差，是影响室内热环境和建筑节能的主要因素。就我国目前典型的围护部件而言，门窗的能耗约占建筑围护部件总能耗 40% ～ 50%。在建筑围护结构中，墙体在采暖能耗中所占的比例最大，约占总能耗的 32.1% ～ 36.2%，因此，如何改善建筑围护结构的保温性能成为重中之重。

建筑保温是寒冷地区绿色建筑设计十分重要的内容之一。寒冷地区建筑中空调和采暖的很大一部分负荷，是由于围护结构传热造成的，冬季采暖设备的运行是为了补偿通过建筑围护结构由室内传到外界的热量。围护结构保温隔热性能的好坏，直接影响到建筑能耗的多少。对围护结构进行保温节能设计，将降低空调或采暖设备的负荷，减小设备的容量或缩短设备的运行时间.这样既节省日常运行费用、节省能源，又可使室内温度满足设计要求，改善建

筑室内的热舒适性，这也是绿色建筑设计的一个重要方面。寒冷地区建筑围护结构不仅要满足强度、防潮、防水、防火等基本要求，而且还应考虑保温节能方面的要求。

从建筑节能的角度出发，寒冷地区的居住建筑不应设置凸窗。但建筑节能并不是居住建筑设计所要考虑的唯一因素，因此在设置凸窗时，凸窗的保温性能必须予以保证，否则不仅造成能源浪费，而且寒冷地区冬季室内外温差较大，凸窗很容易发生结露现象，影响房间的正常使用。

通过数值模拟分析，住房和城乡建设部标准定额研究所，对不同保温情况下的凸窗热桥部位的温度场分布进行比较，并在建筑节能标准中强调指出：要求建筑构造部位的潜在热工缺陷及热桥部位必须加强，进而采取相关的技术措施，以保证最终的围护结构的热工性能。

第三节 夏热冬冷地区绿色建筑设计特点

随着能源危机的日益严重以及建筑耗能和环境问题的日渐突出，可持续发展的思想已成为人类的共识。21世纪人类共同的主题是可持续发展，生态、节能建筑越来越受到重视。夏热冬冷地区绿色建筑设计的总体思路，就是使绿色生态建筑贯彻落实可持续科学发展观，加快建设资源节约型、环境友好型社会，促进经济发展和人口资源、环境相协调。

一、绿色建筑的规划设计

绿色建筑规划设计是指在规划设计当中充分考虑建筑与外部环境的关系．以绿色建筑作为指导规划设计的主要原则，充分利用自然资源，实现从总体上为绿色建筑创造先决条件。在以往的规划设计中，设计人考虑的往往是容积率、日照间距、空间形态，以及建筑与周边环境协调等问题，而很少从绿色建筑的的角度来指导设计，绿色建筑设计只有在单体方案设计阶段才有所重视．从而产生了许多单体设计难以解决的问题。所以，提倡绿色建筑设计首先应该重视整体的规划设计。

夏热冬冷地区绿色建筑规划设计的内容很多，一般主要包括建筑位置的选址、规划总平面布置、建筑朝向的确定、建筑物日照问题、地下空间的利用、绿化环境的设计、水环境的设计、风环境的设计、建筑节能与绿色能源、绿色能源利用与优化等。

（一）建筑位置的选址

生态建筑学把自然生态视为一个具体建筑结构和对人类产生影响力的有机系统，因而在建筑规划选址时应考虑其自然生态环境的结构功能和对人类的种种影响，从而合理利用、调整改造和顺应其建筑生态环境，这样既可以"得山川之灵气，受日月之精华"，也可以陶冶情操，颐养浩然之气。因此，建筑选址是绿色建筑规划设计中的一项重要内容。

建筑所处位置的地形地貌将直接影响建筑的日照、采光和通风，从而影响室内外热环境和建筑耗热。绿色建筑的选址、规划、设计和建设，应充分考虑建筑所处的地理气候环境，

以保护自然水系、湿地、山脊、沟壑和优良植被丛落为原则，有效地防止地质和气象灾害的影响，同时应尊重和发掘本地区的建筑文化内涵，建设具有本地区地域文化特色的建筑。

传统建筑的选址通常涉及"风水"的概念．重视地表、地势、地气、土壤、方向和朝向。夏热冬冷地区的传统名居常常依山面水而建，充分利用山体阻挡冬季的北风、水面冷却夏季南来的季风。在建筑选址时已经因地制宜地满足了日照、采暖、通风、给水、排的需求。

在通常情况下，建筑的位置宜选择良好的地形和环境，如向阳的平地和山坡上，并且尽量减少冬季冷气流的影响。随着城乡建筑大规模的快速发展，在规划设计阶段对建筑选址的可操作范围越来越小，规划设计阶段的绿色建筑理念更多的是根据场地周边的地形地貌，因地制宜地通过区域总平面布置、朝向设置、区域景观营造等来实现。

（二）规划总平面布置

建筑规划总平面布置应在城市总体规划、各类详细规划和专项规划的基础上，根据生产流程、防火、安全、卫生、施工等要求，结合内外交通、场地的自然条件、建设顺序以及远期发展等，经过技术经济比较确定。

在考虑建设区域总平面布置时，应尽可能利用并保护原有地形地貌，这样既可以减少场地平整的工程量，也可以减少对原有生态环境景观的破坏。场地规划应考虑建筑布局对场地室外风、光、热、声等环境因素的影响，考虑建筑周围对建筑与建筑之间的自然环境、人工环境的综合设计布局，考虑建筑开发活动对当地生态系统的影响。

建筑群的位置、分布、外形、间距、高度以及道路的不同走向，对风向、风速、日照、采光等有明显的影响．考虑建筑总平面布置时，应尽量将建筑体量、角度、间距、道路走向等因素合理进行组合，以期充分利用自然通风和日照。

（三）建筑朝向的确定

建筑朝向是指建筑物多数采光窗的朝向，在建筑单元内一般指主要活动室主采光窗的朝向。对于夏热冬冷地区的建筑来说，建筑朝向问题至关重要，它不但影响室内行采光和建筑节能，而且影响建筑的通风和舒适度。好的规划方位可以使建筑更多的房间朝南，充分利用冬季太阳辐射热，降低采暖的能耗；也可以减少建筑东西向的房间，减弱夏季太阳辐射热的影响，降低制冷的能耗。

建筑最佳朝向一般取决于日照和通风两个主要因素。对于日照而言，南北朝向是最有利的建筑朝向《从建筑单体夏季自然通风的角度看，建筑的长边最好与夏季主导风方向垂直；从建筑群体通风的角度看，建筑的长边与夏季主导风方向垂直将影响后排建筑的夏季通风；因此建筑规划朝向与夏季主导季风方向，一般应控制在 30° ～ 60° 之间。实际设计时可以先根据日照和太阳入射角确定建筑朝向范围后．再按当地季风的主导方向进行优化。优化时应从建筑群整体通风效果来考虑．使建筑物的迎风面与季风主导方向形成一定的角度，保证各建筑都有比较满意的通风效果；这样也可以使室内的有效自然通风区域更大，效果会更好。

建筑的主朝向宜选择本地区最佳朝向或接近最佳朝向，尽量避免东西向的日晒。朝向选择的原则是冬季能获得足够的日照并避开主导风向．夏季能利用自然通风和遮阳措施来防止

太阳辐射。然而，建筑的朝向、方位的确定和建筑总平面设计是比较复杂的，必须综合多方面的因素，尤其是公共建筑受到社会历史文化、地形地貌、城市规划、交通道路、自然环境等条件的制约，要想使建筑物的朝向对夏季防晒和冬季保温都很理想是比较困难的。因此，只能权衡各个因素之间的得失轻重，选择出这一地区建筑的最佳朝向和较好朝向。

通过多方面的因素分析、优化建筑的规划设计，在确定建筑朝向时，应采用这个地区建筑最佳朝向或适宜朝向，尽量避免东西向的日晒。根据有关资料，总结我国夏热冬冷地区节能设计实践，不同气候主要城市的最佳、适宜和不宜建筑朝向见表2-5。

表2-5　我国夏热冬冷地区主要城市建筑朝向选择

城市名称	建筑最佳朝向	建筑适宜朝向	建筑不宜朝向
上海	南向—南偏东15°	南偏东30°—南偏西15°	北、西北
南京	南向—南偏东15°	南偏东25°—南偏西10°	西、北
杭州	南向—南偏东10°~15°	南偏东30°—南偏西5°	西、北
合肥	南向—南偏东5°~15°	南偏东15°—南偏西5°	西
武汉	南偏东10"—南偏西10°	南偏东20°—南偏西15°	西、西北
长沙	南向—南偏东10°	南偏东15°—南偏西10°	西、西北
南昌	南向—南偏东15°	南偏东25°—南偏西10°	西、西北
重庆	南偏东10°—南偏西10°	南偏东30°—南偏西20°	西、东
成都	南偏东20°—南偏西30°	南偏东40°—南偏西45°	西、东

（四）建筑物日照问题

建筑物日照是根据阳光直射原理和日照标准，研究日照和建筑的关系以及日照在建筑中的应用，是建筑光学中的重要课题。研究建筑日照的目的是充分利用阳光以满足室内光环境和卫生要求，同时防止室内过热。建筑物有充分的日照时间和良好的日照质量，不仅是建筑物冬季充分获得太阳热量的前提，而且也是使用者身体健康和心理健康的需求，这对于冬季日照偏少的夏热冬冷地区尤其重要。

建筑日照时间和质量主要取决于总体规划布局，即建筑的朝向和建筑的间距。较大的建筑间距可以使建筑物获得较好的日照，但与节地要求相矛盾。因此，在总平面设计时，要合理布置建筑物的位置和朝向，使其达到良好的日照和建筑间距的最优组合，例如建筑群采取交叉错排行列式，利用斜向日照和山墙空间日照等。从建筑群的竖向布局来说，前排建筑采用斜屋面或把较低的建筑布置在较高建筑的阳面方向都能够缩小建筑的间距；在建筑单体设计中，也可以采用退层处理、合理降低层等方法达到日照改善的目的。

当建筑区的总平面布置不规则、建筑体形和立面复杂、条式住宅长度超过50m、高层点式住宅布置过密时，建筑日照间距系数难以作为设计标准，必须用计算机进行严格的模拟计算。由于现在不封闭阳台和大落地窗的不断涌现，根据不同的窗台标高未模拟分析建筑外墙各个部位的日照情况，精确求解出无法得到直接日照的地点和时间，分析是否会影响室内采光也非常重要。因此，在容积率已经确定的情况下，利用计算机对建筑群和单体建筑进行日

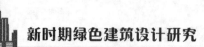

照模拟分析，可以对不满足日照要求的区域提出改进建议，提出控制建筑的采光照度和日照小时数的方案。

（五）地下空间的利用

从建筑空间环境和使用特征角度看，地下空间具有温度稳定性、隔离性（防风尘、隔噪声、减震、遮光等）、防护性和抗震性等特征。同时，在地面空间紧缺的情况下，成为保护地面自然风貌和人文历史景观的有效手段。如果能充分利用地下空间的优势，得到满意的建筑功能和环境质量的和谐统一，开发利用地下空间对于夏热冬冷地区的建筑来说，其积极的作用是不言而喻的。

建筑形式是建筑理念的外在表现。近几年可持续发展思想在各个领域的不断深化，建筑师从整体区域的角度着手，更加重视建筑作为环境的一部分而对其产生的互动影响。城市发展已经和正在证明，以高层建筑和高架道路为标志的城市向上部发展，都有一定的负面作用，不是扩展城市空间的最佳选择。而城市地下空间在扩大城市空间容量和提高城市环境质量方面，有着广阔的发展前景。基于现代空间手法的灵活运用和技术措施的有力保证，城市高层建筑刻意地开发利用地下部分，以尊重建筑环境，创造令人耳目一新的内部与外部和上部与下部空间，成为城市高层建筑的一种发展趋势。

建筑规划设计实践证明，合理设计建筑物的地下空间，是改善建筑结构受力状况、节约建设用地的有效措施。在规划设计和后期的建筑单体设计中，可结合拟建现场的实际情况（如地形地貌、地下水位高低等），合理规划并设计地下空间，用于车库、设备用房和仓储等。

（六）绿化环境的设计

21世纪的最大特征就是追求高质量的生活，其中最重要的内容是清洁的环境，生态的、健康的、开敞的空间，舒适的城市和良好的视觉效果。社会条件的不断变化和自然的依存关系.形成了新的居住风格。同时，人类及其周围环境对居住生活产生了根本的影响。居住区绿化是居住环境中分布最广泛，使用率最高的部分.也是城市生态系统中影响最大、最接近居民的自然环境。

绿化是绿色建筑的重要组成内容，对建筑环境与微气候条件起着十分重要的作用，它能调节气温、调节碳氧平衡、减弱城市温室和热岛效应、减轻大气污染、降低噪声、净化空气和水质、遮阳隔热，是改善区域气候、改善室内热环境、降低建筑能耗的有效措施。建筑环境绿化具有良好的调节气温和增加空气湿度的效应，这主要是因为植物具有遮阳、减低风速和蒸腾的作用。树林的树叶面积大约是树林种植面积的75倍；草地上草叶面积大约是草地面积的25 ~ 35倍。这些比绿化面积大几十倍的叶面面积，都是起蒸腾作用和光合作用的。所以，就起到了吸收太阳辐射热、降低空气温度的作用。

建筑环境绿化必须考虑植物物种的多样性，植物配置必须从空间上建立复层分布，形成乔、灌、花、草、藤合理立体绿化的空间层次，将有利于提高植物群落的光合作用能力和生态效益。植被绿化的物种多样性有利于充分利用阳光、水分、土壤和肥力，形成一个和谐、有序、稳定、优美、长期共存的复层、混交的植物群落。这种有空间层次、厚度的植物群落

所形成的丰富色彩，自然能引来各种鸟类、昆虫及其他动物形成新的食物链，成为生态系统中能量转化和物质循环的生物链，从而产生最大的生态效益，真正达到生态系统的平衡和生物资源的多种性。

夏热冬冷地区生态绿化及小区景观环境，应从建筑的周边整体环境考虑，并反映出小区所处的城市人文自然景观、地形地貌、水体状况、植被种类、建筑形式及社区功能等特色，使生态小区景观绿化体现出自然环境与人文环境的融合。

夏热冬冷地区的植被种类丰富多样。植被在夏季能够直接反射太阳辐射，并通过光合作用大量吸收辐射热，蒸腾作用也能吸收掉一部分热量。此外，合适的绿化植物可以提高遮阳效果，降低微环境的温度；冬季阳光又会透过稀疏的枝条射入室内。墙壁的垂直绿化和屋顶绿化，可以有效阻隔室外的辐射热；合适的树木高度和排列组合，可以疏导地面通风气流。总之，建筑区域内的合理绿化可以降低气温、调节空气的湿度、疏导通风气流，从而可有效地调节微气候环境，改善室内外的空气舒适度。夏热冬冷地区传统民居中就常常种植高大落叶番和藤蔓植物，调节庭院微气候，夏季引导通风，为建筑提供遮阳。

在绿化环境设计中，主要应做到以下几个方面：①在规划中要尽可能提高绿地率；②绿化要选用适应当地气候、土壤、耐候性强、病虫害少、对人体无害的乡土植物；③铺装场地上尽可能多种植树木，减少硬质地面直接暴露面积；④低层和多层建筑的墙壁，宜栽种攀藤植物，进行垂直绿化；⑤将乔木、灌木、草坪合理搭配，形成多层次的竖向立体绿化布置形式；⑥在建筑物需要遮阳部位的南侧或东西侧.可配置树冠高大的落叶树，北侧宜以耐阴常绿乔木为主，尽量乔灌木结合.形成绿化屏障；⑦绿化灌溉用水应尽量利用回收的雨水。

（七）水环境的设计

水环境的生态系统影响着城市的各个方面，它不仅为城市提供了水源，而且为城市水安全提供了基础，水生物种的多样性为城市发展提供了丰富的资源，自然水系的优美环境为居民提供了休憩的场所，为了维持水环境与城市间的良性关系，城市水环境就有了实践的意义。

水环境设计的视野不能仅仅的局限于景观学单方面分析。而是从整体规划、建筑景观、环境学、生物学、水力学，进行多学科的交叉分析。从更加宏观的角度整体的去看待问题，从更根本、更理性的角度去思考问题，从更加科学的思考方式去寻找解决问题的途径，在感性与理性、科学与技术的反复的磨合与碰撞中，寻找解决问题的最佳的途径。

夏热冬冷地区建筑的水环境设计，主要包括给排水、景观用水、其他用水和节约用水四部分，提高建筑水环境的质量，是有效利用水资源的技术保证。强调绿色建筑生态小区水环境的安全、卫生、有效供水，污水处理与回收利用，已成为开发新水源的重要途径之一，这是绿色建筑的重要组成内容.其目的是节约用水和提高水循环利用率。

在炎热的夏季水体的蒸发会吸收部分热量.水体也具有一定的热稳定性，会造成昼夜水体和周边区域空气温差的波动，从而导致两者之间产生热风压，形成空气的流动，这样可以缓解热岛效应。

夏热冬冷地区降雨充沛的区域，在进行区域水环境景观规划时，可以结合绿地设计和雨水回收利用设计，设置适当的喷泉、水池、水面和露天游泳池，利于在夏季降低室外环境温度，

调节空气湿度，形成良好的局部小气候环境。

在进行绿色建筑设计时，要求其给水系统的设计必须首先在小区内的管网布置上，符合《建筑给排水设计规范》（GB50015—2009）、《城市居住区规划设计规范》（GB50180—2006）和《住宅设计规范》（GB50096—2011）中有关室内给水系统的设计规定，保证给水系统的水质、水压、水量均具有有效的保障措施，并符合《生活饮用水卫生标准》（GB5749—2006）中的规定。提高人们对节水重要性的认识，呼唤全社会对节水的关注，禁止使用国家明令淘汰的用水器具，采用节水器具、节水技术与设备。

在进行水系统规划设计时，应重点考虑以下内容：①当地政府对节水的要求、该地区水资源状况、该地区气象资料、地质条件及市政设施等情况；②用水定额的确定、用水量估算及水量平衡问题；③给排水系统设中方案与技术措施；④采用的节水器具、设备和系统的技术措施；⑤污水处理方法与技术措施；⑥雨水及再生水等非传统水资源利用方案的论证、确定和设计计算与说明；⑦制定水系统规划方案是绿色建筑给排水设计的必要环节，是设计者确定设计思路和设计方案的可行性论证过程。

（八）雨水收集与利用

我国是一个水资源严重短缺的国家，人均水资源量仅为世界人均占有量的1/4，而且我国水资源分布存在显著时空不均。作为缺水地区不能坐等外源调水，应充分开发和回收利用当地一切可能的水资源，其中城市雨水就是长期忽视的一种水资源。通过雨水的合理收集与利用，补充地下水源，削减城市洪峰流董，有效控制地面水体的污染，对改善城市的生态环境、缓解水资源紧张的局面有重要的现实意义。

雨水收集利用是指针对因建筑屋顶、路面硬化导致区域内径流量增加而采取的对雨水进行就地收集、入渗、储存、处理、利用等措施。雨水收集利用主要包括收集、储存和净化后的直接利用；利用各种人工或自然水体、池塘、湿地或低洼地对雨水径流实施调蓄、净化和利用，改善城市水环境和生态环境；通过各种人工或自然渗透设施使雨水渗入地下，补充地下水资源。夏热冬冷地区的雨水收集与利用，即利用屋面回收的雨水，道路采用透水地面回收的雨水，经过一定的处理后，用作冲厕、冲洗汽车、庭院绿化浇灌等。

当前雨水收集利用在美、欧、日等发达国家已是非常重视的产业，已经形成了完善的体系。这些国家制定了一系列有关雨水利用的法律法规；建立了完善的屋顶蓄水和由入渗池、井、草地、透水地面组成的地表回灌系统；收集的雨水主要用于洗车、浇庭院、洗衣服、冲厕和回灌地下水。我国城市雨水利用起步较晚．目前主要在缺水地区有一些小型、局部的非标准性应用。大中城市的雨水利用基本处于探索与研究阶段，但已显示出良好的发展势头。

目前我国对城市雨水的利用率仍然很低，与发达国家相比，可开发利用的潜力很大。在目前水资源紧张、水污染加重、城市生态环境恶化的情况下．城市雨水作为补充水源加以开发利用，势在必行。

（九）风环境的设计

随着城市发展规模的不断扩大，高层建筑大量涌现，建筑室外风环境越来越受到人们的

重视，建筑产生的再生风环境成为城市环境问题的一个重要方面。不良的风环境会影响人们室外活动的舒适度，而且在恶劣的大风条件下会加大住区居民出行的危险性。研究住区风环境，解决当前居住区存在的风环境问题对提高人们生活的舒适性，保持健康、安全的风环境有着重要的帮助，更是以低碳经济、建筑节能为目的的可持续发展理念的需要。目前，许多国家已经立法，要求建筑在设计阶段必须给出建筑物建成后风环境的影响评价。

经过多年的设计实践，对于夏热冬冷地区加强夏季自然通风，改善区域风环境的一些具体做法主要有科学进行总平面布置、适当调整建筑物间距、采取错列式布局方式、采用计算机进行模拟等。

（1）科学进行总平面布置一般宜将较低的建筑布置在东南例，或夏季主导风向的迎风面，且自南向北对不同高度的建筑进行阶梯式布置，这样不仅在夏季可以加强南向季风的自然通风，而且在冬季可以遮蔽寒冷的北风。后排建筑高于前排建筑较多时，后排建筑迎风面可以使部分空气流下行，从而改善低层部分自然通风。

当采用穿堂通风时，要满足下列要求：①使进风窗迎向主导风向，排风窗背向主导风向；②通过建筑造型或窗口设计等措施加强自然通风；③当由两个和两个以上房间共同组成穿堂通风时，房间的气流流通面积宜大于进、排风窗的面积；④由一套住房共同组成穿堂通风时，卧室和起居室应为进风房间，厨房和卫生间应为排风房间；⑤进行建筑造型、窗口设计时，应使厨房和卫生间窗口的空气动力系数小于其他房间窗口的空气动力系数；⑥利用穿堂风进行自然通风的建筑，其迎风面与夏季最多风向宜成60°～90%且不应小于45'

当采用单侧通风时，要有强化措施使单面外墙窗口出现不同的风压分布，同时增大室内外温差下的热压作用。进、排风口的空气动力系数差值增大，可以加强风压作用；增加窗口的高度可加强热压作用。

当无法采用穿堂通风而采用单侧通风时，应当满足以下要求：①通风窗所在外窗与主导风向夹角宜为45°～60°；②应通过窗口及窗户设计，在同一窗口上形成面积相近的下部进风区和上部进风区，并宜通过增加窗口高度以增大进、排风区的空气动力系数差值；③窗户设计应使进风气流深入房间中；④窗口设计应防止其他房间的排气进入本房间；宜利用室外风驱散房间排气气流。

此外，建设区城总平面布置中各方向的建筑外形对通风也有影响。因此，南面临街不宜采用过长的条式多层（特别是条式高层）；东、西临街宜采用点式或条式低层（作为商业网点等非居住用途），不宜采用条式或高层，避免出现建筑单体的朝向不好而影响进风的缺陷；北面临街的建筑可采用较长的条式多层或高层，这样不仅可以提高容积率，而且也不影响日照间距。总之，总平面布置不应封闭夏季主导风向的入风口。

（2）适当调整建筑物间距建筑间距是指两栋建筑物外墙之间的水平距离，城市规划特别是在详细规划中对建筑间距有很严格的要求。一般而言.建筑间距越大，自然通风效果就越好。在进行建筑组团中，如果条件许可，能结合绿地的设置.适当加大部分建筑间距，形成组团绿地，可以较好地改善地下风侧建筑的通风效果。实践证明，建筑间距越大，接受日照的时间也越长，这对于夏热冬冷地区建筑的冬季采光和太阳辐射有利。

建筑间距主要是根据日照、通风、采光、防止噪声和视线干扰、防火、防震、绿化、管线埋设、建筑布局形式以及节约用地，综合考虑确定。住宅的布置，通常以满足日照要求作为确定建筑间距的主要依据。现行国家标准《建筑设计防火规范》（GB50016—2006）中规定：多层建筑之间的建筑左右间距最少为6m，多层与高层建筑之间为9m，高层建筑之间的间距为13m。这是强制性规定，必须严格执行。

（3）采取错列式布局方式我国建筑群平面规划设计传统的习惯是"横平竖直"的行列式布局，这种布局方式道路布设方便、外观整齐划一、整体非常美观、比较节省用地，但其室外空气流主要沿着楼间山墙和道路形成畅通的路线运动，山墙间和道路上的通风得到加强，但建筑室内的自然通风效果被削弱。

通过科学分析发现，在进行优化日照环境时，建筑间距系数和建筑朝向密切相关，不同的间距系数需要不同的建筑朝向。通过权衡和比较，有关专家提出了日照环境设计的优先原则，利用此原则对不同间距系数下的建筑日照环境进行了分析，并得出结论：合理的建筑布局可以补充建筑底层日照时间的不足，其中横向错列式布局和纵向错列式布局对改善日照环境较为有利。

如果采取错列式布置，使山墙间和道路上的空气流通而不畅，下风方向的建筑直接面对空气流，室内的通风效果自然会好一些。工程实践充分证明，错列式布局方式都可以得到速度适中且比较均匀的风场分布，具有较多的风速舒适区域；此外，这种布局方式可以使部分建筑利用山墙间的空间，在冬季更多地接收到日照。

（4）采用计算机进行模拟计算机模拟是在科学研究中常采用的一种技术，特别是在科学试验环节，利用计算机模拟是非常有效的。所谓计算机模拟就是用计算机来模仿真实的事物，用一个模型（物理的－实物模拟；数学的－计算机模拟）来模拟真实的系统，对系统的内部结构、外界影响、功能、行为等进行实验，通过实验使系统达到优良的性能，从而获得良好的经济效益和社会效益。

利用计算机对风环境的数值进行模拟和优化，是一种先进、科学的手段。其计算结果可以以形象、直观的方式展示，通过定性的流场图和动画，了解小区内气流流动的情况，也可以通过定量的分析对不同建筑布局方案，进行比较、选择和优化.最终使区域内室外风环境和室内自然通风更合理。

（十）建筑节能与绿色能源

（1）建筑节能绿色建筑的建筑节能应当是全面的建筑节能。全面的建筑节能，就是建筑全寿命过程中每一个环节节能的总和，是指建筑在选址、规划、设计、建造和使用过程中.通过采用节能型的建筑材料、产品和设备，执行建筑节能标准，加强建筑物所使用的节能设备的运行管理，合理设计建筑围护结构的热工性能，提高采暖、制冷、照明、通风、给排水和管道系统的运行效率.以及利用可再生能源，在保证建筑物使用功能和室内热环境质量的前提下，降低建筑能源消耗，合理、有效地利用能源。

城市建筑使用的能耗主要是空调采暖、电气照明、电气设备能耗。当前各种空调、电气、照明的设备品种繁多、各具特色，但采用这些设备时都受到能源结构形式、环境条件、工程状况等多种因素的影响和制约，为此必须客观全面地对能源进行分析对比后确定。当具有电、

城市供热、天然气、城市煤气等两种以上能源时，可采用几种能源合理搭配作为空调、家用电器、照明设备的能源。通过技术经济比较后采用复合能源方式，运用能源的峰谷、季节差价进行设备选型，提高能源的一次能效。

夏热冬冷地区大部分属于长江流域。具有丰富的水资源．水源热泵是一种以低位热能作为能源的中小型热泵机组，水源热泵是利用地球水所储藏的太阳能资源作为冷、热源，进行转换的空调技术。水源热泵可分为地源热泵和水环热泵。地源热泵包括地下水热泵、地表水（江、河、湖、海）热泵、土壤源热泵；利用自来水的水源热泵习惯上被称为水环热泵。

建筑节能是建筑可持续发展的需要，它包含利用自然资源，创造"高舒适、低能耗"建筑的各个方面，是生态住宅的核心和重要组成部分。它不仅涉及建筑与建筑围护结构的热工设计和采暖空调设备的选择，而且也与小区的总体规划、建筑布局与建设设计及环境绿化等有密切的关系。我国现阶段提出的建筑节能指标，就是通过建筑和建筑围护结构的热工节能设计和采暖空调的节能设计及设备的优选，使住宅建筑在较为舒适的热环境条件下，比没有进行建筑节能设计的相同住宅建筑在同样热环境条件下节省相应的能耗。

随着人民生活质量的提高和社会经济的发展，人们对热环境的要求越来越高，室内采暖制冷的能耗必然也越来越大，建筑节能就显得更加重要，其标准也会相应提高。我国制订了《夏热冬冷地区住宅建筑节能设计标准》（JGj134—2010），作为建设部行业标准的实施细则。编制这些标准的宗旨，是通过建筑与建筑热工节能设计及暖通空调设计，采取有效的节能措施．在保证室内热环境舒适的前提下，将采暖和空调能耗控制在规定的范围，实现建筑节能。

当具有天然气、城市煤气等能源时，通过技术经济比较后，采用燃烧设备的燃烧效率和能耗指标均应符合国家及地方现行有关标准的要求，这样有利于运行费用的降低，能取得良好的经济效益。城市的能源结构如果是几种共存，空调也可适应城市的多元化能源结构，运用能源的峰谷、季节差价进行设备选型，提高能源的一次能效，可使用户得到实惠。当采用天然气和城市煤气等能源时，其有关大气环境的污染排放标准应符合国家及地方现行规定》。

（2）太阳能利用设计太阳能是人类取之不尽、用之不竭的可再生能源，也是非常清洁能源，不产生任何环境污染。人们常采用光热转换、光电转换和光化学转换这三种形式来充分有效地利用太阳能。目前，在我国的夏热冬冷地区建筑已经广泛利用太阳能，利用的方式有被动式和主动式两种。

被动式利用太阳能是指直接利用太阳辐射的能量使其室内冬季最低温度升高．夏季则利用太阳辐射形成的热压进行自然通风。最便捷的被动式太阳能就是冬季使阳光透过窗户照入室内并设置一定的储热体，来调整室内的温度；在进行建筑节能设计时，也可结合封闭南向阳台和顶部的露台设置日光间，在日光间内放置储热体及保温板系统。

主动式利用太阳能是指通过一定的装置，将太阳能转化为人们日常生活中所需的热能和电能。目前，太阳能热水系统在夏热冬冷地区已经得到广泛的应用。主动式利用太阳能的建筑在设计时，要把太阳能装置和建筑有机地结合起来，即从建筑设计开始就将太阳能系统包含的所有内容，作为建筑不可缺少的设计元素和建筑构件加以考虑，巧妙地将太阳能系统的各个部件融入建筑之中，这也是绿色建筑所提倡的设计思路。

二、绿色建筑单体设计

我国正处于工业化、城镇化、信息化和农业现代化快速发展的历史时期，人口、资源、环境的压力日益凸显。为探索可持续发展的城镇化道路，在党中央、国务院的直接指导下，我国先后在天津、上海、深圳、青岛、无锡等地开展了生态城区规划建设，并启动了一批绿色建筑示范工程。建设绿色生态城区、加快发展绿色建筑，不仅是转变我国建筑业发展方式和城乡建设模式的重大问题，也直接关系群众的切身利益和国家的长远利益。

夏热冬冷地区绿色建筑单体设计是绿色建筑设计中的重要组成，设计内容主要包括建筑平面设计、体形系数控制、日照与采光设计、围护结构设计等。

（一）建筑平面设计

建筑平面设计是建筑设计中不可缺少的组成部分，既是为营造建筑实体提供依据，也是一种艺术创作过程；既要考虑人们的物质生活需要，又要考虑人们的精神生活要求。合理的建筑平面设计应符合传统的生活习惯，有利于组织夏季穿堂风的形成，冬季被动太阳能采暖及自然采光。例如，居住建筑在户型规划设计时，应注意平面布局要紧凑、实用；空间利用应合理充分、见光、通风。必须保证使一套住房内主要的房间在夏季有流畅的穿堂风，卧室和起居室一般为进风房间，厨房和卫生间为排风房间，满足不同空间的空气品质要求。住宅的阳台能起到夏季遮阳和引导通风的作用；如果把西、南立面的阳台封闭起来，可以形成室内外热交换过渡空间。如将电梯、楼梯、管道井、设备房和辅助用房等布置在建筑物的南侧或两侧，可以有效阻挡夏季太阳辐射；与之相连的房间不仅可以减少冷消耗，同时可以减少大量的热量损失。

为更加科学地确定建筑平面设计的合理性，在进行建筑平面设计前，应采用计算机模拟技术，对日照和区域风环境进行辅助设计和分析，然后可继续用计算机对具体的建筑、建筑的某个特定房间进行日照、采光、自然通风模拟分析，从而改进和完善建筑平面设计。

（二）体形系数控制

体形系数是指建筑物与室外大气接触的外表面积与其所包围的体积的比值。空间布局紧凑的建筑体形系数较小，建筑体形复杂、凹凸面过多的低层、多层及塔式高层住宅等空间布局分散的建筑外表面积和体形系数较大。对于相同体积的建筑物，其体形系数越大，说明单位建筑空间的热散失面积越高。因此，出于建筑节能方面的考虑，在进行建筑设计时应尽量控制建筑物的体形系数，尽量减少立面不必要的凹凸变化。但是，如果建筑物出于造型和美观的需要，必须采用较大的体形系数时，应尽量增加围护结构的热阻。

在具体选择建筑节能体形时需考虑多种因素，如冬季气温、日照辐射量与照度、建筑朝向和局部风环境状况等，权衡建筑物获得热量和散失热量的具体情况。在一般情况下控制体形系数的方法有：加大建筑体量，增加长度与进深；体形变化尽可能少，尽量使建筑物规整；设置合理的层数和层高；单独的点式建筑尽可能少用或尽量拼接，以减少外墙的暴露面。

（三）日照与采光设计

根据现行国家标准《城市居住区规划设计规范》（GB50180—2006）中的规定，"住宅间距，应以满足日照要求为基础，综合考虑采光、通风、消防、防震、管线埋设、避免视线干扰等要求确定"，并应使用日照软件模拟进行日照和采光分析，控制建筑间的间距是为了保证建筑的日照时间。按计算，夏热冬冷地区建筑的最佳日照间距是 1.2 倍邻边南向建筑的高度。

不同类型的建筑（如住宅、医院、学校、商场等）设计规范都对日照有具体明确的规定，设计时应根据不同气候区的特点执行相应的规范、国家和地方的法规。在进行日照与采光设计时，应充分利用自然采光，房间的有效采光面积和采光系数，除应当符合国家现行标准《民用建筑设计通则》（GB50352—2005）和《建筑采光设计标准》（GB/T50033—2001）的要求外，还应符合下列要求：①居住建筑的公共空间宜自然采光，其采光系数不宜低于 0.5%；②办公、宾馆类建筑 75% 以上的主要功能空间室内采光系数，不宜低于《建筑采光设计标准》（GB/T50033—2001）中的要求；③地下空间宜自然采光，其采光系数不宜低于 0.5%；④利用自然采光时应避免产生眩光；⑤设置遮阳措施时应满足日照和采光的标准要求。

《民用建筑设计通则》（GB50352—2005）和《建筑采光设计标准》（GB/T50033—2001）中规定了各类建筑房间的采光系数最低值。一般情况下住宅各房间的采光系数与窗墙面积比密切相关，因此可利用窗墙面积比的大小调节室内自然采光。房间采光效果还与当地的天空条件有关，在《建筑采光设计标准》（GB/T50033—2001）中，根据年平均总照度的大小，将我国分为 5 类光气候区，每类光气候区有不同的光气候系数 K，K 值小说明当地的天空比较"亮"，因此在达到同样的采光效果时，窗墙面积比可以小一些，反之应当大一些。

（四）围护结构设计

围护结构是指建筑及房间各面的围挡物，如门、窗、墙等能够有效地抵御不利环境的影响。根据在建筑物中的位置，围护结构分为外围护结构和内围护结构。外围护结构包括外墙、屋顶、侧窗、外门等，用以抵御风雨、温度变化、太阳辐射等，其应具有保温、隔热、隔声、防水、防潮、耐火、耐久等性能。内围护结构如隔墙、楼板和内门窗等，起分隔室内空间作用，其应具有隔声、隔视线以及某些特殊要求的性能。通常所说的围护结构是指外墙和屋顶等外围护结构。

围护结构分透明和不透明两部分，不透明维护结构有墙、屋顶和楼板等，透明围护结构有窗户、天窗和阳台门等。建筑外围护结构与室外空气直接接触，如果其具有良好的保温隔热性能，可以减少室内和室外的热量交换，从而减少所需要提供的采暖和制冷能量。

（1）建筑外墙夏热冬冷地区面对冬季主导风向的外墙，表面冷空气流速大，单位面积散热量高于其他三个方向的外墙。因此，在设计外墙保温隔热构造时，宜加强其保温性能.提高其传热阻.才能使外墙达到保温隔热的要求。要使外墙取得良好的保温隔热效果，主要有设计合适的外墙保温构造、选用传热系数小且蓄热能力强的墙体材料两个途径。

①建筑常用的外墙保温构造为外墙外保温。外保温与内保温相比.保温隔热效果和室内热稳定性更好，也有利于保护主体结构。常见的外墙外保温种类有聚苯颗粒保温砂浆、粘贴

泡沫塑料保温板、现场喷涂或浇注聚氨酯硬泡、保温装饰板等。其中聚苯颗粒保温砂浆由于保温效果偏低、质量不易控制等原因，现在使用量逐渐减少。

②自保温不仅能使围护结构的围护和保温的功能合二为一，而且基本上能与建筑同寿命；随着很多高性能的、本地化的新型墙体材料（如江河淤泥烧结节能砖、蒸压轻质加气混凝土砌块、页岩模数多孔砖、自保温混凝土砌块等）的出现，外墙采用自保温形式的设计越来越多，使外墙的施工更加简单。

（2）屋面根据实测资料证明，冬季屋面散热在围护结构热量总损失中占有相当的比例，屋面对于屋顶室内温度的影响最显著，因此有必要对屋顶的保温隔热性能给予足够的重视。夏季来自太阳的强烈辐射又会造成顶层房间过热，使用于制冷的能耗加大。在夏热冬冷地区，由于屋面夏季防热是主要任务，因此对屋面隔热要求较高。

根据工程实践经验，要想得到理想的屋面保温隔热性能，一般可综合采取以下措施：①选用合适的保温材料，其导热系数、热惰性指标应满足标准要求；②采用架空形保温屋面或倒置式屋面等；③采用屋顶绿化屋面、蓄水屋面、浅色坡屋面等；④采用通风屋顶、阁楼屋顶和吊顶屋顶等。

（3）外门窗、玻璃幕墙外门窗、玻璃幕墙暴露于大气之中．是建筑物与外界热交换、热传导最活跃、最敏感的部位。在冬季，其保温性能和气密性能对采暖能耗有很大影响，是墙体热量损失的 5 ~ 6 倍；在夏季，大量的热辐射直接进入室内，大大提高了制冷能耗。因此，外门窗和玻璃幕墙的设计是外围护结构设计的关键部位。

相关资料表明，夏热冬冷地区，窗户辐射传导热占空调总能耗的30%，冬季占采暖能耗21%，因此外墙门窗的保温隔热性能对建筑节能是非常重要的。根据工程实践经验，减少外门窗和玻璃幕墙能耗的设计，可以从以下几个方面着手。

①合理控制窗墙面积比，尽量少用飘窗。综合考虑建筑采光、通风、冬季被动采暖的需要，从地区气候、建筑朝向和房间功能等方面，合理控制窗墙面积比。如北墙窗，应在满足居室采光环境质量要求和自然通气的条件下，适当减少窗墙面积比，其传热阻要求也可适当提高，减少冬季的热量损失；南墙窗在选择合适玻璃层数及采取有效措施减少热耗的前提下，可适当增加窗墙面积比，这样更有利于冬季日照采暖。在一般情况下，不能随意开设落地窗、飘窗、多角窗、低窗台等。

②选择热工性能和气密性能良好的窗户，夏热冬冷地区的外门窗是能耗的主要部位，设计时必须加强门窗的气密性及保温性能，尽量减少空气渗透带来的能量消耗，选用热工性能好的塑钢或木材等断热型材作门窗框，选用热工性能好的玻璃。

窗户良好的热工性能来源于型材和玻璃。常用的型材种类主要有断桥隔热铝合金、PVC塑料、铝木复合型材等；常用的玻璃种类主要有普通中空玻璃、Low-E 玻璃、中空玻璃、真空玻璃等。一般而言，平开窗的气密性能优于推拉窗。

③合理设计建筑遮阳。在夏热冬冷地区，遮阳对降低太阳辐射、削弱眩光、降低建筑能耗，提高室内居住舒适性和视觉舒适性有显著的效果。建筑遮阳的种类有窗口遮阳、屋面遮阳、墙面遮阳、绿化遮阳等形式。在这几组遮阳措施中，窗口是无疑是最重要的。因此，夏热冬冷地区的南、东、西窗都应进行建筑遮阳设计。

　　建筑遮阳技术由来已久、形式多样。夏热冬冷地区的传统建筑常采用藤蔓植物、深凹窗、外廊、阳台、挑檐、遮阳板等遮阳措施。建筑遮阳设计首选外遮阳，其隔热效果远好于内遮阳。如果采用固定式建筑构件遮阳时，可以借鉴传统民居中常见外挑的屋檐和檐廊设计，辅以计算机模拟技术，做到冬季满足日照、夏季遮阳隔热。活动式外遮阳设施夏季隔热效果好，冬季可以根据需要进行关闭，也可以兼顾冬季日照和夏季遮阳的需求。

第四节　夏热冬暖地区绿色建筑设计特点

一、夏热冬暖地区绿色建筑的设计目标与策略

　　如今社会的能源和环境问题日益严峻，威胁着人类的生存，发展绿色建筑已经成为了一种社会共识。夏热冬暖地区由于其特殊的气候特征，在发展绿色建筑上具有很高的设计要求。

1. 夏热冬暖地区绿色建筑设计的基本目标

　　在我国《绿色建筑行动方案》中指出，为节约能源资源和保护环境，在"十二五"期间，我国将实施城镇新建建筑严格落实强制性节能标准，并对既有建筑节能改造为主要内容的一系列绿色建筑任务。为完成"十二五"期间新建绿色建筑 10 亿平方米，2015 年城镇新建建筑中绿色建筑的比例达到 20% 的目标，我国将切实抓好新建建筑节能工作。

　　在《绿色建筑行动方案》中，从科学规划城乡建设、发展城镇绿色建筑、建设绿色农房、落实建筑节能强制性标准 4 个方面提出了绿色建筑的具体任务。要完成《绿色建筑行动方案》中提出奋斗目标，夏热冬暖地区和夏热冬冷地区任重道远，需要下大力气才能实现。

　　建筑的建成环境对于自然界存在着一个依存关系。在进行绿色建筑设计时，必须体现出一种适应地域气候特点和保护自然环境的理念。气候和地域条件原本就是影响建筑设计的重要因素，建筑师应针对各种不同气候地域的特点，进行适应于气候的绿色建筑设计。夏热冬暖地区的绿色建筑设计，在以人为本考虑人的需求前提下，尽量减少建筑对自然环境施加的影响，促进建筑对自然环境产生积极作用，使之与生物圈的生态系统融为一体。

　　在进行夏热冬暖地区绿色建筑设计时，应当着重考虑以下几个方面。

　　（1）正确对待舒适性居住舒适性是人的心理普遍追求的目标，是由多层次多因素构成的，包括功能上的方便、生理上的和谐以及心理上的愉快和舒畅。其内容主要涉及足够的居住面积、完善的设施、良好的物理条件（隔声、隔热、保暖、光照和通风状况等）等因素。

　　正确对待建筑的舒适性是将设计与气候、地域和人体舒适感受结合起来，把设计的出发点定位为满足人体舒适要求，以自然的方式而不是机械空调的方式满足人们的舒适感。因为恒定的温度、湿度舒适标准，并不是人们最舒适的感受，空调设计依据的舒适标准过于敏感，忽视了人们可以随着温度的冷暖变化的生物属性。事实上，人们接受的舒适温度并不是一个定值，而是处于一个区间范围中。人体本来就具备对于自然环境变化的适应性，完全依赖机械空调形成的"恒温恒湿"环境不仅不利于节能，而且也不利于满足人对建筑舒适的基本需求。

　　（2）加强遮阳与通风为了削减夏热冬暖地区湿热气候的不利影响，应采取措施增加建

筑的遮阳和通风。在夏热冬暖地区，外遮阳是最有效的节能措施，适当的通风则是通过建筑设计达到带走湿气的重要手段。尽管遮阳与通风在夏热冬暖地区的传统建筑中得到了大量的运用，但对于当代的绿色建筑设计而言，这两种方法仍然值得重新借鉴与提升。

我国对于夏热冬暖地区居住建筑已经有具体规定．明确了在不同窗墙比时外窗的"综合遮阳系数"限值。"综合遮阳系数"是考虑窗本身和窗口的建筑外遮阳装置综合遮阳效果的一个系数，其值为窗本身的遮阳系数与窗口的建筑外遮阳系数的乘积。

由于夏热冬暖地区很多地方都处于湿热气候的控制下，因此建筑设计中的通风设计就显得至关重要。通过建筑群体的组合、形体的控制、门窗洞口的综合设计，可以形成良好的通风效果。在进行通风设计中，建筑群体和单体都要注意通风，而夏热冬暖地区的建筑遮阳构件设计，还要协调解决采光、通风、隔热、散热等问题。这是因为遮阳构件的遮阳问题与窗户的采光及通风之间存在着一定的矛盾。遮阳格不仅会遮挡阳光，还可能影响建筑周围的局部风压，使之出现较大的变化，更可能影响建筑内部形成良好的自然通风效果。如果根据当地的主导风向特点来设计遮阳板，使遮阳板兼作引风装置，这样就能增加建筑进风口风压，有效调节室内的通风量，从而达到遮阳和自然通风的目的。

（3）空调的节能设计由于夏热冬暖地区具有高温高湿的显著气候特点，加上目前建筑设计还不能根本解决室内热环境舒适性问题，所以该地区的建筑成为极需要空调的区域，这也意味着这个地区的空调节能潜力巨大，空调节能设计是夏热冬暖地区在建筑节能方面的一项重要内容。

实现空调节能主要有两个方面：一方面要提高空调系统自身的使用效率；另一方面确定合理的建筑体形与优化外围结构方案。这是进行空调节能设计必须注意和重视的问题。

2．被动技术与主动技术相结合的思路

技术的选择是否正确决定绿色建筑的设计水平。绿色技术一般包括主动技术与被动技术两种，在满足人的舒适度基本需要的前提下，被动技术的目标是尽量减少能源设备装机容量，主要依靠自然力量和条件来有效地弥补主动技术的不足，或者提高主动技术的效率，这种设计理念应贯通整个建筑构思的整合过程。针对夏热冬暖地区的现状和存在问题，应采用被动技术与主动技术相互配合的方式进行绿色建筑设计。

被动技术与主动技术相结合的绿色建筑设计理念，关注高温高湿的气候特点与各类建筑类型，在建筑的平面布局、空间形体、围护结果等各个设计环节中，采用恰当的建筑节能技术措施，从而实现提高建筑中能源利用率，达到降低建筑能耗的目的。工程实践充分证明，主动技术可以降低建筑的能耗，我们更应提倡因地制宜的主动技术，而不是简单地、机械地叠加各种绿色技术和设备。

3．创造与自然和谐相处绿色美学艺术

2004年9月，我国在党的十六届四中全会上提出了构建社会主义"和谐社会"的崇高目标，并深刻阐述了社会主义和谐社会的基本特征："我们所要建设的社会主义和谐社会，应该是民主法治、公平正义、诚信友爱、充满活力、安定有序、人与自然和谐相处的社会"。我们必须自觉地树立起生态意识，站在社会、经济可持续发展和环境与生存的高度，深入思考人与自然的关系，无论如何不能破坏自然生态环境，要永远保持人与自然和谐，实现绿色

经济、绿色环境、绿色文化，才能真正步入"和谐社会"。

美学艺术则是人类文明进步的思想基础，人类伴随着文明的演进，使自然科学和人文科学结缘互补、自然生态和美学艺术结缘互补，为认识和掌握人与自然和谐提供了审美理念。人类通过美学艺术对自然生态的再现，在形象创造和鉴赏中让生命力超越现实生存，体悟深沉而丰富的人性，实现对自由精神和完美境界的追求，从而不断净化灵魂、陶冶情操、升华人格、提高素养。因此，可以说自然哺育了人类，繁殖了艺术，形成了美学，万物在其上面生存游动，它是天地间最明澈的镜子，同时也映着人类欲望灵魂的倒影，唤起人类对大自然最美好最纯挚的感情，对自然之美的爱和对人类自身的反思。

二、夏热冬暖地区绿色建筑设计的技术策略

随着我国经济的飞速发展，建筑行业已经成为衡量一个国家国民经济的重要组成部分，现代建筑中的绿色化也越来越受人们的关注。面对夏热冬暖地区具有高温高湿的气候特点的现状，绿色建筑已经成为未来建筑业发展的必然趋势。这就给夏热冬暖地区的设计者提出了一个难题，那就是如何在满足高标准的同时制定出与自然和谐相处的绿色建筑设计策略。

1. 绿色建筑设计技术策略的选择

当前，绿色建筑在中国的发展方兴未艾，绿色建筑理念在业内引起越来越大的反响，大家对发展绿色建筑的必要性和意义也有了深刻的理解。同时也应该看到，绿色建筑在中国的兴起还面临着很多的困难和障碍，我们必须正视这些困难和障碍，找到适合的发展方向。绿色建筑设计技术策略的选择，一定要从因地制宜的原则出发，要注意总结和继承前人成功的经验，并将其传承和提高。

（1）学习传统建筑的绿色建筑技术

绿色建筑是现实世界中最能够体现人类追求可持续发展理想并付诸行动的一个举措，它所倡导人、建筑和环境和谐相处与我国传统文化提倡的"天人合一"相吻合，今日的绿色建筑已经成为一个综合了自然环境、社会文化、经济技术等多层面问题的复合概念。可以说绿色建筑承载着人类追求文明进步的崇高理想，承载着人类与地球和谐相处而幸福地生活繁衍的美好愿望，是真正符合可持续发展思想和理念的建筑，代表人类建筑发展方向。

我国的夏热冬暖地区是入口密集、经济发达、城市集中、人杰地灵的区域，这个地区有着千年以上的建筑历史，古人在建筑如何适应夏热冬暖气候上体现出极大的智慧。在进行当代绿色建筑设计中，其建筑类型、形态与材料构造的发展，使得很多过去的技术策略难以直接运用，因此，如何借鉴传统绿色技术，并将其转化为现代建筑技术至关重要。

（2）采用适宜的绿色建筑设计技术

夏热冬暖地区绿色建筑设计所选择的技术策略，不仅应具有适应性和整体性，且具有极强的可操作性。既能学习、借鉴和提升传统建筑中有价值的绿色技术，又能利用当代发展的绿色建筑模拟工具，有针对性地选择先进设备。夏热冬暖地区绿色建筑设计技术策略见表2-6。

表 2-6　夏热冬暖地区绿色建筑设计技术策略

项目	推荐采用
被动技术	利用建筑布局加热自然通风和自然采光，避免太阳的直接照射
	利用建筑形体形成自遮阳体系，充分利用建筑相互关系和建筑自身构件来产生阴影，减少屋顶和墙面得热，可将主要的采光窗设置于阴影之中形成自遮阳洞口
	建筑表皮采用综合的遮阳技术，根据建筑的朝向来合理设计
	在建筑群体、建筑单体及构件里形成有效、合理的自然通风
	在建筑单与周边环境里引入绿色植物
主动技术	合理的空调优化技术：应根据建筑类型考虑空调使用的必要性与合理性，并理性选择空调的类型
	雨水、中水等综合水系统管理
	设置能源审计监测设备

值得注意的是，上述两种基本的设计技术在实际应用过程中，是可以综合加以运用的：一方面要充分发挥被动技术的在节能方面的优势；另一方面则不断探讨对可再生能源利用的主动式节能措施，取代现有的对不可再生能源依赖的常规模式。

2. 绿色建筑设计的被动技术策略

绿色建筑从设计和建造上往往分为主动技术策略和被动技术策略两种基本的方法。主动技术策略依赖于设备技术，设备的制造技术不断进步，不断更新轮换；而被动技术策略依赖于建筑本体的设计手法，伴随着建筑全生命周期，所以绿色建筑更应当强调建筑本身的被动设计手法的运用。绿色建筑设计的被动技术策略主要包括绿色建筑的总体布局、建筑外围护结构的优化、不同朝向及部位遮阳措施、组织有效的自然通风等。

（1）绿色建筑的总体布局

绿色建筑设计的被动技术首先应关注的是建筑选址及空间布局。在建筑规划设计中应特别注意太阳辐射问题，在夏季及过渡季节要充分有效利用自然通风，并且还要适当考虑冬季防止冷风渗透，以保证室内的热环境舒适度。

建筑应选择避风基址进行建造，同时顺应夏季的主导风向以尽可能获取自然通风。由于冬夏两季主导风向不同，建筑群体的选址和规划布局则需要协调，在防风和通风之间要取得平衡。不同地区的建筑最佳朝向不完全一致，应根据当地气候条件等的实际情况进行确定，如广州市的建筑最佳朝向是东南向。

建筑规划的总体布局还需要营造良好的室外热环境。借助于相应的模拟软件，可以在建筑规划阶段实时有效地指导设计。在传统的建筑规划设计中，外部环境设计主要是从规划的硬性指标要求、建筑的功能空间需求及景观绿化的布置等方面加以考虑，因此很难保证获得良好的室外热环境。随着计算机技术的进步，利用计算机辅助过程控制的绿色建筑设计有效地解决了这个问题，使外部热环境达到比较理想的要求。

（2）建筑外围护结构的优化

在建筑外围护结构中，墙体所占比重最大，冬季通过墙体散失的热量，约为建筑总散热

量的 20%，夏季通过外墙体吸收的热量，约为建筑总吸热的 30%，因而外墙体的保温隔热设计相当重要。由于以前我国建筑围护结构的保温隔热水平差，采暖系统的热效率低，我国单位建筑面积采暖能耗为气候条件相近的发达国家的 3 倍左右。

从某种角度上讲，建筑外围护结构是气候环境的过滤装置。在夏热冬暖地区的湿热气候条件下，建筑的外围护结构显然有别于温带气候的"密闭表皮"的设计方法，建筑立面通过设置适当的开口获取自然通风，并结合合理的遮阳设计躲避强烈的日照，同时还能有效地防止雨水进入室内。这种建筑的外围护结构更像是一层可以呼吸、自我调节的生物表皮。

应当引起注意的是，夏热冬暖地区的建筑窗墙面积比也需要进行控制，大面积的开窗会使得更多的太阳辐射进入室内，造成室内热环境不舒适。马来西亚著名生态建筑设计师杨经文根据自己的研究成果提出建议：夏热冬暖地区绿色建筑的开窗面积不宜超过 50%。

（3）不同朝向及部位遮阳措施

在夏热冬暖地区，墙面、窗户与屋顶都是建筑物吸收热量的关键部位。由于全年降雨量大、降雨持续时间长、雨量非常充沛，因此在屋顶采用绿化植被遮阳措施具备良好的天然条件。通过屋面进行遮阳处理，不仅可以减少太阳的辐射热量，而且还可以减小因屋面温度过高而造成对室内热环境的不利影响。目前采用的种植屋面措施，既能够遮阳隔热，还可以通过光合作用消耗或转化部分能量。

此外，建筑的各部分围护结构均可以通过建筑遮阳的构造手段，运用材料构或与日照光线成某一有利的角度，达到阻断直射阳光透过玻璃进入室内，与防止阳光过分照射和防止对建筑围护结构加热升温，遮阳还可以防止直射阳光造成的强烈眩光和室内过热。正是因为遮阳在夏热冬暖地区具有这样的重要作用，所以这个地区的建筑往往呈现出相应的美学效果。大小适宜的窗户，综合交错的遮阳片，变化强烈的光影效果，特殊的气候特征赋予夏热冬暖地区的建筑以独特的风格与生动的表情。

岭南建筑大师夏昌世教授，把德国的严谨、精致、讲究实效、有机、实在与中国园林自由、灵活的特点相结合，形成自己独特的风格。他的主要设计作品有：华南工学院图书馆、行政办公楼、教学楼及校园规划，广州文化公园水产馆，中山医学院医院大楼、教学楼群和实验室等，湛江海员俱乐部，海南亚热带研究所专家楼，武汉三所新建高等院校设计，鼎湖山教工疗养所，桂林风景区规划与设计，广西医学院设计等。在这些建筑设计中，他分析了围护结构的墙、窗与太阳高度角之间的关系，然后根据实际设计相应的遮阳系统，有效地解决了建筑通风和防水等问题；采用双层屋面的整体遮阳系统对建筑屋顶进行设计，他的一系列遮阳技术被称为"夏氏遮阳"。

和其他地区一样，夏热冬暖地区建筑的各个朝向的遮阳方式有所不同。南面窗采取遮阳措施是非常必要的，不同纬度地区的太阳高度角不同，南向遮阳可以采用水平式或综合式，遮阳板的尺寸要根据建筑所处的地理经纬度、遮阳时的太阳高度角、方位角等因素确定水平遮阳的尺寸。夏热冬暖地区东西向窗的遮阳，当太阳高度角降低，水平遮阳对阳光的遮挡难以发挥作用时，可以采用垂直方式遮阳。由于夏热冬暖地区夏季主导风为东南风，所以采用垂直遮阳能有效引导东南风进入室内。此外，对于东西立面可采用可调节遮阳，选择和调整太阳光的强弱和视野，使用更为灵活。

随着科学技术的进步和智能化普及，建筑遮阳将会具备完善的智能控制系统。智能化建筑遮阳更加便于操作，达到最有效的建筑节能。位于深圳大梅沙的万科中心，由美国建筑师斯蒂文·霍尔和我国建筑师李虎共同设计完成。其遮阳系统包括固定与可调节两大类型，风格简洁统一，遮阳系统形成了建筑设计的重要特色，其主要特点是：建筑和景观体现和融合了多个新的可持续发展方向，通过中水系统运作将水池温度冷却而形成微观气候环境；建筑屋面是绿化花园和太阳能板，材料使用为当地材料和可再生的竹材；大楼的玻璃幕墙能透过外在多孔百叶设计，以阻挡强光及风力。该建筑创建了一个可渗透的微气候公共休憩景观。

（4）组织有效的自然通风

在总体建筑群规划和单体建筑的设计中，应根据建筑功能要求和气候情况，改善建筑的外环境，其中包括冬季防风、夏季及过渡季节促进自然通风，以及夏季室外热岛效应的控制，同时合理地确定建筑朝向、平面形状、空间布局、外观体形、建筑间距、建筑层高，及对建筑周围环境进行绿化设计，改善建筑的微气候环境，最大限度地减少建筑物能耗量，从而获得理想的建筑节能效果。

3. 绿色建筑设计的主动技术策略

主动式技术策略是主动利用能源并进行能量转化的设计方法，如电能转换为热能、太阳能能转换为电能等。通过主动的方式来改善室内舒适度，并满足建筑的正常运营。常见的主动式设计是通过暖通空调设备，达到创造良好的建筑室内环境。这种主动式设计有带来能耗较大、环境污染问题的出现。这也是我国目前建筑所面临的主要问题。

随着技术的发展，被动式和主动式设计方法的界定发生了很大变化，主要体现在主动式设计的进步，通过高技术的设计手段和措施达到节能的目的，即以各种非常规能源的采集、储存、使用装置等组成完善的强制能源系统来部分取代常规能源的使用。绿色建筑设计的主动技术策略主要包括：有效降低空调的能耗、充分应用可再生能源、综合进行水系统管理。

（1）有效降低空调的能耗

为了创造舒适的室内空调环境，必须消耗大量的能源。暖通空调能耗是建筑能耗中的大户。据统计，在发达国家中暖通空调能耗占建筑能耗的65%，以建筑能耗占总能耗的35.6%计算，暖通空调能耗占总能耗的比例竟高达22.75%，由此可见空调能耗是建筑能耗的主要组成部分，建筑节能工作的重点应该是暖通空调的节能。

首先通过合理的节能建筑设计，增加建筑围护结构的保温隔热性能，提高空调、采暖设备能效比的节能措施，建立建筑节能设计标准体系，初步形成相应的法规体系和建筑节能的技术支撑体系。

工程实践充分证明，改善建筑围护结构，如外墙、屋顶和门窗的保温隔热性能，可以直接有效地减少建筑物的冷热负荷，是建筑设计上的重要节能措施。在经济性和可行性允许的前提下，可以采用新型墙体材料。由于不同季节对外窗性能要求不一样，因此门窗的节能设计更加显得十分重要，一般可以主要从减少渗透量、降低传热量和减少太阳辐射三个方面进行。归纳起来，针对门窗的节能措施主要包括5个方面：尽量减少门窗面积；设置遮阳设施；提高门窗的气密性；尽量使用新型保温节能门窗；合理控制窗墙面积比。

（2）充分应用可再生能源

可再生能源是指在自然界中可以不断再生、永续利用的能源，具有取之不尽，用之不竭的特点，主要包括太阳能、风能、水能、生物质能、地热能和海洋能等，这些能源在自然界可以循环再生。我国除了水能的可开发装机容量和年发电量均居世界首位外，太阳能、风能和生物质能等各种可再生能源资源也非常丰富。

目前，太阳能、地热能和风能都开始应用于建筑之中，并出现了一些操作性较强的技术。但是，在我国的夏热冬暖地区，其太阳能辐射资源并非充沛，而且阳光照射的时间也不稳定，加上可再生能源发电储能设备以及并网政策尚不完备，如何在建筑中充分利用可再生资源，如采用太阳能光伏发电系统、探索太阳能一体建筑，还需要进一步试验和研究；对于地热能与风能在建筑中的应用. 也需要做到因地制宜，不可强求千篇一律。

（3）综合进行水系统管理

夏热冬暖地区雨量非常充沛、易形成洪涝灾害和产生热岛效应，如何通过多种生态手段规划雨水管理，改善闷热潮湿的环境，减轻暴雨对市政排水管网的压力，这是给绿色建筑的设计和建造者提出的一个新问题。雨水利用是一种综合考虑雨水径流污染控制、城市防洪以及生态环境的改善等要求，建立包括屋面雨水集蓄系统、雨水截污与渗透系统、生态小区雨水利用系统等。经过近些年的实践，我国在雨水利用方面取得了一些成功的做法：如结合景观湖进行雨水收集. 所收集雨水作为人工湖蒸发补充用水；道路、停车场等采用植草砖形成可渗透地面，将雨水渗入土壤补充地下水；步行道和单行道采用透水材料铺设；针对不同性质的区域采取不同的雨水收集方式。

中水回用，就是把生活污水（或城市污水）或工业废水经过深度技术处理，去除各种杂质，去除污染水体的有毒、有害物质及某些重金属离子，进而消毒灭菌，其水体无色、无味、水质清澈透明，且达到国家规定的杂用水标准或相关规定。与天然的雨水资源相比，中水回用具有水量比较稳定、基本不受时间和气候影响的优点。中水回用广泛应用于企业生产或居民生活。适用于宾馆、饭店、居民小区、公寓楼宇、学校、医院、工厂区域、机关部队等单位的浇洒绿地、洒扫卫生、冲洗路、站、台、库，景观用水，消防补给水、水冷却循环补充水、冲车用水等。

第五节　温和地区绿色建筑设计特点

一、温和地区绿色建筑的阳光调节

阳光调节作为一种绿色建筑节能的设计方法，在温和地区是非常适合的。阳光调节的功能可以通过确定建筑朝向和设置遮阳设施来实现。根据绿色建筑设计实践，阳光调节的措施主要包括：建筑的总平面布置、建筑单体构造形式、遮阳及建筑室内外环境优化等。

根据温和地区的气候特征，其绿色建筑阳光调节主要是指：夏季做好建筑物的阳光遮蔽，冬季尽可能争取更多的阳光。

（一）温和地区建筑布局与自然采光的协调

随着社会的进步，当人们的物质生活日益得到满足时，就会把大量精力转向生活质量上。绿色生态空间可以满足人们对生活质量的需求，已经得到广泛的认可。实践证明，自然采光绿色无害，已被作为节能环保的重要内容，并应用于建筑物设计及构件中。自然采光是建筑设计中的非常重要的组成元素，不仅会影响建筑物的内部空间品质，而且能够减少建筑物照明造成的能源损耗，节约资源，节约成本。

1. 温和地区建筑的最佳朝向

温和地区建筑朝向的选择应有利于自然采用，同时还要考虑到自然通风的需求，将采光朝向和通风朝向综合一起进行考虑。我国的温和地区大部分处于低纬度高原地区，距离北回归线很近；大部分地区海拔偏高，日照时间比同纬度其他城市相对长．空气洁净度也较好。在晴天的条件下，太阳紫外线辐射很强。

根据当地居住习惯和相关研究表明，在温和地区，南向的建筑能获得较好的采光和日照条件。以云南昆明为例，当地的居住习惯是喜好南北朝向的住宅，尽量避免西向，主要居室朝南布置；由测定的日照与建筑物的关系可知，温和地区如果考虑墙的日照时间和室内的日照面积，建筑物的朝向以正南、南偏东30°、南偏西30°的朝向为最佳；东南向、西南向的建筑物能接受较多的太阳辐射；而正东向的建筑物上午日照很强烈，朝西向的建筑物下午受到的日照比较强烈。

2. 有利于自然采光的建筑间距

经过实际测量可知，影响建筑物得到阳光的最大因素是前方建筑与后方建筑之间的距离，建筑物间距的大小会直接影响到后方建筑获得阳光的能力，因此建筑物需要获得足够阳光时，就必须与其他建筑间留有足够的距离。

日照的最基本目的是满足室内卫生和光线的需要，因此在有关规范中提出了衡量日照效果的最低限度，即日照标准作为日照设计依据，只有满足了日照标准，才能进一步对建筑进行采光优化。例如，云南昆明地区采用的是日照间距系数为 0.9 ~ 1.0 的标准，即日照间距 D=（0.9 ~ 1.0）H，H 为建筑设计高度。在这个基础上才能对建筑的自然采光进行优化。

这里需要引起注意的是：满足了日照间距并不意味着建筑就能获得良好的自然采光，有可能实际上为获得良好自然采光的建筑间距是大于日照间距 D 的，国内的一些研究在利用软件对建筑物日照情况进行模拟发现，当建筑平面不规则、体形复杂、条式住宅超过 50m、高层点式建筑布置过密时，日照间距系数是难以作为标准的；相反，一般有良好自然采光的建筑都能满足日照标准，因此在确定建筑间距时不应单纯地只满足日照间距，还应考虑到建筑是否能获得比较良好的自然采光。

对于建筑实际的采光情况，可利用建筑光环境模拟软件来进行模拟，常见的 ECOTECT、RADIANCE 等。这些软件可以对建筑的实际日照条件进行模拟，帮助建筑师分析建筑物采光情况，从而确定更为合适的建筑间距。温和地区的建筑在确定建筑间距时，除了需要注意以上问题外，还要考虑到此时的建筑间距是否有利于建筑进行自然通风。在温和地区最好的建筑间距应当是：能让建筑在获得良好的自然采光的同时又有利于建筑组织起良好的自然通风。

（二）温和地区夏季的阳光调节

温和地区的夏季虽然气候不太炎热，但是由于太阳辐射很强，阳光直射下的温度比较高，且阳光中有较高的紫外线，对人体有一定的危害，因此在夏季还需要对阳光进行调节。夏季阳光调节的主要任务是避免阳光直接照射以及防止过多的阳光进入室内。避免阳光直接照射以及防止过多的阳光进入室内最直接的方法就是设置遮阳设施。

在温和地区，建筑中需要设置遮阳设施的部位主要是门、窗及屋顶。

1. 门与窗的遮阳

在我国的温和地区，东南向、西南向的建筑物接收太阳辐射较多；而正东向的建筑物上午日照较强；朝西向的建筑物下午受到的日照比较强烈，所以建筑中位于这四个朝向的门窗均需要设置遮阳。对于温和地区，由于全年的太阳高度角都比较大，所以建筑宜采用水平可调式遮阳或者水平遮阳结合百叶的方式。根据各地区的实际情况，合理地选择水平遮阳并确定尺寸后，夏季太阳高度角较大时，能够有效地挡住从窗口上方投射进入室内的阳光；冬季太阳高度角较小时，阳光可以直接射入室内，不会被遮阳设施遮挡；如果采用水平遮阳加隔栅的方式，不但使遮阳的阳光调节能力更强，而且有利于组织自然通风。

2. 屋顶的遮阳

温和地区夏季太阳辐射比较强烈，太阳高度角大，在阳光直接照射下温度很高，建筑的屋顶在阳光的直接照射下，如果不设置任何遮阳或隔热措施，位于顶层房间内的温度会非常高。因此，温和地区建筑屋顶也是需要设置遮阳的地方。

屋顶遮阳可以通过屋顶遮阳构架来实现，它可以实现通过供屋面植被生长所需的适量太阳光照的同时，遮挡住过量的太阳辐射，降低屋顶的热流强度，还可以延长雨水自然蒸发的时间，从而延长屋顶植物自然生长周期，有利于屋面植被的生长。这种方式是将绿色植物与建筑有机地结合在一起，不仅显示了建筑与自然的协调性，而且与园林城市的特点相符合，充分体现出绿色建筑的"环境友好"特性。另外，还可以在建筑的屋顶设置隔热层，然后在屋面上铺设太阳能集热板，将太阳能集热板作为一种特殊的遮阳设施，这样不仅挡住了阳光的直接照射，还充分利用了太阳能资源，也是绿色建筑"环境友好"特性的充分体现。

（三）温和地区冬季的阳光调节

温和地区冬季阳光调节的主要任务非常明确，就是让尽可能多的阳光进入室内，利用太阳辐射所带有的热量提高室内的温度，以改善室内的热环境》温和地区冬季阳光调节的主要措施有主朝向上集中开窗、对窗和门进行保温、设置附加阳光间。

1. 主朝向上集中开窗

季有尽可能多的阳光进入室内，从而可以提高室内的温度。以云南昆明地区为例，建筑朝向以正南、南偏东30°、南偏西30°的朝向为最佳，当建筑选取以上朝向时，是可以在主朝向上集中开窗的。有关研究资料表明．在昆明地区西南方向和东南方向之间的竖直墙面夏季接收的太阳辐射少而冬季接收的太阳辐射量多。为了防止夏季过多的太阳辐射，此朝向上的窗和门应设置加格栅的水平遮阳或可调式水平遮阳。

2. 对窗和门进行保温

测试结果表明，外窗和外门处通常都在建筑选取了最佳朝向为主朝向的基础上，应在主朝向和其对朝向上集中开窗开门。在温和地区，冬季晴朗的白天空气比较温暖，夜间和阴雨天时气温比较低，但在冬季不管是夜晚和阴雨雪还是温暖晴朗的白天，室内的气温均高于室外的气温。

有关研究资料表明，昆明地区的冬季，在各种天气状况下，其日均气温和平均最低气温室外均低于室内。因此温和地区的建筑为防止冬季在窗和门处产生热桥，造成较大的室内热量损失，就需要在窗和门处采取一定的保温和隔热措施。

3. 设置附加阳光间

研究结果表明，温和地区冬季南向房间依靠被动技术，基本可以解决室内采暖问题，且采用直接受益式被动技术的室内热环境要优于附加阳光间式；在太阳辐射较强，室外空气温度不是很低的情况下，直接受益式较为合理；而在太阳辐射较弱，室外空气温度比较低的情况下，应该优先选择附加阳光间式。

由于温和地区冬季太阳辐射量比较充足，因此适宜冬季被动式太阳能采暖，其中附加阳光间是一种比较适合温和地区的太阳能采暖的手段。如在云南的昆明地区，住宅一般都会在向阳侧设置阳台或者安装大面积的落地窗并加以遮阳设施进行调节。这样不仅在冬季可获得尽可能多的阳光，而且在夏季利用遮阳可防止阳光直接射入室内。其实这种做法就是利用附加阳光间在冬季能大面积采光的供暖特点，并利用设置遮阳解决了附加阳光间在夏季带人过多热量的缺点。

二、温和地区绿色建筑自然通风设计

自然通风是利用建筑物内外空气的温度差引起的热压或风力造成的风压来促使空气流动而进行的通风换气，是一种既环保又经济的通风方式。采用自然通风取代空调制冷技术至少具有两方面的意义：一是实现了被动式制冷，自然通风可在不消耗不可再生能源情况下降低室内温度，带走潮湿污浊的空气，改善室内热环境；二是可提供新鲜、清洁的自然空气，有利于人体的生理和心理健康。

自然通风作为一种绿色资源，不但能够疏通空气气流、传递热量，为室内提供新鲜空气，创造舒适、健康的室内环境，而且在当今能源危机的背景下，风还能转化为其他形式的能量，为人类所利用。由此可见，在温和地区的自然通风与阳光调节一样，也是一种与该地区气候条件相适应的绿色建筑节能设计方法。

实践也充分证明，建筑内部的通风条件如何，是决定人们健康、舒适的重要因素。通风可以使室内的空气得到不断更新，在室内产生气流从而对人体健康产生直接的影响；通风还能通过对室内温度、湿度及内表面温度的影响，对人体健康产生间接的影响。

（一）建筑布局要有利于自然通风的朝向

自然通风是利用自然资源来改变室内环境状态的一种纯"天然"的建筑环境调节手段，

合理的自然通风组织可有效调节建筑室内的气流效果、温度分布，对改变室内热环境的满意度可以起到明显的效果。由于自然通风的实现是一种依赖于建筑设计的被动式方法，因此其应用效果很大程度上依赖于建筑的朝向、平面布局等设计效果。良好的建筑设计有助于增强室内自然通风的效果，同样，建筑设计上的差异，也会给建筑通风效果产生较大的影响。

在温和地区选择建筑物的朝向时，应尽量为自然通风创造条件，因此应按地区的主导风向、风速等气象资料来指导建筑布局.并且还应综合考虑自然采光的需求。例如，某建筑有利通风的朝向虽然是西晒比较严重的朝向，但是在温和地区仍然可以将这个朝向作为建筑朝向。这是因为虽然夏季此朝向的太阳辐射比较强烈，但室外空气的温度并不太高，在二者的共同作用下致使室外综合温度并不高，这就意味着决定外围护结构传热温差小，所以通过围护结果传入室内的热量并不多。这也可解释为什么温和地区虽然室外艳阳高照，太阳辐射十分强烈，但是室内却比较凉爽。如果在此朝向上采取遮阳措施，就可以改善西晒的问题。另一方面，由于有良好的通风可以进一步带走传入室内的热量，这样非但不会因为西晒而造成过多的热量进入到室内，而还可以创造良好的通风条件。

（二）有利于居住建筑自然通风的建筑间距

由于建筑间距对于建筑群的自然通风有很大的影响，因此要根据风向投射角对室内风环境的影响来选择合理的建筑间距。在温和地区.应结合地区的日照间距和主导风向资料确定合理的建筑间距，具体做法是首先满足日照间距，然后再满足通风间距。当通风间距小于日照间距时，应按照日照间距来确定建筑间距；当通风间距大于日照间距时，可按照通风间距来确定建筑间距。

除了通风和日照的影响因素外，节约用地也是绿色建筑确定建筑间距时必须遵守的原则。如云南的昆明地区，为满足"冬至"最少能获得1h的日照要求，采用了日照间距系数为0.9～1.0的标准，即日照间距为0.9～1.0倍的建筑计算高度H。考虑到为获得良好的室内通风条件，选择风的投射角在45°左右较为适合，据此，建筑通风间距以（1.3～1.5）H为宜。

分析日照间距和通风间距的关系可知，一般情况通风间距大于日照间距，因此温和地区的居住建筑间距通常可按通风间距来确定。需要注意的是，对于高层建筑是不能单纯地按日照间距和通风间距来确定建筑间距的，因为（1.3～1.5）H对于高层建筑来说，是一个非常大且不能达到的建筑间距，在现实情况中采用这种间距明显是不可行的。这样就需要从建筑的其他设计方面入手解决这个问题，如利用建筑的各种平面布局和空间布局来实现高层建筑通风和日照的要求。

（三）采用有利于自然通风的建筑平面布局

绿色建筑的规划设计证明，建筑的布局方式不仅会影响建筑通风的效果，而且关系到土地是否节约的问题。有时候通风间距比较大，按其确定的建筑间距必然偏大，这就势必造成土地占用量过多与节约用地原则相矛盾。如果能利用建筑平面布局，就可以在一定程度上解决这一矛盾。例如，采用错列式的平面布局，相当于加大了前后建筑之间的距离。因此，当

建筑采用错列式布局时，可以适当缩小前后建筑之间的距离，这样既保证了建筑通风的要求，又节约了建设用地。常见建筑的平面布局有并列式和错列式两种，在温和地区，从自然通风的角度来看，建筑物的平面布局以错列式为宜。

（四）采用有利于自然通风的建筑空间布局

温和地区的建筑在空间布置上也要注意为自然通风创造条件，合理地利用建筑地形，做瞧到"前低后高"和有规律的"高低错落"的处理方式。例如，利用向阳的坡地是建筑顺其地形高低排列一幢比一幢高，在平坦的地面上建筑应采取"前低后高"的排列方式，使建筑从前向后逐渐加高。也可以采用建筑之间"高低错落"的建筑群体排列，使高的建筑和较低的建筑错开布置。这些布置方式，使建筑之间挡风少，尽量不影响后面建筑的自然通风和视线，同时也减少建筑之间的距离，可以达到节省土地的目的。

三、温和地区太阳能与建筑一体化设计

能源问题已经成为制约世界经济快速增长的一个主要问题，不可再生能源的日益枯竭，将会导致世界性能源危机。作为能源消耗的大户，建筑领域的能源改革就显得更加重要。国外建筑界在太阳能一体化设计方面已经走在了前面，随着西方先进科学技术和文化的传入，加上国内外人员的交流和项目的合作等，都会对我国在太阳能建筑一体化设计方面产生影响和良好的示范作用，使我国的太阳能建筑一体化设计创造新的途径。

当今，我国建筑太阳能一体化发展已经迈出了巨大的步伐，在光热转换、光电转换等一体化设计领域有了长足的进步，随着国内相关激励机制和政策的逐步完善，将会有更加光明的前景。但是，我国太阳能建筑一体化设计领域还存在着投资、开发利用、商业产业化、设备运行与维护工作，以及产品、设备在建筑中的推广使用问题等诸多需要改进的制约因素。如何学习国外先进的节能设计方法，再结合我国具体的地理及气候因素，研究出适合我国国情的太阳能一体化建筑设计方法，设计出更加节能的建筑，对中国的建筑界产生推波助澜的影响，确实是值得我们认真研究的问题。

（一）太阳能集热构件与建筑的结合

国内外绿色建筑设计告诉我们，太阳能与建筑结合是太阳热水器发展的必然途径，这是一个长期的战略任务，也是太阳能产业发展的方向。在太阳能与建筑一体化的设计中，太阳能集热器是关键的构件，但是它的整体式安装或整齐排放对建筑外观形象具有一定的负面影响，所以要实现建筑与太阳能结合的一个前提是：将太阳能系统的各个部件融入建筑之中，使之成为建筑的一部分，太阳能建筑一体化才能真正地实现。

工程实践证明，在进行太阳能集热构件与建筑结合设计时应注意：第一，太阳能利用与建筑的理想结合方式，应当是集热器与储热器分体放置，集热器应视为建筑的一部分，嵌入建筑结构中，与建筑融为一体，储热器应置于相对隐蔽的室内阁楼、楼梯间或地下室内；第二，除了集热器与建筑浑然一体外，还必须顾及系统的良好循环和工作效率等问题；第三，未来太阳能集热器的尺寸、色彩，除了与建筑外观相协调外，应做到标准化、系列化，方便产品

的大规模推广应用、更新及维修。

（二）太阳能通风技术与建筑的结合

实际工程检测证明，温和地区全年室外空气状态参数比较理想，太阳辐射强度比较大，为实现太阳能通风提供了良好的基础。在夏季，通过太阳能通风将室外凉爽的空气引入室内，可以使室内空气降温和除湿；在冬季，中午和下午室外温度较高时，利用太阳能通风将室外温暖的空气引入室内，可以起到供暖的作用，同时由于空气的流动改善了室内的空气质量。

在温和地区，建筑设计师应能够利用建筑的各种形式和构件作为太阳能集热构件，吸收太阳辐射的热量，使室内空气在高度方向上产生不均匀的温度场造成热压，从而形成自然通风。这种利用太阳辐射热形成的自然通风就是太阳能热压通风。

在一般情况下，如果建筑物属于高大空间且竖直方向有直接与屋顶相通的结构，是很容易实现太阳能通风的．如建筑的中庭和飞机场候机厅。如果在屋顶铺设有一定吸热特性的遮阳设施，那么遮阳设施吸热后将热量传给屋顶，使建筑上部的空气受热上升，此时在屋顶处开口则受热的空气将从孔口处排走；同时在建筑的底部井口，将会有室外空气不断进入补充被排走的室内空气，从而形成自然通风。如果将特殊的遮阳设施设置为太阳能集热板则可以进一步利用太阳能，作为太阳能热水系统或者太阳能光伏发电系统的集热设备。

（三）太阳能热水系统与建筑的结合

我国太阳能与建筑一体化最普遍的形式，是太阳能热水系统与建筑的集成。太阳能热水系统是利用太阳能集热器，收集太阳辐射能把水加热的一种装置，是目前太阳热能应用发展中最具经济价值、技术最成熟且已商业化的一项应用产品。太阳能热水系统的分类以加热循环方式可分为自然循环式太阳能热水器、强制循环式太阳能热水系统、储置式太阳能热水器三种。

目前，太阳能热水系统是国家大力推广的可再生能源技术，在我国已经涌现出很多关于太阳能热水系统方面的研究理论和成果，并且很多技术已经比较成熟，这些理论和技术在有条件的地区普及太阳能热水系统奠定了良好的基础。温和地区作为一个拥有丰富太阳能资源的地区，一直都在大力发展太阳能热水系统，并取得了一定的成果。例如在云南省太阳能热水器得到大范围的推广应用，当地政府明确规定：新建建筑项目中，11 层以下的居住建筑和 24m 以下设置热水系统的公共建筑，必须配置太阳能热水系统。由此可见，将太阳能热水系统技术集成于建筑之中．已经成为该地区建筑设计中的重要组成部分。

太阳能热水系统与建筑结合，主要包括外观上的协调、结构上的集成、管线的布置和系统运行等方面。

（1）外观上的协调在外观上实现太阳能热水系统与建筑的完美结合、合理布置太阳能集热器。无论在屋面、阳台或在墙面上，都要使太阳能集热器成为建筑的一部分，实现两者的协调和统一。

（2)结构上的集成在结构上要妥善解决太阳能热水系统的安装问题．确保建筑物的承重、

防水等功能不受影响，使太阳能集热器具有抵御强风、暴雪、冰雹、雷电等的能力。

（3）管线的布置合理布置太阳能循环管路以及冷热水供应管路，尽量减少热水管路的长度，并在建筑上事先预留出所有管路的接口和通道。

（4）系统运行在系统运行方面，要求系统可靠、稳定、安全、易于安装、检修和维护，合理解决太阳能与辅助能源加热设备的匹配，尽可能实现系统的智能化和自动控制。

第三章
绿色建筑的设计标准

在我国，绿色建筑的理念被明确为在建筑全生命期内"节地、节能、节水、室内环境质量、室外环境保护"。它是经过精心规划、设计和建造，实施科学运行和管理的居住建筑和公共建筑，绿色建筑还特别突出"因地制宜，技术整合，优化设计，高效运行"的原则。2014年最新版的《绿色建筑评价指标体系》与原版标准相比，除了"四节—环保"和"运营管理"指标外，本次修订增加了"施工管理"评价指标，实现标准对建筑全寿周期内各环节和阶段的覆盖。"设计评价"评价内容为"四节—环保"五大类指标，而"运行评价"评价内容为"四节—环保""施工管理""运营管理"等七大类指标。

第一节　绿色建筑节能的设计方法

自工业革命以来，人类对石油、煤炭、天然气等传统的化石燃料的需求量大幅度增加。直到1973年，世界爆发了石油危机，对城市发展造成了巨大的负面影响，人们开始意识到化石能源的储存与需求的重要性近年来，全世界的石油价格呈现出快速增长的整体趋势，同时化石燃料的使用造成严重的环境危害。

在绿色建筑中，最困难的是建筑节能，原因在于，建筑运行能耗的高低，与建筑物所在地域气候和太阳辐射、建筑物的类型、平面布局、空间组织和构造选材、建筑用能系统效率设备选型等均有密切关系。对于建筑师来说，完成一个绿色建筑的设计，既要有节能、节地、节水、节材、减少污染物排放的理念和意识，更要逐步练就节能设计的技巧，并贯穿建筑设计全过程。

一、太阳能技术的应用

我国现有的绿色建筑设计中建筑节能的主要途径有：

（1）建筑设备负荷和运行时间决定能耗多寡，所以缩短建筑采暖与空调设备的运行时间是节能的一个有效途径。如图 3-1 所示，建筑物处于自然通风运行状况时，采暖与空调能耗为零。通过建筑设计手段，尽可能延长建筑物自然通风运行时间。

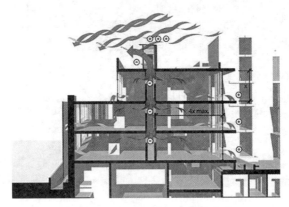

图 3-1　建筑物自然通风系统设计

（2）现代建筑应向地域传统建筑学习。酷冷气候区的传统建筑，通过利用太阳能、增加固炉气密性，避开冷风面，厚重性墙体长时间处于自然运行的状态。炎热气候区的建筑，利用窗遮阳、立面遮阳、受太阳照射的外墙和屋顶遮阳等设计手段保证建筑水平方向和竖向方向气流通畅——尽可能使建筑物长时间处于自然通风运行状态，空调能耗为零。

（3）太阳能技术是我国目前应用最广泛的节能技术，太阳能技术的研究也是世界关注的焦点由于全世界的太阳能资源较为丰富，且分布较为广泛，因此太阳能技术的发展十分迅速，目前太阳能技术已经较为成熟，且技术成果已经广泛地应用于市场中。在很多的建筑项目中，太阳能已经成为一种稳定的供应能源然而在太阳能综合技术的推广应用中，由于经济和技术原因，目前发展还是较为缓慢特别地，在既有建筑中，太阳能建筑一体化技术的应用更为局限。

按照太阳能技术在建筑的利用形式划分，可以将建筑分为被动式太阳能建筑和主动式太阳能建筑，从太阳能建筑的历史发展中可以看出，被动太阳能建筑的概念是伴随着主动太阳能建筑的概念而产生的。

我国《被动式太阳房热力技术条件和测试方法》对于被动太阳能建筑也进行了技术性规定，对于被动式太阳能建筑，在冬季，房间的室内基本温度保持在 14℃ 期间，太阳能的供暖率必须大于 55%。虽然根据不同地域气候不同来考虑，这样的要求不均等，尤其是严寒地域的建筑即使前期建筑设计很完美，但由于建筑本身受到的太阳辐射少，所以要求建筑太阳能的供暖率大于 55% 是比较困难的。但气候比较炎热的地区，建筑太阳能的采暖率则很容易达到该要求。广义上的太阳能建筑指的是"将自然能源例如太阳能、风能等转化为可利用的能源例如电能、热能等"的建筑狭义的太阳能建筑则指的是"太阳能集热器、风机、泵及管道等储热装置构成循环的强制性太阳能系统，或者通过以上设备和吸收式制冷机组成的太阳

能空调系统"等太阳能主动采暖、制冷技术在建筑上的应用。综上所述，只要是依靠太阳能等主动式设备进行建筑室内供暖、制冷等的建筑都成为主动式建筑，而建筑中的太阳能系统是不限的。

主动式建筑和被动式建筑在供能方式上．区别主要体现在建筑在运营过程中能量的来源不同而在技术的体现方式上，主动式和被动式的区别主要体现在技术的复杂程度。被动式建筑不依赖于机械设备，主要是通过建筑设计上的方法来实现达到室内环境要求的目的。而主动式建筑主要是通过太阳能替换过去制冷供暖空调的方式。

考虑耗能方面，被动式建筑更加倾向于改进建筑的冷热负荷而主动式建筑主要是供应建筑的冷热负荷所以被动式建筑基本上改变了建筑室内供暖、采光、制冷等方面的能量供应方式。而主动式建筑主要是通过额外的太阳能系统来供应建筑所需的能量如果单从设计的角度来分析，被动式建筑和传统建筑一样需要在建筑设计方法上（例如建筑表现形式、建筑外表面以及建筑结构、建筑采暖、采光系统等）要求建筑设计和结构设计等设计师们使用不一样的设计手法，而这些都要求设计师对建筑、结构、环境、暖通等跨学科都有着深入的了解，才能将各个学科的知识加以运用，得到最佳的节能理想效果。

所谓的"主、被动"概念的差别可以理解为两种不同的建筑态度，一种是以积极主动的方式形成人为环境，另一种是在适应环境的同时对其潜能进行灵活应用。主动式建筑是指通过不间断的供给能源而形成的单纯的人造居住环境，另一种是与自然形成一体，能够切合实际地融合到自然的居住环境。

太阳能被动式建筑的概念意指建筑以基本元素"外形设计、内部空间、结构设计、方位布置"等作媒介，然后将太阳能加以运用，实现室内满足舒适性的需求。太阳能建筑的种类很多，从太阳能的来源种类分为四种：直接受益、附加阳光间、集热蓄热墙式和热虹吸式。同时因为能量传播的方式不同，所以也可分为直接传递型、间接传递型和分离传递型。

太阳能建筑的主动式系统涵盖太阳能供热系统、太阳能光电系统（PV）、太阳能空调系统等。主动式建筑中安装了太阳能转化设备用于光热与光电转化，其中太阳能光热系统主要包括集热器、循环管道、储热系统以及控制器，对于不同的光热转化系统，又具有一些不同的特点。

太阳能建筑的被动式供暖方式定义为直接获热和间接得热两类，而间接式摄取太阳热又涵盖阳光间、温差环流、蓄热墙（Trombe wall）等三个类型。

表 3-1　太阳能建筑技术分类

分类	热		光	风	电
	采暖	制冷			
被动技术	直接获热 阳光间 集热蓄热墙温差环流壁	隔热 遮阳 潜热散热 夜间辐射 重质蓄冷	自然采光 光导采光	自然通风	
主动技术	太阳能热水 太阳能采暖	太阳能空调		太阳能通风	光伏发电

1. 直接获热

如图 3-2 所示，冬季太阳南向照射大面积的玻璃窗，室内的地面、家具和墙壁上面吸收大部分太阳能热量，导致温度上升，极少的阳光被反射到其他室内物体表面（包括窗户），然后继续进行阳光的吸收作用、反射作用（或通过窗户表面透出室外）。围护结构室内表面吸收的太阳能辐射热，一半以辐射和对流的方式在内部空间传输，一部分进入蓄热体内，最后慢慢释放出热量，使室内晚上和阴天温度都能稳定在一定数值白天外围护结构表面材料吸收热量，夜间当室外和室内温度开始降低时，重质材料中所储存的热量就会释放出来，使室内的温度保持稳定。

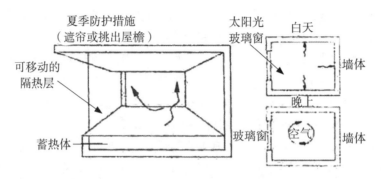

图 3-2　直接获益式太阳能采暖示意图

住宅冬日太阳辐射实验显示，对比有无日光照射的两个房间，两者室内温度相差值最大高达 3.77℃。这数值对于夏热冬冷地区的建筑遇到寒冷潮湿的冬季来说是很大的，对于提高冬季房间室内热舒适度和节约采暖能耗都具有明显的作用。所以直接依赖太阳能辐射获热是最简单又最常用的被动太阳能采暖策略。

2. 间接得热

阳光间：这种太阳房是间接获热和集热墙技术的混合产物如图 3-3 所示，其基本结构是将阳光间附建在房子南侧，中间用一堵墙把房子与阳光间隔开实际上所有的一天时间里，室外温度低于附加的阳光间的室内温度，因此，阳光间一方面供给太阳热能给房间，另一方面作为一个降低房间的能量损失的缓冲区，使建筑物与阳光间相邻的部分获得一个温和的环境。由于阳光间直接得到太阳的照射和加热，所以它本身就起着直接受益系统的作用。白天当阳光间内温度大于相邻的房间温度时，通过开门（或窗、墙上的通风孔）将阳光间的热量通过对流传人相邻的房间内。

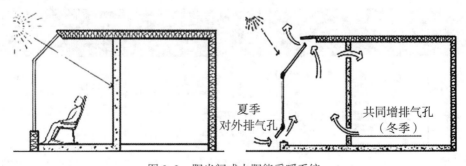

图 3-3　阳光间式太阳能采暖系统

集热蓄热墙：集热蓄热墙体又称为 Trombe 墙体，是太阳能热量间接利用方式的一种，如图 3-4 所示这种形式的被动式太阳房是由透光玻璃罩和蓄热墙体构成，中间留有空气层，墙体上下部位设有通向室内的 K 口 |：| 间利用南向集热蓄热墙体吸收穿过玻璃罩的阳光，墙体会吸收并传入一定的热量，同时夹层内空气受热后成为热空气通过风口进入室内；夜间集热蓄热墙体的热量会逐渐传人室内集热蓄热墙体的外表面涂成黑色或某种深色，以便有效地吸收阳光为防止夜间热量散失，玻璃外侧应设置保温窗帘和保温板。集热蓄热墙体可分为实体式集热蓄热墙、花格式集热蓄热墙、水墙式集热蓄热墙、相变材料集热蓄热墙和快速集热墙等形式。

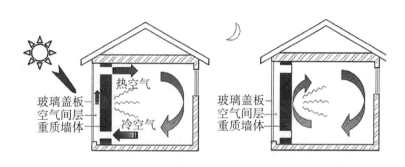

（a）冬季白天　　　　　　（b）冬季夜间

图 3-4　蓄热墙式太阳能采暖系统示意图

温差环流壁：也称热虹吸式或自然循环式，如图 3-5 所示。与前几种被动采暖方式不同的是这种采暖系统的集热和蓄热装置是与建筑物分开独立设置的集热器低干房屋地而，储热器设在集热器上面，形成高差，利用流体的对流循环集蓄热量。白天，太阳集热器中的空气（或水）被加热后，借助温差产生的热虹吸作用通过风道（用水时为水管）上升到上部的岩石储热层，被岩石堆吸热后变冷，再流回集热器的底部，进行下一次循环 ^ 夜间，岩石储热器或者通过送风口向采暖房间以对流方式采暖，或者通过辐射向室内散热：该类型太阳能建筑的工质有气、液两种，由于其结构复杂、占用面积，应用受到一定的限制。适用于建在山坡上的房屋。

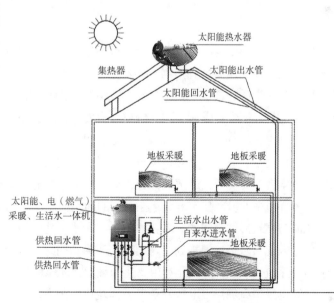

图 3-5　集热器式太阳能采暖系统

二、风能技术的应用

世界上的学者通过对当地

的气候特征以及建筑种类进行分析研究得到了，建筑形式对风能发电影响的主要规律，同时研究人员建立了风能强化和集结模型，三德莫顿（Sande Merten）提出了三种空气动力学集中模型，这对风力涡轮机的设计与装配中具有重要的意义。按照风力涡轮机的安装位置来看，其主要可以分为扩散型，平流型和流线型三种。此外英国人德里克泰勒发明了屋顶风力发电系统，基于屋顶风力集聚现象，将风力机安装在屋顶上，可以提高风力机的发电效率。2004年日本学者又通过数值模拟的方法，模拟分析了特殊的建筑流场形式，从而较为科学全面系统地确定了最佳的风能集聚位置。

而我国对风能发电技术的研究较晚，直到2005年，我国学者田思进才开始提到高层建筑风环境中的"风能扩大现象"并进行了计算方法推算，并提出了风洞现象和风坝现象，从而为提高城市风力发电利用率的设计与安装方法，从而为城市风力发电提出了参考性意见和方案2008年，鲁宁等人采用计算流体力学方法数值分析了建筑周围的风环境，并给出建筑不同坡度下的风能利用水平。山东建筑大学专家组经过分析山东省不同地区的气候特点，采用数值模拟方法和风洞试验方法，基于基本的风力集结器，分析不同形式建筑的集结能力。

目前，在建筑中可以采用的风力发电技术主要包括两种：其一是自然通风和排气系统，这主要能够适应各地区环境下的风能的被动式利用；其二是风力发电，主要是将某一地域上的风力资源转变为其他形式的能源，属于主动式风力资源利用形式。

建筑环境中的风力发电模式，主要包括：①独立式风力发电模式，这种发电模式主要是将风能转化为电能，储存于蓄电池中，然后配送到不同地区的居住区内；②另外一种发电模式属于互补性发电模式，采用这种发电模式，可以将风能与太阳能燃料电池以及柴油机等各种形式的发电装置进行配合使用，从而能够满足建筑的用电量，此时城市集中电网作为一种供电方式进行补充利用如果风力机在发电较强时，能够将电能输送到电网中，进行出售。如果风力发电机的发电量不足，那么又可以从电网取电，从而满足居民的使用需求。在这种发电模式中，对蓄电池的要求降低，因此后期的维修费用相应降低，使得整个过程的成木远远低于另一种方式。

建筑风环境中的发电科技的三大要素是建筑结构、建筑风场以及风力发电系统如果要求建筑周边的风能利用率达到最高．那么要求这三大要素一起发挥作用。风力发电技术是一门综合性的跨多学科的技术，其中涉及建筑结构、机电工程、建筑技术、风力工程程、空气动力学以及建筑环境学等学科，因此研究风力发电技术必须不仅仅对建筑学科甚至对其他学科也有着不同寻常的意义。自从风力发电被欧盟委员会在城市建筑的专题研究中提出后，国内外的很多研究学者们都开始对该项技术做了深入的研究，研究过程中遇到很多新兴的问题，虽然通过学者们的努力已经解决部分，但仍存在很多有待更加深入分析和研究的问题、因此在建筑风环境中的风能技术方面存在以下的问题：

风能与建筑形体之间的关系：如图3-6所示，建筑周围的风速会随着风场紊流度的增加而降低。因此只有很好地规划建筑周围的环境，同时建筑形体设计和结构设计达到最优化，才能实现建筑风环境中的风能利用率达到最大，才能增强建筑集中强化风力的效果。

计算机模拟风场：发电效率受风力涡轮机安装布局的影响，在位置的选择方面一定要实现风力发电的最大利用率。此外还要防止涡流区的产生．将其对结构的影响降到最低。如图3-6

所示，为了达到这一目的，我们必须拿出最精确的计算湍流模型来提高计算机模拟风场时的准确度。

图 3-6　建筑风环境模拟

建筑室内外风环境舒适度：建筑风环境中风能利用率的研究中，我们的焦点都凝聚在风能利用最大化的研究，往往忽视了室内外人体对风环境的感知。如果建筑对风过度集中和强化，会给人体带来强烈的不舒适感所以所有关于建筑风能利用的研究，应该优先考虑建筑室内外舒适度。

建筑风环境中风力发电：风力发电针对不同类型的建筑也有所区别。例如风力发电机的类型选择，对于高层建筑而言，传统的风力涡轮机是不适用的风力涡轮机中任何关于叶片的不平衡，都将放大离心力，最终导致叶片在快速转动时摇摆。而对于高层建筑，建筑周围构件中也是存在于涡轮机相同的共振频率，所以最后高层建筑也会随着涡轮机的摇摆而发生振动，对建筑结构本身和室内居住人群都不会产生恶劣的影响。所以，高层建筑安装风力发电机时，如何减振是风力发电设计中必须考虑的一大问题。现今，学者们主要研究如何提高风力发电率、涡轮机减振等问题。

建筑风环境的风能效益的技术评估：建筑风环境是一个动态的环境，它的不稳定性会提高现代测量技术的要求。目前的测量技术还无法精确的测量和计算风力发电机的利用率，所以也不能根据利用率来评价建筑风环境中的风能效益。

风能利用的主要原理是将空气流动产生的动能转化为人们可以利用的能量，因此风能转化量即是气流通过单位面积时转化为其他形式的能量的总和，风能功率的计算公式如下：

$$E=\frac{1}{2}\rho V^3 F$$

式中，E 为风功率（W），为空气密度（kg/m3），V 为风速（m/s），F 为截面积（m²）。

其中，空气密度与大气压，空气温度以及空气相对湿度密切相关。一般情况下，空气温度、大气压和空气相对湿度的影响不大，空气密度可以取为定值，1.25。通过风能发电功率的计算公式可以看出，风能与空气密度、空气扫掠面以及风速的三次方成正比，因此在风力发电中最重要的因素为风速，将对风力发电起到至关重要的作用。

建筑环境中的风力机，可以直接安装在建筑上，也可以安装在建筑之间的空地中风能利用目前主要用在风力发电上，有关风电场的选择大致要考虑：海拔高度、风速及风向、平均风速及最大风速、气压、相对湿度、年降雨量、气温及极端最高最低气温以及灾害性天气发生频率。

目前，按照建筑上安装风力机的位置，可以将风能利用建筑分为三类：顶部风力机安装型建筑、空洞风力机安装型建筑和通道风力机安装型。

（1）顶部风机安装型建筑，充分利用建筑顶部的较大风速，在建筑顶部安装风力机进行发电，以供建筑内部使用；

（2）空洞风机安装型建筑，建筑里面中风受到较大风压作用，在建筑中部开设空洞，对风荷载进行集聚加强，安装风力机进行风力发电；

（3）通道风机安装型建筑，由于相邻建筑通道中，存在着狭缝效应，因此风力在此处得到加强，在通道中安装风机进行建筑风力发电，

在上述三种风力发电模式中，空洞风机安装型和通道风机安装型建筑需要一些建筑体型上的特殊构造，其广泛应用受到一定的限制。而第一种安装模式，对建筑体型的要求较小，同时安装比较方便，在现有的建筑中比较容易实现。

第二节　绿色建筑节地设计规则

一、土地的可持续利用

由于我国的人口数量众多，土地资源紧缺是我国面临的一个难题，土地资源作为一种不可再生资源，为人类的生存与发展提供了基本的物质基础，科学有效地利用土地资源也有利于人类生存生活的发展国内外实际的城市发展模式表明，超越合理地的城市地域开发，将引起城市的无限制发展，从而大大缩小农业用地面积，造成严重的环境污染等问题。在我国，大量的开发商供远大于需的开发建筑面积，影响了城市的正常发展，产生了很多的空城，人们的正常居住标准也得不到满足。因此，只有保证城市合理的发展规模，才能保证城市以外生态的正常发展。

城市中的土地利用结构是指城市中各种性质的土地利用方式所占的比例及其土地利用强度的分布形式，而在我国城市土地利用中，绿化面积比较少，也突出了我国城市用地面积的不科学与不合理。近年来，城市建筑水平与速度的飞速提升，将进一步增加我国城市土地结构的不合理性为了缓解城市中，建筑密度过大带来的后果，非常有必要进行地下空间利用，保证城市的可持续发展。

在城市土地资源开发利用中，要遵循可持续发展的理念，其内涵包括以下五个方面：

第一，土地资源的可持续开发利用要满足经济发展的需求。人类的一切生产活动目的都是经济的发展，然而经济发展离不开对土地资源这一基础资源的开发利用，尤其是在经济高速发展、城镇化步伐突飞猛进的今天，人们对城市土地资源的渴求在日益加剧但是如果一味追求经济发展而大肆滥用土地，破坏宝贵的土地资源，这种发展将以牺牲子孙后代的生存条件为代价，将不能持久。因此，人们只有对土地资源的利用进行合理规划，变革不合理的土地利用方式，协调土地资源的保护与经济发展之间的冲突矛盾，才能实现经济的可持续健康发展，才能使人类经济发展成果传承千秋万代。

第二，对土地资源的可持续利用不仅仅是指对土地的使用，它还涉及对土地资源的开发、管理、保护等多个方面。对于土地的合理开发和使用，主要集中在土地的规划阶段，选择最佳的土地用途和开发方式，在可持续的基础上最大限度的发挥土地的价值；而土地的"治理"是合理拓展土地资源的最有效途径，采取综合手段改善一些不利土地，变废为宝；所谓"保护"是指在发展经济的同时，注重对现有土地资源的保护，坚决摒弃土以破坏土地资源为代价的经济发展。只有做到对土地的合理开发、使用、保护才能得到经济社会的长期可持续发展。

第三，实现土地资源的可持续利用，要注重保持和提高土地资源的生态质量。良好的经济社会发展需要良好的基础，土地资源作为基础资源，其生态质量的好坏直接影响着人类的生存发展两眼紧盯经济效益而对土地资源的破坏尤其是土地污染视而不见是愚蠢的发展模式，是贻害子孙后代的发展模式，短期的财富获得的同时却欠下了难以偿还的账单。土地资源的可持续利用要求我们爱护珍贵的土地，使用的同时要注重保持她原有的生态质量，并努力提高其生态质量，为人类的长期发展留下好的基础。

第四，当今世界人口众多了利用土地资源相对匮乏，土地的可持续利用是缓解土地紧张的重要途径，全球陆地面积占地球面积29%，可利用土地面积少之义少，而全球人口超过60亿，人类对土地的争夺进入白热化阶段，不合理开发，过度使用等问题日趋严重，满足当代人使用的同时却使可利用土地越来越少，以致直接影响后代人对土地资源的利用。只有可持续利用土地，在自然生态和环境质量的基础上最大程度的发挥土地的利用价值，才能有效缓解"人多地少"的紧张局面。

第五，土地资源的可持续利用不仅仅是一个经济问题，它是涉及社会、文化、科学技术等方面的综合性问题，做到土地资源的可持续利用要综合平衡各方面的因素。

上述各因素的共同作用形成了特定历史条件下人们的土地资源利用方式，为了实现上地资源的可持续利用，需对经济、社会、文化、技术等诸因素综合分析评价，保持其中有利于土地资源可持续利用的部分，对不利的部分则通过变革来使其有利于土地资源的可持续利用此外，土地资源的可持续利用还是一个动态的概念随着社会历史条件的变化，土地资源可持续利用的内涵及其方式也呈现在一种动态变化的过程中。

二、生态建筑场地设计研究

场地设计是对工程项目所占用地范围内，以城市规划为依据，以工程的全部需求为准则，对整个场地空间进行有序与可行的组合，以期获得最佳经济效益号使用效益。

场地的组成一般包括建筑物、交通设施、室外活动设施、绿化景园设施以及工程设施等。为满足建设项目的需求，达到建设目的，场地设计需要完成对上述各项内容的总体布局安排，也包括对每一项内容的具体设计。为了合理地处理好场地中所存在的各种问题，形成一个系统整合的设计理念，以获得最佳的综合效益，在此提出了相应的对策。

1. 与周边环境协调性

在场地设计中，自然环境与场地是不可分割的有机整体，建筑与环境的结合、自然与城市的关系、建筑对环境的尊重，越来愈为公众所关注：当代建筑的发展，逐渐由个体趋向群体化、综合化、城市化场地环境、区域环境乃至整体环境的平衡更应该成为建筑工作者所关注和重视的问题场地周边环境，包括自然环境、空间环境、历史环境、文化环境以及环境地理等，要进行综合分析，方能达到_满的境地

2. 遵循生态理念

20世纪60年代以后，建筑学逐渐把对建筑环境的认识放到了一个重要而突出的位置，现代建筑设计逐渐突破建筑本身，而拓展成为对建筑与环境整体的设计，文脉意识也渐渐成为建筑界的普遍共识，为建筑师们所关注，并在设计中进行不同角度的探索许多建筑大师在经过了国际主义风格和追求个人表现后，转向挖掘现代建筑思想内涵，探索建筑与生态的深层关系，作品寓于文脉之中。

例如，贝聿铭的建筑设计无不关注建筑所处的整体环境，尽量追求完美的环境关系（图3-6）。他的作品，位于日本自然保护区的美秀美术馆采取了与然环境与周围景色融为一体的建造方式，是一个可游、可观、可居、可使精神高扬的场所。

图3-6　贝聿铭香山饭店

3. 强调内部各活动空间布局合理性

场地中，建筑物与其外部空间呈现一种相互依存、虚实互补的关系建筑物的平面形式和体量决定着外部空间的形状、比例尺度、层次和序列等，并由此产生不同的空间品质，对使用者的心理和行为产生不同影响因此，在场地总体布局阶段，建筑空间组织过程中，应当强调场地内部各活动空间的布局合理性，运用有关建筑构图的基本原理，灵活运用轴线、向心、序列、对比等空间构成手法，使平面布局具有良好的条理性和秩序感。

中国生态建设正在步伐加快，但它仍然是一个具有广泛意义生态环境词语，其实践意义并不普遍。在已经建成的建筑物周围生态环境正与基地建设，形成人类赖以生存的空间人们希望通过建筑实践活动积累生态建设经验，目前存在的基地设计只是生态环境设计中的一个尝试，在未来做出更系统的设计和环境设计研究，从而为其他领域的生态环境建设提供较为广泛的经验。

三、城市化的节地设计

从土地的利用结构上来看，在城市发展的不同阶段，土地资源的开发程度也会不间。从城市发展的进程上来看，城市结构的调整也会影响着土地资源的流动分配，进而发生土地资源结构的变动农业占有较大比例的时期为前工业化阶段，土地利用以农业用地为主，城镇和工矿交通用地占地比例很小。随着工业化的加速发展，农业用地和农业劳动力不断向第二、三产业转移如果没有新的农业土地资源投产使用，那么农业用地的比例就会迅速下降，相反城市用地、工业用地以及交通用地的比例就会不断提升在产业结构变化过程中，农业用地比例下降，就会产生富余劳动力，这些劳动力就会自动地相第二产业和第三产业流动，知道进入工业化时代，这种产业结构的变动才会变缓随着工业的不算增长，工业用地增长就会放缓，相应的第三产业、居住用地以及交通用地的比例就会增加。在发达国家中，包括荷兰、日本、美国等国家，在城市化发展的进程中，就经历过相同的变化趋势从总体上讲，城市的发展过程见证着城市土地资源集约化的过程，土地对资本等其他生产性要素的替代作用并不相同这一现象可以用来解释不同城市化阶段中的许多土地利用现象，如土地的单位用地产值越来越商等。

城市规模对城市土地资源的有较大的影响，主要表现在两个方面：首先是城市规模对用地的经济效益有很大的影响；其次是用地效率：这两方面的影响具有主要具有以下两个特点。城市用地效益可用城市单位土地所产生的经济效益来表示，其总的趋势是大城市的用地效益比中小城市高，即城市用地效益与城市规模呈正相关。就人均建设用地指标而言，总体上来讲城市化进程中，各级城市的建设用地面积均会呈上升趋势，都会引起周围农地的非农化过程，但各级城市表现不一。总的来看，大城市人均占地面积的增长速度小于中小城市。

此外，城市的规模对建设用地也有一定的影响。表 3-2 所示为不同城市规模对各类用地的影响，随着城市发展规模的减小，可采用的建设用地面积越大，相应地，各种功能的建筑用地面积越大。

表 3-2　不同城市规模的人均用地

城市规模	建设总用地	工业用地	仓库用地	对外交通用地	生活居住用地	其他用地
特大城市	57.8	15.0	3.3	3.0	26.8	9．7
大城市	74.0	24.4	4.2	5.3	29.5	10.6
中等城市	81.1	27.3	5.4	5.5	32.9	10.0
小城市	92.6	27.7	8.0	6.4	39.8	10.7
较小城市	101.1	29.9	8.7	7.8	44.0	10.7

在一定程度上，城市各类用地的弹性系数表明了不同城市规模的用地效率。城市用地的弹性系数越小，说明城市的土地资源较为紧张，其用地效率也就越高。一般地，在我国城市化进程中，各类城市的用地弹性系数具有很大的差异。城市的用地弹性系数与城市中的人口增长率和城市年用地增长率等因素密切相关。如果城市的土地增长弹性系数数值为1，表明城市中的人口增长率与年用地增长率持平，说明城市的人均用地不发生变化。如果稀释大于1，则说明城市扩张加快，人均用地面积增加；相反，如果弹性系数小于1，说明城市的用地面积增长率低于城市人口增长率，人均用地面积减少。

四、建筑设计的节地策略

有关建筑设计中的节地策略，许多专家和学者也给出了自己的观点。我国前建设部部长汪光焘指出建筑节地的内容在于：①合理规划设计建筑用地，减少对耕地和林地的占用，尽力地开发荒地、劣地以及坡地等不适合耕种的土地资源；②合理开发设计建筑区，在保证建筑健康.舒适和满足基本功能的前提下，能够增加小区内建筑层数，提高建用地的利用率；③进行优化设计，改善建筑结构，增加建筑可使用面积，向下开发地下空间，提高土地资源利用率；提高建筑质量，减少建筑重违周期，有效提高建筑的服役年限；同时也要合理设计建筑体型，实现土地集约化发展。④提高建筑居住区内的景观，满足人们对室外环境的功能需求；也可以通过设计地下停车场和立体车库，减少建设用地的占用，提高土地利用率，我国建设部的王铁宏工程师则从规划设计、围护结构和地下空间三个方面指出节约土地的要求：首先建筑要满足规划设计要求，通过小区规划布局.实现土地的集约化发展，特别地要保证开发区域的土地集约化其次是建筑围护结构的改革，通过采用新型的建筑材料，减少对耕地资源的破坏最后还要开发地下空间，减少对地上空间的占用。

第三节　绿色建筑节水设计规则

一、绿色建筑节水问题与可持续利用

绿色建筑是可持续发展建筑，能够与自然环境和谐共生。而水资源作为自然环境的一大主体。是建筑设计中必须考虑的一个重要因素。节水设计就是在建筑设计、建造以及运营过程中将水资源最优化分配和利用。从目前我国的水资源利用现状来看，水资源的可持续利用是我国的经济社会发展命脉，是经济社会可持续发展的关键。

以建筑物水资源综合利用为指导思想分析建筑的供水、排水，不但应考虑建筑内部的供水、排水系统，还应当把水的来源和利用放到更大的水环境中考虑，因此需要引入水循环的概念。绿色建筑节水不单单是普通的节省用水量，而是通过节水设计将水资源进行合理的分配和最优化利用.是减少取用水过程中的损失、使用以及污染，同时人们能够主管地减少资源浪费，从而提高水资源的利用效率，目前，由于人们的节水意识以及节水技术有限，因此在建筑节水管理中，需要编制节水规范，采用立法和标准的模式强制人们采用先进的节能技

术。同时应该制定合理的水价，从而全面地推进节水向着规范化的方向迈进。建筑节水的效益可以分为经济效益、环境效益和社会效益，实现这一目标最有效的策略在于因地制宜地节约用水，既能够满足人们的需求，又能够提高节水效率。

建筑节水主要有 3 层含义：首先是减少用水总量，其次是提高建筑用水效率，最后是节约用水。建筑节水可以从 4 个方面进行，主要包括：供水管道输送效率，较少用水渗漏；先进节水设备推广；水资源的回收利用；中水技术和雨水回灌技术，还可以通过污水处理设施. 实现水资源的回收利用在具体的实施过程中，要保证各个环节的严格执行，才能够切实节约水资源，但是目前我国的水资源管理体制还有很大的欠缺. 需要在以后加以改进执行。

我国是世界上 26 个最缺水国家之一，由于我国庞大的人口数量，导致虽然我国的节水设计将水资源进行合理的分配和最优化利用，是减少取用水过程中的损失、使用以及污染，同时人们能够主管地减少资源浪费，从而提高水资源的利用效率，目前，由于人们的节水意识以及节水技术有限，因此在建筑节水管理中，需要编制节水规范，采用立法和标准的模式强制人们采用先进的节能技术。同时应该制定合理的水价，从而全面地推进节水向着规范化的方向迈进。建筑节水的效益可以分为经济效益、环境效益和社会效益，实现这一目标最有效的策略在于因地制宜地节约用水，既能够满足人们的需求，又能够提高节水效率。

水资源是全世界的珍贵资源之一，是维持人类最重要的自然因素之一。为了解决水资源缺乏的情况，人们在绿色建筑设计中，十分重视节能这一重要问题在绿色建筑的节水理念中，要求水资源能够保证供给与产出相平衡，从而达到资源消耗与回收利用的理想状态，这种状态是一种长期、稳定、广泛和平衡的过程在绿色建筑设计中，人们对建筑节水的要求主要表现在以下四点：

（1）要充分利用建筑中的水资源，提高水资源的利用效率；

（2）遵循节水节能的原则，从而实现建筑的可持续发展利用；

（3）降低对环境的影响，做到生产、生活污水的回收利用；

（4）要遵循回收利用的原则，能够充分考虑地域特点，从而实现水资源的重复利用按照绿色建筑设计中的水资源的回收利用的目标，给予现有的建筑水环境的问题，从而依据绿色建筑技术设计规定，在节水方面的重点宜放在采用节水系统、节水器具和设备；在水的重复利用方面，重点宜放在中水使用和雨水收集上；在水环境系统集成方面，重点宜放在水环境系统的规划、设计、施r、管理方面，特别是水环境系统的水量平衡、输入输出关系以及系统运行的可靠性、稳定性和经济性。

在水的重复利用方面，重点宜放在中水使用和雨水收集上在目前水资源十分紧缺的情况下，随着城市的不断扩张，水资源的需求量不断上升，同时水污染现象也正在越来越严重，另一方面城市的水资源随着降水，没有经过回收利用，就会自然流失。伴随着城市的改建与扩张，城市的建筑、道路、绿地的规划设计不断变化，导致地面径流量也会发生变化。图 3-7所示为"海绵城市"水资源的收集与释放图，建设"海绵城市"可以加强城市水资源的回收，防止水资源白白流失。

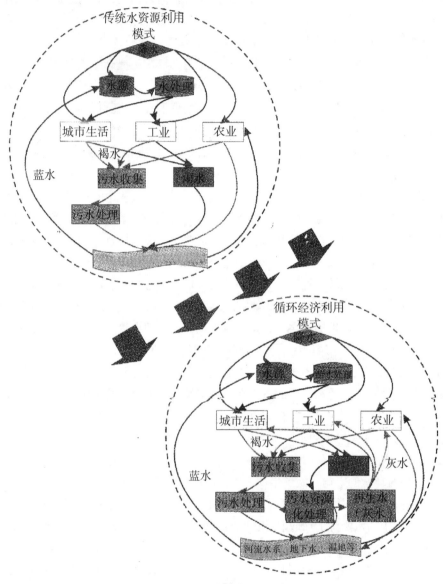

图 3-7　不同类型水循环模式

二、城镇建筑水循环利用的策略

　　城镇发展对城市排水系统的要求越来越大，我国城市中普遍存在排水系统规划不合理的问题，造成不透水面积增大，雨水流失严重，这就造成了地下水源的补给不足，同时也会造成城市内涝灾害的发生。此外，城市雨水携带着城市污染物主流河流，也会造成水体污染，导致城市生态环境恶化。对于水资源可持续利用系统，应该将重心放在水系统的规划设计、施工管理上，实现城市水体输入和输出平衡，保证其可靠性、稳定性和经济性。

　　我国水资源分布不均，因此要建筑供水是一个需要解决的难题。建筑在运营期间对水资源的消耗是非常巨大的，因此要竭尽所能实现公用建筑的节水由于建筑的屋顶面积相对较大，因此为屋顶集水提供了较为有利的条件。我国很多的建筑已经开始使用中水技术，对雨水进行回收处理，用干卫生间、植被绿化以及建筑物清洗。从设计角度把绿色建筑节水及水资源利用技术措施分为以下几个方面：

（一）中水回收技术

为了满足人们的用水需求，减少对净水资源的消耗，我们必须在环境中回收一定量的水源，中水回收技术能够满足上述需求，同时也能够减少污染物的排放，减少水体中的氮磷含量。与城市污水处理工艺相比，中水回收系统的可操作'性较强，而且在拆除时不会产生附加的遗留问题，因此对环境的影响较小在我国绿色建筑的开发中，采用了中水回收技术和污水处理装置，从而能够保证水资源的循环使用。由于中水回收技术，一方面能够扩大水资源的来源，另一方面可以减少水资源的浪费，因此兼有"开源"和"节流"两方面的特点，在绿色建筑中可以加以应用。

在中水回收装置设计时，人们往往只考虑了其早期投入，而很少计算其在运行中的节水效益。这样在投资过程中，就会造成得不偿失的结果：因此在中水处理中，需要将处理后的水质放在第一位，这就需要采用先进的工艺和手段。如果处理后水源的水质达不到要求，那么再低廉的成本也是资源与财力的浪费。

随着科学技术的进步与经济实力的增长，对于传统的污水处理工艺，例如臭氧消毒工艺、活性炭处理工艺以及膜处理工艺，在使用过程中经过不断的改进与发展，已经趋于安全高效。人们在建筑节能设计中的观念也随着不断改变，国际上人们普遍采用的陈旧的节水处理装置，因此水源处理过程效率较低而逐渐被摒弃同时，随着自动控制装置和监测技术的进步，建筑中的许多污染物处理装置可以达到自动化。也就是说，污水处理过程逐渐简单化因此通过上述过程，我们就不用考虑处理过程的可操作性，只要保证建设项目的性价比，就可以检测水源处理过程。

绿色建筑中水工程是水资源利用的有效体现，是节水方针的具体实施，而中水工程的成败与其采用的工艺流程有着密切联系。因此，选择合适的工艺流程组合应符合下列要求：全适用工艺，采用先进的X艺技术，保证水源在处理后达到回用水的标准；其次是工艺经济可靠，在保证水质的情况下，能够尽可能地减少成本、运营费用以及节约用地；水资源处理过程中，能够减少噪声与废气排放，减少对环境的影响；在处理过程中，需要经过一定的运营时间，从而达到水源的实用化要求。如果没有可以采用的技术资料，可以通过实验研究进行指导。

（二）雨水利用技术

自然降水是一种污染较小的水资源．按照雨形成的机理，可以看出将雨中的有机质含量较少，通过水中的含氧量趋近于最大值，钙化现象并不严重。因此，在处理过程中，只需要简单操作，便可以满足生活杂用水和工业生产用水的需求。同时，雨水回收的成本要远低于生活废水，同时水质更好，微生物含量较低，人们的接受和认可度较高。

建筑雨水收集技术经过 10 多年的发展已经趋于完善，因此绿色小区和绿色建筑的应用中具有较好的适应性。从学科方面来看，雨水利用技术集合了生态学、建筑学、工程学、经济学和管理学等学科内容，通过人工净化处理和自然净化处理，能够实现雨水和景观设计的完美结合，实现环境、建筑、社会和经济的完美统一。对于雨水收集技术虽然伴随着小区的需求而不同，但是也存在一定的共性，其组成元素包括绿色屋顶、水景、雨水渗透装置和回收利用装置，其基本的流程为，初期雨水经过多道预处理环节，保证了所收集雨水的水质；采用蓄水模块进行蓄水，有效保证了蓄水水质，同时不占用空间，施工简单、方便，更加环保、安全通过压力控制泵和雨水控制器可以很方便地将雨水送至用水点，同时雨水控制器可以实时反应雨水蓄水池的水位状况，从而到达用水点。可用的水还可以作为水景的补充水源和浇灌绿化草地还应考虑到不同用途必要用水量的平衡、不同季节用水量差别等情况，进行最有效的容积设计，达到节约资源的目的。伴

随着技术的不断进步，有很到专家和工程师已经将太阳能、风能和雨水等可持续手段应用于花园式建筑的发展之中因此，在绿色建筑设计中，能够切实地采用雨水收集技术，其将于生态环境、节约用水等结合起来，不但能够改善环境，而且能够降低成本，产生经济效益、社会效益和环境效应。

在绿色建筑设计中，可以通过景观设计实现建筑节水。首先，在设计初期要提高合理完善的景观设计方案，满足基本的节水要求，此外还要健全水景系统的池水、流水及喷水等设施。特别地，需要在水中设置循环系统，同时要进行中水回收合雨水回收，满足供水平衡和优化设计，从而减少水资源浪费。

（三）室内节水措施

一项对住宅卫生器具用水量的调查显示：家庭用的冲水系统和洗浴用水约占家庭用水的50%以上。因此为了提高可用水的效率，在绿色建筑设计中，提倡采用节水器具和设备。这些节水器具和设备不但要运用于居住建筑，还需要在办公建筑、商业建筑以及工业建筑中得以推广应用。特别地以冲厕和洗浴为主的公共建筑中，要着重推广节水设备，从而避免雨水的跑、冒、滴、漏现象的发生。此外还需要人们通过设计手段，主动或者被动的减少水资源浪费，从而主观地实现节水。在节水设计中，目前普遍采用的家庭节水器具包括节水型水龙头、节水便器系统以及淋浴头等。

三、绿色建筑节水评价

绿色建筑节水评价指标是评价所要实现的目标及诸多影响因素综合考虑的结果绿色建筑节水评价主要针对绿色建筑用水，因而所有与绿色建筑用水有关的因素在制定指标体系初期皆应在考虑之列。

（一）绿色建筑节水评价指标体系

根据已有的绿色建筑评价体系中对节水的指导项要求以及建筑节水评价指标设置的原则，经调研测试和分析权衡影响建筑节水诸因素对应的节水措施在当前实施的可行性程度及其经济、社会效益的大小，广泛征求专家意见，提出"建筑节水评价指标体系框架"。

（二）绿色述筑节水措施评价指标及评价准

在绿色建筑设计中，中水回收利用技术是建筑师较为青睐的节水措施之一，这种技术具有效率高规模大的特点。这样在建筑中产生的废水就可以实现就地回收利用，从而可以减少建筑用水的使用量。在建筑上，采用中水回收利用技术，可以减少建筑对传统水源的依赖性，达到废水、污水资源化的目的，在资源紧缺的大背景下，能够有效地缓解水资源矛盾，促进社会的可持续发展因此绿色建筑的中水回收利用技术理应受到全社会的重视

随着水处理技术和水质检测技术的发展，建筑用水质量检测将会变得越来越常态化，随着日常生活中水质监测次数的增长，建筑水源监测流程与处理过程将越来越方便便宜。在中水回收利用技术中，水质指标受到水处理技术、供给水源水质及其变化情况的影响很大，因此在绿色建筑中要求水质的达标率达到 100% 方可记为合格，否则将会加重对环境的污染，导致节水效果化为乌有。也就是说，只有水质的达标率达到 100%，才能认为其权重为 1，否则为 0。

建筑用水的影响因素众多，因此对建筑用水指标的评价需要综合各种因素方可完成，在因素选择中需要采用综合评价法：综合评价法的一般过程为基于给定的评价目标与评价对象，选择给定的标准，综合分析其经济、环境与社会等多个方面中的定性与定量指标，然后通过计算分析，显示被评价项目的综合情况，从而指出项目中的优势与不足，从而为后续工作中的决策提供数据信息。总的来说 . 各因素对水质和水资源的作用方式不同，从多个角度影响着建筑节水效果 . 所以采用综合评价法能够从多个方面将评价目标与对象分解为多个不同的子系统，然后对各个小项进行逐一评价分析各小项之间的关联性，采用适当的方法进行组合求和，做出评价在综合评价法中，人们比较常用的方法为模糊综合评价法和层次分析法。

模糊综合评判这一方法由于环境模糊性的，故在评判过程中受到很多影响因素的作用模糊综合是指在依据特定的目的综合评判和决定某一项事物。它的基本原理是 Fuzzy 模拟人的大脑对事物进行评价的过程，理论实践中，人们评价一项事物采用最多的是多种目标、因素与指标相结合的方法但是随着评价系统变得更加复杂的情况下，对系统的不准确性和部确定性的描述也变得更加复杂。该系统所拥有的两项特性同时又具备随机性和模糊性再者，人们大多数情况下评价事物时是模糊性的，所以根据人脑评价事物的这一特性，我们采用模糊数学的方式评判复杂的系统，是完全能够模拟甚至吻合人类大脑的全过程。实践证明，在众多评判方法中，模糊综合评判是最有效的方法之一。各个行业人士都在广泛应用该评判方法，并借鉴模糊评判方法的原理加以运用到其他评判方法中。

（二）绿色建筑节水措施的层次结构模型

我们按照层次分析法的要求构建绿色建筑节水设计中的层次结构模型，主要包括以下几个：目标层次结构模型（节水措施所要实现的节水效果），措施层次模型（管理制度、雨水收集率、设备运行负荷率、工作记录、设备安装率、水循环利用率、防污染措施、中水水质、利用水质量合格率、回收废水、雨水收集等利用率、水循环措施、节水宣传效果），二级评价目标层次模型（雨水、中水利用率、节水管理效果）

四、绿色建筑节水措施应用

（一）绿色建筑雨水利用工程

近年来在绿色建筑领域发展起来一种新技术绿色建筑雨水综合利用技术，并实践于住宅小区中，效果很好。它的原理中利用到很多学科，是一种综合性的技术净化过程分为两种形式：人工和向然。这一技术将雨水资源利用和建筑景观设计融合在一起，促进入与自然的和谐。在实际操作中需要因地制宜，考虑实际工程的地域以及自身特性来给出合适的绿色设计，例如可以改变屋顶的形式，设计不同样式的水景，改变水资源再次利用的方式等，科技日新月异，建筑形式在多样化的同时也越来越强调可持续发展，可以把雨水以水景的模式再利用和燃料能源相结合建造花园式建筑来实现这一目标这一技术在绿色建筑中，在使水资源重复利用的同时改善了自然环境，节约了经济成本，带来了巨大的社会效益，所以应该加大推广力度，特别是在条件适宜的地区，这种技术也有缺点：降水量不仅受区域影响还有季节影响．这就要求收集设施的面积要足够大，所以占地较多。

（二）主要渗透技术

如图 3-49 所示，雨水利用技术在绿色建筑小区中通过保护本小区的自然系统，使其自身的雨水净化功能得以恢复，进而实现雨水利用。水分可以渗透到土壤和植被中，在渗透过程中得到净化，并最终存储下来。将通过这种天然净化处理的过剩的水分再利用，来达到节约用用水、提高水的利 W 率等目的。绿色建筑雨水渗透技术充分利用了自然系统自身的优势，但是在使用过程中还是要注意这项技术对周围人和环境以及建筑物自身安全的影响，以及在具体操作时资源配置要合理。

在绿色建筑中应用到很多雨水渗透技术，按照不同的条件分类不同^按照渗透形式分为分散渗透和集中渗透。这两种形式特点不同，各有优缺。分散渗透的缺点是：渗透的速度较慢，储水量小，适用范围较小。优点是：渗透充分，净化功能较强，规模随意，对设备要求简单，对输送系统的压力小。分散渗透的应用形式常见的为地面和管沟。集中渗透的缺点是：对雨水收集输送系统的压力较大，优点是规模大，净化能力强，特别适用于渗透面积大的建筑群或小区。集中渗透的应用形式常见的有池子和盆地形。

（三）节水规划

用水规划是绿色建筑节水系统规划、管理的基础。绿色建筑给排水系统能否达到良性循环，关键就是对该建筑水系统的规划在建筑小区和单体建筑中，由于建筑或者住户对水源的需求量不同，这主要与用户水资源的使用性质有关。在我国《建筑给水排水设计规范》（GB50015—2003）中提供了不同用水类别的用水定额和用水时间。在我国中水回收利用相关规范中将水源使用情况分为五类：冲厕、厨房、沐浴、盥洗和洗衣。

第四节　绿色建筑节材设计规则

一、绿色建筑节材和材料利用

节材作为绿色建筑的一个主要控制指标，主要体现在建筑的设计和施工阶段，而到了运营阶段，由于建筑的整体结构已经定型，对建筑的节材贡献较小，因此绿色建筑在设计之初就需格外地重视建筑节材技术的应用，并遵循以下5个原则：

（一）对已有结构和材料多次利用

在我国的绿色建筑评价标准中有相关规定，对已有的结构和材料要尽可能利用，将土建施工与装修施工一起设计，在设计阶段就综合考虑以后要面临的各种问题，避免重复装修。设计可以做到统筹兼顾，将在之后的工程中遇到的问题提前给出合理的解决方案，要充分利用设计使各个构件充分发挥自身功能，使各种建筑材料充分利用。这样多次利用来避免资源浪费、减少能源消耗、减少工程量、减少建筑垃圾在一定程度上改善了建筑环境。

（二）尽可能减少建筑材料的使用量

绿色建筑中要做到建筑节能首先就是减轻能源和资源消耗，最直接的手段就是减少建筑材料的使用量，特别是一些常用的材料。就像钢筋、水泥、混凝土等，这些材料的生产过程会消耗很多自然资源和能源，它的生产需要大量成本，还影响环境，如果这些材料不能合理利用就会成为建筑垃圾污染环境。建筑材料的过度生产不利于工程经济和环境的发展，所以要合理设计与规划材料的使用量，并好好管理，避免施工过程中建筑材料的浪费。

（三）建筑材料尽可能可再生

在我们的生活中可再生相关材料有很多，大体可以分为三类。第一种，本身可再生。第二种，使用的资源可再生。第三种，含有一部分可再生成分。我们自然界的资源分为两类：可再生资源和不可再生资源。可再生资源的形成速率大于人类的开发利用率，用完后可以在短时间内恢复，为人类反复使用，例如，太阳能、风能，太阳可提供的能源可达100多亿年，相对于人类的寿命来说是"取之不尽，用之不竭"。可再生资源对环境没有危害，污染小，是在可持续发展中应该推广使用的绿色能源。不可再生资源在使用后，短时间内不能恢复，例如煤、石油，它们的形成时间非常长需要几百万年，如果人类继续大量开采就会出现能源枯竭。此外这种资源的使用会对环境造成不良影响，污染环境。

如果建筑材料大量使用可再生相关材料，减少对不可再生资源的使用，减少有害物质的产生，减少对生态环境的破坏，达到节能环保的目的。

（四）废弃物利用

这里废弃物的定义比较广泛，包括生活中、建筑过程中，以及工业生产过程产生的废弃物。

实现这些废弃物的循环回收利用，可以较大程度地改善城市环境，此外节约大量的建筑成本，实现工程经济的持续发展。我们要在确保建筑物的安全以及保护环境的前提下尽可能多地利用废弃物来生产建筑材料。国标中也有相关规定，使我们的工程建设更多地利用废弃物生产的建筑材料，减少同类建筑材料的使用，二者的使用比例要不小于 50%。

（五）建筑材料的使用遵循就近原则

国家标准规范中对建筑材料的生产地有相关要求，总使用量 70% 以上的建筑材料生产地距离施工现场不能超过 500km，即就近原则，这项标准缩短了运输距离在经济上节约了施工成本，选用本地的建筑材料避免了气候和地域等外界环境对材料性质的影响在安全上保证了施工质量。建筑材料的选择应该因地制宜，本地的材料既可以节约经济成本又可以保证安全质量，因此就近原则非常适用。

二、节能材料在建筑设计中的应用

在城市发展进程中建筑行业对国民经济的推动功不可没，特别是建筑材料的大量使用。要实现绿色建筑，实现建筑材料的节能是重要环节。对于一个建筑工程，我们要从建筑设计、建筑施工等各个方面来逐一实现材料的节能。在可持续发展中应该加强建设、推广使用节能材料，这样在保证经济稳步增长的同时又能保护环境^现在国际上出现了越来越多的绿色建筑的评价标准，我们在设计和施工中要严格按照标准来选用合适的建筑材料，向节能环保的绿色建筑方向发展。

（一）节能墙体

节能墙体材料取代先前的高耗能的材料应该在建筑设计中广泛被利用，以达到国家的节能标准。在建筑设计中，采用新型优质墙体材料可以节约资源，将废弃物再利用，保护环境，此外优质的墙体材料带给人视觉和触觉上的享受，好的质量可以提高舒适度以及房屋的耐久性。在节能墙体中可以再次利用的废弃物种类有废料和废渣等建筑垃圾，把它们重新用于工程建设，变废为宝，节约了经济成本的同时又保护环境，实现可持续发展。随着城市的发展，绿色节能建筑也飞快发展，节能环保墙体材料的种类也越来越多，形式也逐渐多样化，由块、砖、板以及相关的复合材料组成。我国学者结合本国实际国情以及国外研究现状又逐渐发展出更多的新型墙体材料，经过多年的研究和发展，有一些主要的节能材料已经在实际工程中广泛应用.例如混凝土空心砌块，在保证自身强度的前提下尽可能减少自重，减少材料的使用

（二）节能门窗

绿色建筑不断发展，节能材料逐渐变得多样性，技能技术也快速发展，为实现我国建筑行业的可持续发展奠定了基础。节能材料不再是仅仅注重节能的材料，更人性化地加入了环保、防火、降噪等特点。这种将人文和环境更加紧密融合在一起。这些新型节能材料的使用，提高了建筑物的性能如保温性、隔热性、隔声性等，同时也促进了相关传统产业的发展。建

筑节能主要从各个构件入手，门窗是必不可少的构件，它的节能对整体建筑的节能必不可少。相关资料显示，建筑热能消耗的主要方式就是通过门窗的空气渗透以及门窗自身散热功能，约有一半的热能以这种形式流失门窗作为建筑物的基本构件，直接与外界环境接触．热能流失比较快，所以可以从改变门窗材料来减少能耗，提高热能的使用率，进一步节约供热资源。

（三）节能玻璃

玻璃作为门窗的基本材料，它的材质是门窗节能的主要体现采用一些特殊材质的玻璃来实现门窗的保温、隔热、低辐射功能在整个建筑过程中，节能环保的思想要贯穿整个设计以及施工过程，尽可能采用节能玻璃。

随着绿色建筑的发展，节能材料种类的增多，节能玻璃也有很多种，最常见的是单银（双银）Low-E 玻璃。

以上提到的这种节能玻璃广泛应用干绿色建筑。它具有优异的光学热工特性，这种性能加上玻璃的中空形式使节能效果特别显著在建筑设计以及施工过程中将这种优良的节能材料充分地应用于建筑物中，会使整体的节能性能得到最大程度的发挥。

（四）节能功能材料

影响建筑节能的指标中还有一项是不可或缺的节能功能材料，它通常由保温材料、装饰材料、化学建材、建筑涂料等组成。不仅增强建筑物的保温、隔热、隔声等性能，还增加建筑物的外延和内涵，增强它的美观性能这些节能功能材料既能满足建筑物的使用功能，又增加了它的美观性，是一种绿色、经济、适用、美观的材料。目前节能功能材料主要以各种复合形式或化学建材的形式存在，新型的化学建材逐渐在节能功能材料中占据主导地位。

三、绿色建筑节材及材料资源利用

节材及材料资源利用作为绿色建筑的一个主要控制指标，主要体现在建筑的设计和施工阶段，如何实现建筑有效节材和资源材料利用最大化．就需要在设计与施工时重视建筑节材及材料资源利用策略应遵循以下方面：

（一）最大限度地运用本地生产的建筑材料

受气候条件和自然环境的影响，不同地区的原始资源具有不同的物理化学性质，用其生产出的建筑材料在各项性能上也会有所差异。总体来说，本地生产的建筑材料更能适应本土建筑。另一方面选择本地材料可以减少材料在运输过程中的能源消耗，从而减少运输过程中对环境的影响。

（二）合理回收与利用建筑废弃物

建筑废弃物是指建设、施工单位或个人对各类建筑物、构筑物、管网等进行建设、铺设或拆除、修缮过程中所产生的渣土、弃土、弃料、淤泥等。若能对建筑废弃物加以回收利用，就可以有效地减少城市中废弃物的数量，从而对周围环境进行了有效保护 3 施工过程中选用

废弃物制造的建筑材料，对建筑材料是一种有效节约，有利于环境的保护。

（三）尽可能多地利用可循环材料和速生材料

根据《绿色建筑评价标准》中定义：可循环材料指对无法再进行利用的材料通过改变物质形态的方法；速生材料指的是生长速度较快、生长周期较短的材料。因为速生材料生长周期较快，对比生长周期较慢的树木材料而言，具有对自然环境影响相对较小的特点。

建筑是资源和材料消耗的重要部分。随着地球资源日益减少、环境不断恶化，保持对建筑可循环材料和速生材料的使用，提高建筑材料的综合利用率已被人们所关注。在建筑建造时尽可能多地运用可循环材料和速生材料，一方面可以减少建筑废弃物的数量，另一方面减少对自然资源的依赖，对自然环境起到明显保护作用，具有较好的环境效益。

（四）充分运用功能性构件代替装饰性构件

建筑不能为了片面追求美观，而以资源消耗为代价运用装饰性构件，就违背了绿色建筑的基本理念。在前期建筑设计中就应考虑减少多余的装饰性构件，尽可能利用功能性构件作为建筑造型的元素在满足功能需要的前提下，通过系统地运用功能性构件代替装饰性构件，表达建筑的美学效果，这样才能有效地节约材料资源，减少不必要的浪费。

（五）优先使用当地生产的建筑材料

使用当地生产建筑材料可以有效地减少材料运输过程中能源和资源的消耗，是保护环境的重要方法之一。建筑应尽可能多地使用当地生产的建筑材料，努力提高就地取材生产的建筑材料所占的比例。施工前对材料清单进行统计，优先选择当地材料，并详细完善工程材料清单，其中在清单中标明材料生产厂家的名称、采购的重量、地址，从而更好地减少资源消耗。

（六）建筑废弃物的分类收集和回收利用

施工过程中产生的固体废弃物，如拆除的模板，废旧钢筋、渣土石块、木料等，为节约资源，提高材料利用率，制订专项建筑施工废物管理计划，对上述建筑垃圾进行分类收集并最大化回收利用：如把废弃的模板铺设新修的道路；木料加工产生的木屑回用于路面的养护、包装回收等；用于修建工地临时住房、施工场址的外围护墙的墙砖，完工后再拆除用作铺路、花坛、造景等。

第五节　绿色建筑环保设计

一、绿色建筑室内空气质量

室内环境一般泛指人们的生活居室、劳动与工作的场所以及其他活动的公共场所等。人的一生大约 80%~90% 的时间是在室内度过的，在室内很多污染物的含量比室外更高。因此，从某种意义上讲，室内空气质量（IAQ）的好坏对人们的身体健康及生活的影响远远高于室外环境。

研究表明，室内污染物主要包括物理性、化学性、生物性和放射性污染物四种，其中物理性污染物主要包括室内空气的温湿度、气流速度、新风量等；化学性污染物是在建筑建造和室内装修过程中采用的甲醛、甲苯、笨以及吸烟产生的硫化物、氮氧化物以及一氧化碳等；生物性污染物则是指微生物，主要包括细菌、真菌、花粉以及病毒等；放射性污染物主要是室内氡及其子体室内空气污染主要以化学性污染最为突出，甲醛已经成为目前室内空气中首要的污染物而受到各界极大的关注。

室内空气质量的主要指标包括：室内空气构成及其含量、化学与生物污染物浓度，室内物理污染物的指标，包括温度和湿度、噪声、震动以及采光等.1影响室内空气含量的因素主要是我们平时较为关心的室内空气构成及其含量从这一方面分析，空气中的物理污染物会提高室内的污染物浓度，导致室内空气质量下降.同时室外环境质量、空气构成形式以及污染物的特点等也会影响室外空气质量。因此，在营造良好的室内空气质量环境时.需要分析研究空气质量的构成与作用方式，从而得到正确的措施。

二、改善室内空气质量的技术措施

据美国职业安全与卫生研究所（MOSH）的研究显示，导致人员对室内空气质量不满意的主要因素如表3-3所示。

表3-3　美国职业安全与卫生研究所调查结果

通风空调系统	48.3%	建筑材料	3.4%
室内污染物（吸烟产生的除外）	17.7%	过敏性（肺炎）	3.0%
室内污染物	10.3%	吸烟	2.0%
不良的温度控制	4.4%	不明原因	10.9%

因此，可见要想更好地改善室内空气质量，关键是完善通风空调系统和消除室内、室外空气污染物。从影响室内空气质量的主要因素及其相互间关系出发，提出了改善室内空气品质的具体措施。

（一）污染源控制

众所周知，消除或减少室内污染源是改善室内空气质量，提高舒适性的最经济最有效的途径。从理论上讲，用无污染或低污染的材料取代高污染材料，避免或减少室内空气污染物产生的设计和维护方案，是最理想的室内空气污染控制方法。对已经存在的室内空气污染源，应在摸清污染源特性及其对室内环境的影响方式的基础上，采用撤出室内，封闭或隔离等措施，防止散发的污染物进入室内环境：如现代化大楼最常见的是挥发性的有机物（VOC），以及复印机和激光打印机发生的臭氧和其他的刺激性气味的污染。其控制方法可采用隔离控制、压差控制和过滤、吸附及吸收处理等；对建筑物污染源的控制，会受到投资、工程进度技术水平等多方面因素的限制。根据相关数据确定被检查材料、产品、家具是否可以采用，或仅在特定的场合下可以采用。有些材料也可以仅在施工过程中临时采用，对于不能使用的材料、产品可以采取"谨慎回避"的办法。因此要注重建筑材料的选用，使用环保型建筑材料，并使有害物充分挥发后再使用。

微生物滋长是需要水分和营养源，降低微生物污染的最有效手段是控制尘埃和湿度。对于微生物可以通过下列技术设计进行控制：将有助于微生物生长的材料（如管道保温隔音材料）等进行密封。对施工中受潮的易滋生微生物的材料进行清除更换，减少空调系统的潮湿面积；建筑物使用前用空气真空除尘设备清除管道井和饰面材料的灰尘和垃圾，尽量减少尘埃污染和微生物污染。

室内空气异味是"可感受的室内空气质量"的主要因素。因此要控制异味的来源，需减少室内低浓度污染源，减少吸烟和室内燃烧过程，减少各种气雾剂、化妆品的使用等在污染源比较集中的地域或房间，采用局部排风或过滤吸附的方法，防止污染源的扩散。

（二）空调系统设计的改进措施

空调系统设计人员在设计一开始就应该认真考虑室内空气质量，为此还要考虑到系统今后如何运行管理和维护。要使设计人员认同这是他们的责任，许多运行管理和维护的症结问题往往出自原设计。

新风量与室内空气质量之间有密切联系，新风量是否充足对室内空气质量影响很大提高了入室新风量目的是将室外新鲜空气送入室内稀释室内有害物质，并将室内污染物排到室外。在抗"非典"中，十分强调开窗通风，实质上就是用这个办法改善室内空气质量。但需注意的是室外空气也可能是室内污染物的重要来源。由于大气污染日趋严重，室外大气的尘、菌、有害气体等污染物的浓度并不低于室内，盲目引入新风量，可能带来新的污染采用新风的前提条件为室外空气质量好于室内空气质量。否则，增大新风量只会增大新风负荷，使运行费用急剧上升，对改善室内空气品质毫无意义。

通过通风系统，在室内引入新鲜空气，除了能够稀释室内的污染源以外，还能够将污染空气带出室外。为了保证新风系统能够消除新风在处理、传递和扩散污染，需要做到以下几点：首先要选择合理的新风系统，对室内空气进行过滤处理，这就需要进行粗效过滤；其次是要将新风直接引入室内，从而能够降低新风年龄，减少污染路径。在室内的新风年龄越小，其污染路径越短，室内的新风品质越来越好，从而对人体健康越有利。同样，空调技术也会对室内空气造成污染，采用新型空调技术，可以提高工作区的新风品质《同样，可以缩短空气路径，因此可以将整个室内的转变为室内局部通风，专门提高人工作区附近的空气质量，从而能够提高室内通风的有效性。此外，还可以采用空气监测系统，增加室内的新鲜空气量和循环气量，从而维持室内的空气品质。

（三）改进送风方式和气流组织

室内外的空气质量是相互影响的，置换通风送风方式在空调建筑中使用比较普遍以传统的混合送风方式相比较，基于空气的推移排代原理，将室内空气有一端进入而又从另一端的将污浊空气排出。这种方式，可以将空气从房间地板送入，依靠热空气较轻的原理，使得新鲜空气受到较小的扰动，经过工作区，带走室内比较污浊的空气和余热等。上升的空气从室内的上部通过回风口排出。

此时，室内空气温度成分层分布，使得污染也是成竖向梯度分布，能够保持工作区的洁净和热舒适性。但是目前置换通风也存在着一定的问题。人体周围温度较高，气流上升将下部的空气带入呼吸区，同时将污染导入工作层，降低了空气的清新度。采用地板送风的方式，当空气较低且风速较大时，容易引起人体的局部不适。通过CFD技术，建立合适的数学物理模型，研究通风口的设置与风速大小对人体舒适度的影响，能够有效地节约成本，因此目前已经研究置换通风的新方法。图5为室内通风方式对室内温度的研究分析。此外，可以通过计算流体力学的方法，模拟分析室内空调气流组织形式，只要通过选择合适的数学、物流模型，因此可以通过计算流体力学方法计算室内各点的温度、相对湿度、空气流动速度，进而可以提高室内换气速度和换气速率；同时，还可以通过数值模拟的方法计算室内的空气龄，进而判断室内空气的新鲜程度，从而优化设计方案，合理营造室内气流组织通过上述分析，改善与调节室内通风，提高室内的自然通风，是一项较为科学经济有效的方法。

4. 新风空调系统的改进措施

空调系统的改进主要包括空调设备的选择以及通风管道系统的设计与安装，从而能够减少室内灰尘和微生物对空气的污染。在安装通风管道时要特别注意静压箱和管件设备的选择，从而保证室内的相对湿度能够处于正常水平，以减缓灰尘和微生物的滋生，美国暖通空调学会的标准对室内的空调系统的改进进行了特别的说明。同时要求控制通风盘管的风速，进行押水设计，一般地要求空调带水量为1.148以内，从而能够确保空调带水量能够在空气流通路径中被完全吸收，从而减少对下游管道的污染。此外，对于除湿盘管，要设计有一定的坡度并保证其封闭性，从而在各种情况下可以实现集水作用，还要求系统能够在3分钟之内迅速排出凝水，在空调停止工作之后，能够保证通风，直至凝结水完全排出；

针对由于人类活动和设备所产生的热量超过设计的容量，产生的环境及空气问题往往在建筑设计中通过以下的措施来解决：①在人员比较密集的空间，安装二氧化碳及VOC等传感装置，实时监测室内空气质量，当空气质量达不到设定标准时，触动报警开关，从而接通入风口开关，增大进风量。②在油烟较多的环境中，加装排油通风管道。③其他的优化措施还包括：有效率合理的利用各等级空气过滤装置，防止处理设备在热湿情况下的交叉污染；在通风装置的出风口处加装杀菌装置；并对回收气体合理化处理再利用。

第四章
绿色建筑设计的技术路线

第一节 绿色建筑围护结构设计

建筑围护结构热工性能的优劣，是直接影响建筑使用能耗大小的重要因素。我国各地的气候差异很大，建筑围护结构应与建筑所处气候环境相适应。墙体的保温隔热应根据具体的气候环境，加以考虑。

一、外墙体节能技术

在建筑中，外围护结构的传热损耗较大，而且在外围护结构中墙体所占份额又较大；所以，墙材改革与墙体节能技术的发展是绿色连筑技术的一个重要环节，发展外墙保温技术与节能材料又是建筑节能的主要实现方式。

外墙保温技术一般按保温层所在的位置分为外墙外保温、外墙内保温、外墙夹心保温、单一墙体保温和建筑幕墙保温等 5 种做法。

（一）外墙材料

我国过去在建筑的建造中长期以实心黏土砖为主要墙体材料，用增加外墙砌筑厚度来满足保温要求。这对能源和土地资源是一种严重的浪费。一般的单一墙体材料往往又难以同时满足承重和保温隔热要求，因而在节能的前提下，应进一步推广节能墙材、节能砌块墙及其复合保温墙体技术。

（二）外墙外保温

所谓外墙外保温，是指在外墙的外侧粘贴保温层，再做饰面层。该外墙可以用砖石、各种节能砖或者混凝土等材料建造。外墙保温做法可用于新建墙体，也可用于既有建筑的节能改造。外墙外保温做法，能有效地抑制外墙和室外的热交换，是目前较为成熟的节能技术措施。外墙外保温技术的优点如下：①由于构造形式的合理性，它能使主体结构所受的温差作用大幅度下降，温度变化减小；对结构墙体起到保护作用，并能有效消除或减弱部分"热桥"的影响，有利于结构寿命的延长；②由于采用外墙外贴面保温形式，墙体内侧的热稳定性也随之增大，当室内空气温度上升或下降时，墙体内侧能吸收或释放较多的热量，有利于保持室温的稳定，从而使室内热环境得到改善；③有利于提高墙体的防水性和气密性；④便于对既有建筑物的节能改造；⑤避免室内二次装修对保温层的破坏；⑥不占室内使用面积，与外墙内保温相比，每户使用面积约增加 $1.3\sim1.8m^2$。

目前，外墙外保温已成为墙体保温的主要形式，该技术成熟，应用广泛。模塑型和挤塑型聚苯乙烯泡沫塑料板、聚氨酯板等保温材料已得到广泛应用，其他如加气混凝土、保温砂浆、保温砌块、节能砖等都有了很大发展。另外，现场喷涂和浇注保温材料技术以及预制保温装饰一体化技术也在外墙外保温中得以应用。

（三）外墙内保温

外墙内保温，是将保温材料用在外墙的内侧，它的优点在于：对饰面和保温材料的防水和耐候性等技术的要求不高，施工简便，造价相对较低，而且施工技术及检验标准比较完善。

外墙内保温的缺点：①如果采用内保温做法会使内、外墙体分别处于两个温度场，建筑物结构受热应力影响较大，结构寿命缩短，保温层易出现裂缝等；②内保温难以避免热桥，使墙体的保温性能有所降低，在热桥部位的外墙内表面容易产生结露、潮湿甚至霉变现象；③采用内保温，占用室内使用面积，不便于用户二次装修和墙上吊挂饰物；④在既有建筑进行内保温节能改造时，对居民日常生活干扰较大；⑤ XPS 板、KPS 板和 PU 均属于有机材料与可燃性材料，故在室内墙上使用将受到限制；⑥在严寒和寒冷地区，处理不当，在实墙和保温层的交界面容易出现水蒸气冷凝。

（四）外墙夹心保温

夹心保温外墙一般以 240mm 砖墙为外侧墙，以 120mm 砖墙为内侧墙，内外之间留有空腔，边砌墙边填充保温材料内外侧墙也可采用混凝土空心砌块，做法为内侧墙 190mm 厚混凝土空心砌块，外侧墙 90mm 厚混凝土空心砌块，两则墙的空腹中同样填充保温材料。保温材料的选择有聚苯板（EPS 板）、挤塑聚苯板（XPS 板）、岩棉、散装或袋装膨胀珍珠岩等。两侧墙之间可采用砖拉接或钢筋拉接，并设钢筋混凝土构造柱和圈梁连接内外侧墙夹心保温墙对施工季节和施工条件的要求不高，不影响冬季施工。

夹心保温墙多用于寒冷地区和严寒地区，夏热冬冷和夏热冬暖地区可适当选用。夹心保温砌块一般在低层和多层承重墙体中使用，对框架和高层剪力墙系统仅用作填充墙材料。夹

心保温墙的缺点是施工工艺较复杂，特殊部位的构造较难处理，容易形成冷桥，保温节能效率较低。

（五）自保温墙体

墙体自保温体系是以混凝土空心砌块、蒸压砂加气混凝土、陶粒加气砌块等与保温隔热材料合为一体，能够起到自保温隔热作用（图 6.12，图 6.13）。其特点是保温隔热材料填充在砌块的空心部分，使混凝土空心砌块具有保温隔热的功能。由于砌块强度的限制，自保温墙体一般用作低层、多层承重外墙或高层建筑、框架结构的填充外墙。

（六）建筑幕墙保温

目前，国内很多既有和新建公共建筑大量应用建筑幕墙，但建筑幕墙的保温性能较为薄弱，应在设计中采取相应的保温措施。我国 2005 年开始实施的《公共建筑节能设计标准》（GB50189—2005）把非透明幕墙和透明幕墙的热工设计要求分别纳入外墙和外窗中，非透明幕墙的传热系数应达到常规外墙的指标，透明幕墙应根据窗墙面积比，满足于外窗相同的传热系数和遮阳系数指标 ®。

1. 非透明幕墙的保温

非透明幕墙包括石材幕墙、金属幕墙和人造板材幕墙等。在构造上，主体结构和幕墙板之间都有一定距离，因此，其节能可以通过在幕墙板和主体结构之间的空气间层中设置保温层来实现。另外，也可以通过改善幕墙板材料的保温性能来实现，如在幕墙板的内部设置保温材料，或者选用幕墙保温复合板新建建筑中，不建议采用内保温的方式将保温层设置在主体结构内侧以免占用室内空间。

非透明幕墙具体的保温做法依保温层的位置不同而主要分为三种：

（1）将保温层设置在主体结构的外侧表面，类同于外墙外保温做法。可选用普通外墙外保温的做法，保温材料可采用挤塑聚苯板（XPS 聲生板）、膨胀聚苯板（EPS）、半硬质矿（岩）棉和泡沫玻璃保温板等。保温板与主体结构的连接固定可采用粘贴或机械锚固，护面层的作用仅用于防潮、防老化，并有利于防火其应用厚度可根据地区的建筑节能要求和材料的导热系数计算值通过外墙的传热系数计算确定。

（2）在幕墙板与主体结构之间的空气层中设置保温材料。在水平和垂直方向有横向分隔的情况时，保温材料可钉挂在空气间层中。这种做法的优点是可使外墙中增加一个空气间层，提高了墙体热阻，保温材料多为玻璃棉板。

（3）在幕墙板内部填充保温材料。保温材料可选用密度较小的挤塑聚苯板或膨胀聚苯板，或密度较小的无机保温板。这种做法要注意保温层与主体结构外表面有较大的空气层，应该在每层都做好封闭措施。

另外，目前开发应用了各冲幕墙保温复合板，即在幕墙板内部置入保温芯材，如聚苯板（EPS）、挤塑聚苯板（XPS）、矿（岩）棉、玻璃棉或聚氨酯，以获得泪应的热阻。

2. 透明幕墙的保温

透明幕墙主要是玻璃幕墙。普通的玻璃幕墙一般为单层，保温性能主要与幕墙的材料相

关，选择热工性能好的玻璃和框材并提高材料之间的密闭性能是节能的关键。这类似于门窗洞口的节能技术，在后文门窗节能技术中详细介绍。另外，还可通过双（多）层结构体系和遮阳体系等做法来实现透明幕墙的节能。

双层玻璃幕墙也叫通风式幕墙、可呼吸式幕墙或热通道幕墙等，由内、外两层玻璃幕墙组成，两层幕墙中间形成一个空气间层，有利用机械通风的"封闭式内循环体系"和利用自然通风的"敞开式外循环体系"两种类型。基本的节能原理是在夏季，利用空气间层的烟囱效应，通过自然通风换气以降低室内温度；在冬季，将通道上下关闭，在阳光照射下产生温室效应，提高保温效果。

一般两层幕墙之间的通道宽度在500mm左右，高度最好不低于4m，以免烟囱效应不明显，影响自然通风。但是也不用整个幕墙作为一个通道，在高层建筑中可以两层或三层为一组，分组通风。

二、屋面节能技术

在建筑围护结构中，随着建筑层数的增加，屋顶所占面积比例减少。因此，加强屋顶保温及隔热对建筑造价影响不大，但屋顶保温能有效改善顶层房间的室内热环境，而且节能效益也很明显。屋面有多种形式，常用的屋面分为平屋面和坡屋面两种形式，平屋面又分为上人屋面和不上人屋面，屋面隔热保温及防水做法有倒置式屋面和架空屋面等。在坡屋面下应铺设轻质高效保温材料；平屋面可以考虑采用挤塑聚苯板与加气混凝土复合，有利于保温层厚度减小，屋盖自重减轻；上人屋面和倒置式屋面可在防水层上铺设挤塑聚苯板的保温做法 ®。

（一）传统保温平屋面

传统平屋面的一般做法是将保温层放在屋面防水层之下、结构层以上，形成多种材料和构造层次结合的保温做法，其构造层次如图4-1所示。

（二）倒置式保温屋面

倒置式屋面与传统屋面相对而言，传统的屋面构造把防水层置于整个屋面的最外层，而倒置式保温屋面是把保温层放在防水层之上，并采用憎水性的保温材料，如挤塑聚苯板和硬质聚氨酯泡沫塑料板等。

硬质聚氨酯泡沫塑料板导热系数小，约为

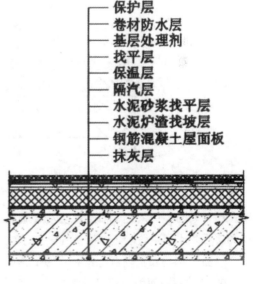

图 4-1　传统保温屋平面

0.03W/（m·K），是目前保温性能较好的材料之一，而且密度以控制，施工方便，既可现场发泡生成，亦可做成预制板材进行现场粘贴，并做好板缝之间的防水处理。

倒置式屋面在施工中应选甲挤塑聚苯板或聚氨酯现场发泡屋面做法，而不可使用普通的模塑聚苯板。

该屋面优点是工艺简单，施工方便，保温和防水性好，不需设排气孔，抗老化性能好。

（三）屋面绿化

屋面绿化是一种融建筑艺术和绿化为一体的现代技术，它使建筑物的空间潜能与绿化植物多种效益得到结合，是城市绿化发展的新领域。城市建筑实行屋面绿化，可以大幅度降低建筑能耗，减少温室气体的排放，同时可增加建筑的绿地面积，既美观，又可改善城市气候环境。研究表明，屋面绿化能显著降低城市热岛效应，改善顶层房间室内热环境，降低能耗平屋面种植屋面的构造是在屋面结构层上依次进行水泥砂浆找平、做防水层、保温层、砾石层（或专用塑料排疏板）、保湿种植土层和种植绿化植物（图 4-2）。

坡屋面绿化保温隔热性能效果会更好些。夏季绿化屋面与普通隔热屋面比较，室内温度相比要差 2.6℃因此，屋面绿化作为夏季隔热措施有着显著效果，可以节省大量的空调用电量。

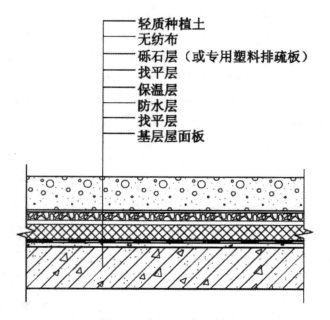

图 4-2　种植屋面构造做法

另外，屋面在其建筑表面用植物覆盖可以减轻阳光曝晒引起的材料热胀冷缩，保护建筑防水层；同时屋面绿化也对刚性防水层避免干缩开裂、缓解屋面热胀冷缩影响，对柔性防水层和涂膜防水层减缓老化、延长寿命十分有利。

屋面结构均布活荷载标准值在 3.0 kN/m² 上的屋面可做地被式绿化，均布活荷载标准值在 5.0kN/m² 的屋面可做复层绿化，对大灌木、乔木绿化应根据具体实际情况，采用相应的荷载标准值。屋面绿化布局应与屋面结构相适应，采用结构找坡，分散荷载，控制栽植槽高度；宜采用人造土、泥炭土、腐蚀土等轻型栽培基质；复层栽植时，宜只提高乔灌木的基质厚度，栽植较高乔木的部位，结构应采用特殊的加强措施，满足荷载力的要求。绿化屋面的结构形

式要合理、安全，要满足建筑防水技术要求及现行建筑节能规范要求。屋面植物配置以浅根系的植物品种为宜，如草坪中的佛甲草，小灌木中的黄杨、沙地柏，花灌木中的月季等，要求耐热、抗风和耐旱。

（四）蓄水屋面

蓄水屋面就是在刚性防水屋面的防水层上蓄水深度 0.3~0.5m。其目的是利用水蒸发时，能带走大量水层中的热量，消耗屋面的太阳辐射得热，从而有效地减弱屋面向室内的传热量并降低屋面温度。

经实测，深蓄水屋面的顶层住户夏日室内温度，比普通屋面的顶层住户要低 2℃ ~5℃。因此，蓄水屋面是一种较好的屋面隔热措施，也是改善屋面热工性能的有效途径，有利于节能。同时，还可以避免屋面板由于温度变化引起的胀缩裂缝，可提高屋面的防水性能，增大了整个屋面的热阻和温度的衰减倍数，从而降低屋面内表面的温度由于上述优点，蓄水屋面现已被大面积的推广采用。这其中蓄水屋面除增加结构的荷载外，还要做好屋面的防水构造，控制水深，减少屋面荷载。

（五）架空屋面

架空屋面在夏热冬冷地区和夏热冬暖地区用得较多，架空通风隔热间层设于屋面防水层之上，架空层内的空气可以自由流通。其隔热原理是：一方面利用架空板遮挡阳光，另一方面利用风压将架空层内被加热的空气不断排走，从而达到降低屋面内表层温度的目的。

（六）浅色坡屋面

平屋面和坡屋面是目前用得较多的两种形式。在太阳辐射最强的中午时间，深暗色平屋面仅反射 30% 的日照，而非金属浅色的坡屋面至少能反射 65% 的日照。据有关资料提供，反射率高的屋面大约节省 20% ~ 30% 的能源消耗。美国环境保护署（EPA）和佛罗里达太阳能中心 Florida Solar Energy Center 的研究表明，使用聚氯乙烯膜或其他单层材料制成的反光屋面，能减少 50% 以上的空调能源消耗弋在夏季高温酷暑季节节能减少 10%~15%。因此，平屋面的隔热效果不如坡屋面。但坡屋顶若设计构造不合理、施工质量不好，可能出现渗漏现象。

三、门窗节能技术

门窗是建筑围护结构的重要组成部分，尽管门窗的面积只占建筑外围护结构面积的 1/3~1/5 左右，但传热损失约占建筑外围护结构热损失的 40% 左右。窗户是室内外热交换最薄弱的环节。另外，门窗的保温性和气密性对采暖能耗有重大影响，新型的节能门窗，在满足室内足够的采光、通风和视觉要求之外，还要满足隔热保温性能，即冬天能保温，减少室内热量的流失；夏天能隔热，防止室内温度过高。

门窗节能的好坏与所采用的门窗材料有关。外门应选用隔热保温门。外窗也应选用具有保温隔热性能的窗，如中空玻璃窗、真空玻璃窗和低辐射玻璃窗等；窗框的型材主要选用断热铝合金、塑钢和铝木复合等增强外门窗的保温隔热性能，是改善室内热环境质量和提高建筑节能水平的重要环节。

（一）门窗框的材料

门窗框一般占窗面积 20%~30%，门窗框型材的热工性能和断面形式是影响门窗保温性能的重要因素之一。框是门窗的支撑体系，由金属型材、非金属型材和复合型材加工而成。金属与非金属的热工特性差别很大，应优先选用热阻大的型材。从保温角度看，型材断面最好设计为多腔框体，因为型材内的多道腔壁对通过的热流起到多重阻隔作用，特别是辐射传热强度随腔数量增加而成倍减少。但对于金属型材（如铝型材），虽然也是多腔，但保温性能的提高并不理想。为了减少金属框的传热，可采用铝窗框作断桥处理，并采用导热性能低的密封条等措施，以降低窗框的传热，提高窗的密封性能（图 6.29）。

（二）门窗的玻璃材料

外窗透明部分可选择主要有中空玻璃、真空玻璃和 Low-E 玻璃等，其中 Low-E 玻璃的镀膜对阳光和室内物体所受辐射的热射线起到有效阻挡，因而，使夏季室内凉爽，冬季则室内温暖，总体节能效果明显。

1. 中空玻璃

中空玻璃由两片或多片玻璃组合而成，玻璃与玻璃之间的空间和外界用密封胶隔绝，使玻璃层间形成有干燥气体空间的构件，由于中间不对流的气体可阻断热传导的通道，从而限制了玻璃的温差传热，因此中空玻璃可有效地降低玻璃的传热系数，达到节能的目的。

中空玻璃单片玻璃 4~6mm 厚，中间空气层的厚度一般以 12~16mm 为宜。在玻璃间层内填充导热性能低的气体，因而能极大地提高中空玻璃的热阻性能，控制窗户失热，以降低整窗的传热系数值，而且窗户看上去更清晰、明亮。中空玻璃的特点是传热系数较低，与普通玻璃相比，其传热系数至少可以降低 50%，所以中空玻璃目前是一和比较理想的节能玻璃。

2. 热反射镀膜中空玻璃

它是在玻璃表面镀上一层或多层金、非金属及其氧化物薄膜，使其具有一定的反射效果，能将太阳辐射反射回大气中而达到阻挡太阳辐射进入室内的目的，从而降低玻璃的遮阳系数 Sc。热反射玻璃的透过率要小于普通玻璃，6mm 厚的热反射镀膜玻璃遮挡住的太阳能比同样厚度的透明玻璃高出一倍 1 所以，在夏季白天和光照强的地区，热反射玻璃的隔热作用十分明显，能有效限制进入室内的太阳辐射。

3. Low-E 玻璃

Low-E 玻璃又称低辐射镀膜玻璃，是利用真空沉积等技术，在玻璃表面沉积一层低辐射涂层，一般由若干金属或金属氧化物和衬底层组成，因其所镀的膜层具有极低的表面辐射率而得名。

与热反射镀膜玻璃一样，Low-E 玻璃的阳光遮挡效果也有多种选择，而且在同样可见光透过率情况下，它比热反射镀膜玻璃多阻隔太阳热辐射 30% 以上。与此同时，Low-E 玻璃具有很低的 U 值，故无论白天或夜晚，它同样可阻止室外大量的其他热量传入室内，或室内

的热量传到室外。

4. 真空玻璃

真空玻璃，是将两片平板玻璃四周密封起来，将其间隙抽成真空并密封排气其工原理与玻璃保温瓶的保温隔热原理相同。

标准真空玻璃夹层内的气压一般只有几帕，因此中间的真空层将传导和对流传递的热量降至很低，以至于可以忽略不计，因此这种玻璃具有比中空玻璃更好的隔热保温性能。标准真空玻璃的传热系数可降至 1.4W/（m²·K），是中空玻璃的 2 倍，但目前真空玻璃的价格是中空玻璃的 3 ~ 4 倍。

第二节　绿色建筑遮阳技术

建筑遮阳的目的是阻断阳光透过玻璃进入室内，防止阳光过分照射和加热建筑围护结构，防止眩光，以消除或缓解室内高温，降低空调的用电量。因此，针对不同朝向在建筑设计中采取适宜合理的遮阳措施是改善室内环境、降低空调能耗、提高节能效果的有效途径而且良好的遮阳构件和构造做法是反映建筑高技术和现代感的重要组成因素。从节能效果来讲，遮阳设计是不可缺少的一种适用技术，在夏季和冬季都有很好的节能和提高舒适性的效果特别是夏季，强烈的太阳辐射是高温热量之源，而遮阳是隔热最有效的手段。有相关资料表明，窗户遮阳所获得的节能收益为建筑能耗的 10%~24%，而用于遮阳的建筑投资则不足 2%。

一、现代建筑遮阳形式

随着经济的发展，建筑技术的日趋成熟，建筑遮阳呈技术化发展趋势，功能也呈复合化发展。具体表现为三个主要方向：①遮阳形式的表皮化；②遮阳功能的多样化；③遮阳与建筑一体化设计。

（一）遮阳形式的表皮化

随着科技的发展和生态环境保护意识的增强，建筑表皮不再是一个简单的内外空间分隔，其功能变得日趋复杂，它要行使诸如遮阳、采光、通风、保温、防潮、视觉阻隔、防火、隔声等功能，成为室内与室外空间的过滤器。一方面单层的建筑表皮在 0 前的技术水平下很难同时满足这些复杂的情况和要求，将建筑表皮按照不同功能等级分成不同的功能层，成为多层建筑表皮系统，就可以较好地行使这些功能另一方面，对开放的空间和开阔外部视野的追求，使得建筑表皮上的窗洞越开越大或者形成大面积的玻璃幕墙。玻璃建筑将室内外空间融为一体，使人们充分感受自然景观、自然光线的同时，也带来建筑内部空间的采暖和制冷能耗提高的隐患。为减少玻璃幕墙热损失和光污染，当前有效的办法是增加建筑表皮上可调节遮阳设施的面积，甚至满布于整个建筑表皮，成为多层表皮系统中的可调节表皮层。依据遮阳层在表皮系统中的位置可分为三类：建筑外遮阳、建筑内遮阳和建筑中间遮阳气

1. 外遮阳表皮层

可调节遮阳表皮层位于其他表皮层的最外部，是最常见的组合方法，按遮阳构件形状分为水平式、垂直式、综合式等几种常见形式，构成外遮阳层。其优点是太阳能辐射在遮阳层上所产生的热量停留在建筑的外部，散热性能好；其缺点是对遮阳层的清洁、保养和维护较难。北欧五国驻柏林的大使馆玻璃墙外安装了绿色的可自动调节的铜制水平遮阳板，形成一个带流线型的、动态的外遮阳表皮。外遮阳覆盖了大部分的立面，遮阳板可根据需要进行调节。又如北京清华大学低能耗示范楼立面上的遮阳板，也可自动调节。

北欧五国驻柏林大使馆的建筑遮阳技术

2. 内遮阳表皮层

将可调节遮阳层置于建筑表皮内侧，其缺点是：由于太阳辐射产生的热量留在室内，其隔热的效率不高，但因构件位于室内，便于维护和清洁。多米 E 克·佩罗在设计法国国家图书馆时，将垂直旋转的遮阳木板固定于距内表面后 90cm 处，构成内遮阳表皮。通过旋转竖向遮阳木板形成不同角度，调节进入房间内的光线大小，既避免太阳能辐射对书的损坏，又能在满足必要的自然采光要求的同时不断变化遮阳木板角度，为巨大的玻璃体量带来新的活力。

3. 中间遮阳双层表皮

目前，较为广泛运用的双层表皮常将遮阳层置于建筑的两个表皮层之间，双层玻璃间形成的空气层与可调节遮阳层共同作用，满足建筑的遮阳、自然通风和自然采光要求。在双层表皮结构中，遮阳体被置于外层表皮和内层表皮之间，被外层的玻璃保护起来，免遭风雨的侵蚀，起到遮阳和热反射的作用。因此位于表皮中间的遮阳层既具有类似外遮阳的节能性，又比外遮阳多了一个容易清洁维护的优点。

（二）遮阳功能的多样化

当前作为可调节遮阳层或建筑表皮上的可调节遮阳构件，其功能已超越了遮挡太阳辐射这单一的功能向多功能发展，成为具有多功能的综合装置，即在遮阳的同时还能起到其他的作用，如引导自然光、产生电能、促进自然通风、隔绝外界噪声、防尘土、安全防护等。目前主要的有导光遮阳板的应用，遮阳与发电载体的结合，还有多功能材料的开发与运用。

1. 导光遮阳板

遮阳层（构件）虽然能阻绝太阳辐射热的侵入，但也可能影响室内的自然采光，甚至造成

人们在心理或视野上的障碍，因此在遮阳设计时，要避免遮阳板（片）对所需光线或视线的遮挡。可以将遮阳板（片）向阳部分做成具有反射能力的光面，通过一定的物理折射方式，使其在遮挡光线的同时又能按需要折射太阳光线至室内的深处，照亮内部空间，避免眩光的产生。

托马斯·赫尔佐格（Thomas Herzog）设计的建筑工业养老基金会扩建工程，很好地体现了建筑遮阳的导光与遮阳的双重功能。这一组办公建筑的功能相对简单，但是体现了高效的能源利用，减少不可再生能源的能耗。作为办公建筑，一个突出的能耗就在采光照明上。为了尽可能利用自然光线进行照明，建筑的南北立面分别设计了不同的自然光线利用系统，可根据不同的季节、气候条件、一天内不同时段等进行自动调节。南侧由于直射阳光会造成室内眩光问题，需要考虑两方面：一是如何有效遮挡强烈的太阳直射光；二是如何将太阳光放射到建筑深处。最终的设计是一组两个联动的镰刀形遮阳构件，镰刀形构件上有反光板，设计得非常巧妙。两个镰刀由连轴各自固定在支撑杆件上，能够自由活动，连轴动力是电控马达。上面的"镰刀"略大，是遮阳的主要构件。当中午的光线过于强烈的时候，马达能够驱"大镰刀"呈向上的竖直状态，而"小镰刀"则呈迎向太阳的态势。当光线不足时，马达又能驱动"大镰刀"与"小镰刀"折叠呈水平状。此时，构件本身遮阳效果减少到最少，将太阳光线反射到天花板。完全做到在有效遮挡太阳直射光的同时，最大限度地利用太阳光。由于德国阴天较多，因此在利用"镰刀"形构件的同时，在窗户内部设置了人工照明系统，模拟最佳的天光照明效果，利用反光板将灯光反射到天花板。在建筑北侧，天光光源是首选，建筑师在建筑的北侧也设计了简易的固定反光系统。

2. 多功能材料

随着科学技术的发展，具有特殊性能的遮阳材料不断出现3如利用具有控制阳光特性的夹层玻璃做遮阳构件，不仅可以减少阳光穿透的能量，还可以减弱使人眩目的太阳可见光，在反射大部分太阳辐射热的同时却能让漫射光穿过玻璃遮阳板，使得透明遮阳成为可能。建筑师佐伦·皮阿诺在设计法国里昂国际城时，用高性能夹层玻璃构成的可调节水平遮阳板覆盖建筑的南面，在夏季，不断调节角度的玻璃遮阳板在遮阳的同时，也起到引导自然通风的作用；在冬季玻璃遮阳板关闭，起到调节气温的功能：传统的可调节遮阳主要通过机械运动来实现遮阳，现在利用化学运动调节遮阳已成为可能，电致变色玻璃和光致变色玻璃等新产品都属于此类。当在光线不强时又完全恢复透明的状态，达到最大透光率。

（三）遮阳构件与建筑的一体化设计

遮阳构件是建筑功能与艺术和技术的结合体，精心设计的遮阳构件一方面具有完善的遮阳功能，另一方面具有令人赏心悦目的心理功效。如今很多建筑师都十分注重建筑遮阳美学与功能的结合，将遮阳与建筑一体化设计。在设计的过程当中，打破建筑各功能构件框架、采光口、屋顶、阳台、外廊和墙面的界限，将遮阳作为建筑的有机部分进行综合设计，使遮阳构件与建筑浑然天成。

整体遮阳与传统的针对采光口的遮阳形式相比较，二者各有利弊：

（1)对于办公建筑而言,整体遮阳有利于控制建筑立面的整体效果以及智能化整体控制,节能效果明显；但对于住宅类等建筑而言.整体遮阳不利于根据需要灵活控制，因此更适合

单独控制的针对门、窗、阳台或者走廊等的易于单独操控的遮阳系统

（2）对于玻璃幕墙建筑而，整体遮阳往往采用双层表皮，形成空气间层，起到热缓冲的作用，进一步达到隔热的效果。

（3）整体遮阳会对建筑的采光、通风有一定的影响。因此，在设计过程中，要考虑对采光、通风的控制。而单独控制的遮阳系统由于具有灵活性的特点，这方面受到的影响较小。

以上提到的两种遮阳系统那有利弊，设计师根据不同的需要进行选择，以达到实用和节能的平衡。可调节遮阳形式的表皮化和遮阳功能的多样化丰富了可调节遮阳的内涵。需重新审视可调节遮阳的基本概念，可调节遮阳是指那些改变自身位置、形状、密度、颜色或结构的建筑表皮或建筑表皮上的装置，其目的是增加或衰减、拒绝或诱导．转化或贮存建筑表皮的外部气候资源（太阳能、光、自然风等），为建筑内部空间提供良好的气候环境。而今，可调节遮阳表皮层（构件）正与其他建筑表皮层组合，形成多层的建筑表皮，试图消除人工环境与自然环境的界限，回应我们当今社会对生态环境的关注，并以动态的建筑表皮回应当今多元的、不断变化的时代。

二、建筑遮阳基本形式选择与比较

遮阳设施的材料、位置、陶成将影响遮阳效果，有的场合会因为遮阳设计不当而带来无法改变的缺陷而形成遗憾。因此，建筑师只有熟知遮阳的形式、构成、特性及其使用范围等，才能在设计中合理选用。

遮阳种类繁多，按照不同的角度可以做不同的分类。从遮阳发展历程角度来看，包括绿化、屋檐、院子等都具有遮阳的作用，属于广义上的遮阳。一般这些建筑遮阳形式更多地从建筑设计的角度应用，对于其遮阳效果的判定和分析并没有具体的计算方法与步骤而且查阅国家相关规范和标准《公共建筑节能设计标准》（GB50189—2005）、《国家建筑设计标准图集》、《全国民用建筑工程技术措施节能专篇》等，只对建筑外遮阳的形式、材料、特征和遮阳系数的确定与计算等做了相关的规定和说明。因此，本节主要针对采光窗洞的狭义的遮阳，对其基本形式和作用做详细的介绍和阐述。

（一）遮阳的基本形式与选择

遮阳按构件相对于窗口的位置分析，通常遮阳可以分为外遮阳、内遮阳、玻璃自遮阳和绿化遮阳。而外遮阳按遮阳构件的形状可分为五种：水平式、垂直式、综合式、挡板式和百叶式；按照遮阳的可控性又分为固定遮阳和可调节遮阳两类。

1. 建筑内遮阳

内遮阳是建筑外围护结构内侧的遮阳。内遮阳因其安装、使用和维护保养都十分方便而应用普遍。内遮阳的形式和材料很多，包括百褶帘、百叶帘、卷帘、垂直帘、风琴帘多种款式，有布、木、铝合金等多种材质。用户可选择的样式很多。相比较而言，浅色的内遮阳卷帘的遮阳效果较好，因为浅色反射的热量多而吸收少。

但是，内遮阳的隔热效果不如外遮阳。内遮阳装置反射部分阳光，吸收部分阳光，透过部分阳光，而外遮阳只有透过的那部分阳光会直接到达窗玻璃外表面，只有部分可能形成冷

负荷。尽管内遮阳同样可以反射掉部分阳光,但吸收和透过的部分均变成了室内的冷负荷,只是对得热的峰值有所延迟和衰减。

当然,室内窗帘在实用功能上不仅出于遮阳的考虑,而且还有私密性的需要,即遮挡外来视线。而且窗帘还是改善室内空间品质的重要手段之一,因此在居住建筑中室外遮阳不可能完全代替室内窗帘。而办公建筑与居住建筑相比,从隐私性上来说,办公空间是一个半公开半私密的空间,窗帘等内遮阳设施就可以根据需要设置了。

事实上,很多情况下内遮阳和外遮阳是结合在一起的。这样结合内外遮阳的优点,既有很好的节能效果,又有很强的灵活性;既可以同时使用也可视不同情况分开使用。

2. 建筑外遮阳

建筑外遮阳是位于建筑围护结构外边的各种遮阳装置的统称。按遮阳构件形状分为水平式、垂直式、综合式、挡板式四种基本形式。

外遮阳能非常有效地减少建筑得热,但是效果与遮阳构造、材料、颜色等密切相关,同时也存在一定的缺陷。由于直接暴露于室外使用过程中容易积灰,而且不易清洗,日久其遮阳效果会变差(遮阳构件的反射系数减小,吸收系数增加)。并且外遮阳构件除了考虑自身的荷载之外,还要考虑风、雨、雪等荷载,由此带来腐蚀与老化问题

建筑外遮阳设置在墙体外则,因此对建筑外立面整体美观有一定的影响。在建筑方案设计时,遮阳设计宜同步进行,提高对外遮阳措施的重视程度,将遮阳构件与建筑选型结合起来考虑。

3. 玻璃自遮阳

玻璃自遮阳利用窗户玻璃自身的遮阳性能,阻断部分阳光进入室内。玻璃自身的遮阳性能对节能的影响很大,应该选择遮阳系数小的玻璃。遮阳性能好的玻璃常见的有吸热玻璃、热反射玻璃、低辐射玻璃。这几种玻璃的遮阳系数低,具有良好的遮阳效果。值得注意的是,前两种玻璃对采光有不同程度的影响,而低辐射玻璃的透光性能良好。此外,利用玻璃进行遮阳时,必须是关闭窗户的,会给房间的自然通风造成一定的影响,使滞留在室内的部分热量无法散发出去。所以,尽管玻璃自身的遮阳性能是值得肯定的,但是还必须配合百叶遮阳等措施,才能取长补短。

(二)建筑遮阳的作用与影响

建筑遮阳功能上的意义在于减少太阳辐射得热、避免产生眩光、改善夏季室内环境气候等,正是这些因素的相互作用而综合减少建筑的能耗。另外,建筑遮阳对现代建筑外观上富有光影美学效果,遮阳的应用是对建筑功能和审美的综合提升。

1. 降低太阳辐射得热

外围护结构的保温隔热性能受许多因素的影响,其中影响最大的指标就是遮阳系数。一般来说,遮阳系数受到材料本身特性和环境的控制。遮阳系数就是透过有遮阳措施的围护结构和没有遮阳措施的围护结构的太阳辐射热量的比值。遮阳系数愈小,透过外围护结构的太阳辐射热量愈小,防热效果愈好。由此可见,遮阳板对遮挡太阳辐射热的效果是相当大的,玻璃幕墙建筑设遮阳装置更是效果明显。

2. 调节室内温度

建筑遮阳对防止室内温度上升有明显作用，据资料表明，对房间实验观测表明：在闭窗的情况下，有、无遮阳，室温最大差值达 2℃，平均差值 1.4℃。而且有遮阳时，房间温度波幅值较小，室温出现最大值的时间延迟，室内温度场均匀。因此，遮阳对空调房间可减少冷负荷，对有空调的建筑来说，遮阳更是节约电能的主要措施之一。对以玻璃幕墙建筑来说，室外遮阳体系解决了由于大量的阳光照射所产生的明显的"温室效应"带来的增加能耗的问题。建筑外遮阳的使用，能够引导自然通风，调节室内小气候，减少空调的使用，从而减少耗电量。

3. 改善室内光环境

在不同季节，不同的时间段，人们在办公空间内对太阳光的需求是不一样的在早晚我们希望尽可能多地接受阳光的照射，减少日间人工照明。而在炎热的正午，我们则希望避开刺眼的阳光。另外，即使在同一时间段，不同的使用者、不同的使用功能对阳光的需求也不同，在建筑外立面保持相对固定的前提下，遮阳设施就可以成为具有充分灵活性的建筑要素，起到阳光调节器的作用，直接服务于办公者对于阳光的特定需求，为工作人员创造因人而异的光环境。

从天然采光的观点来看，遮阳措施会阻挡直射阳光，防止眩光，使室内照度分布比较均匀，有助于视觉的正常工作。对周围环境来说，遮阳可分散玻璃幕墙的玻璃（尤其是镀膜玻璃）的反射光，避免了大面积玻璃反光造成光污染。但是，中于遮阳措施有挡光作用，从而会降低室内照度，在阴雨天更为不利。实验表明，在一般遮阳条件下，室内照度可降低 20%~58%，其中水平和垂直遮阳板可降低照度 20%~40%，综合遮阳板降低 30%~50%。因此，在遮阳系统设计时要有充分的考虑，尽量满足室内天然采光的要求。从这点看，建筑采用可变化的遮阳系统比采用固定遮阳更加利于建筑采光，即能满足建筑夏季遮阳，同时在需要收起的时候亦可收起，满足室内采光等要求，使用灵活便捷。

4. 引导自然通风

遮阳设施对房间通风有一定的阻挡作用。在开启窗通风的情况下，室内的风速会减弱 22%~47%，但风速的减弱程度和风场流向与遮阳设施的构造情况和布置方式有关。在有风的条件下，遮阳板紧贴窗上口使室内气流向上运动，吹不到人的活动范围里，同时它对玻璃外表面上升的热空气有阻挡作用，不利散热但是因势利导地利用遮阳板的导风功能，可以起到改善室内风环境的作用。因此，在遮阳的构造设计时应加以注意。合理的遮阳设施通过减少空调用量，促进引导自然通风来改善人与自然界的交流与和谐共存，减少各种现代病的产生与传播，如建筑综合征等，还使用者以自然健康的建筑空间和物理环境。

第三节　绿色建筑通风与采光技术

一、绿色建筑的通风技术路线

风在古代人的观念中是组成世界的基本元素之一。很早以前人类就在实践中发展了各种方法来防止风带来的负面影响以及充分利用风来使自己的生活环境更为舒适，其实这也是动

物的本能之一，白蚁窝的自然通风系统都达到了惊人的完美程度。长久以来，风（即空气的流动）已经被广泛地用来使室内变得凉爽和舒适，可惜这方面很多的传统技术和方式在工业革命后被抛弃不再使用，但在环境问题日益严重和人与自然关系不断得到重视的今天，人们重新开始研究如何利用风——人类古老的朋友来取得降低能耗的效果，同时更大限度地使室内居住者和工作人员感到舒适并有益于健康。

（一）不同要求的通风方式

通风是指室内外空气交换，是建筑亲和室外环境的基本能力。通风的最大益处首先是建筑内部环境空气质量的改善。除了在污染非常严重以至于室外空气不能达到健康要求的地点，应该尽可能地使用通风来给室内提供新鲜空气，有效地减少"病态建筑综合征（SBS）"的发生。从通风要求上来区分，通风可以分为卫生通风和热舒适通风。卫生通风要求用室外的新鲜空气更新室内由于居住及生活过程而污染了的空气，使室内空气的清新度和洁净度达到卫生标准。从间隙通风的运行时间周期特点分析，当室外空气的温湿度超过室内热环境允许的空气温湿度时，按卫生通风要求限制通风；当室外空气温湿度低于室内空气所要求的热舒适温湿度时，强化通风，目的是降低围护结构的蓄热，此时的通风又叫热舒适通风。热舒适通风的作用是排除室内余热、余湿，使室内处于热舒适状态。当然，热舒适通风同时也排除室内空气污染物，保障室内空气品质起到卫生通风的作用。

（二）不同动力的通风与应用

1. 自然通风

动力主要来自于室内外空气温差形成的热力和室外风具有的压力。热力和风力一般都同时存在，但两者共同作用下的自然通风量并不一定比单一作用时大。协调好这两个动力是自然通风技术的难点。自然通风的益处是能减低对空调系统的依赖，从而节约空调能耗，正是由于自然通风具有不消耗商品能源的特性，因此受到了建筑节能和绿色建筑的特别推荐，但自然通风保障室内热舒适的可靠性和稳定性差，技术难度大。

在自然通风的使用方面，工程实际中存在简单粗糙、轻率放弃自然通风的现象：当局部空间自然通风达不到要求时，就整个空间、整栋建筑都放弃自然通风；当某个时段自然通风达不到要求时，就全年8760h都放弃自然通风。实际上，通过努力大多数时间和空间，自然通风是可以满足要求的。通常认为自然通风没有风机等动力系统，可以节省投资。实际上，有的工程为满足自然通风的要求，土建建造费用增加是非常显著的。当然，综合初投资、运行费、节能和环保，自然通风无疑是应该优先使用的。

2. 机械通风

机械通风依靠通风装置（风机）提供动力，消耗电能且有噪声。但机械通风的可靠性和稳定性好，技术难度小。因此在自然通风达不到要求的时间和空间，应该辅以机械通风。

3. 混合通风

当代建筑中最常用的是混合使用自然通风和机械通风。混合通风将自然通风和机械通风的优点结合起来，弥补两者的不足，达到可靠、稳定、节能和环保的要求。在很多情况下做

到在全年只利用自然通风就达到要求几乎是不可能的。尽可能地在能采用自然通风的时间和空间里使用好自然通风,在充分利用自然通风的同时也配置机械通风和空调系统。混合通风大致有如下四种方式:①从通风时间上讲,以自然通风为主,机械通风只是在需要的时候才作为辅助手段使用;②从通风空间上讲,根据建筑内各区的实际需要和实际条件,针对不同的区域采用不同的通风方式;③在同一时间、同一空间自然通风和机械通风同时使用;④自然通风系统和机械通风系统互相作为替换手段,例如在夜间使用自然通风来为建筑降温,白天则使用机械通风来满足使用需要。

(三)控制通风的核心思想

由于在不同的时间和空间,通风有其不同的正面和负面的作用。通风的作用是正面的还是负面的取决于室内外空气品质的相对高低。只有当室外空气的品质全面优于室内时,通风才能起到全面改善室内空气环境的正面作用;反之,如室外发生空气污染事件或室外空气热湿状态不及室内时,则需要杜绝或限制通风,如果此时进行通风,不仅使室内的热舒适性降低,而且消耗对新风处理的能量,则通风就起了负面的作用。

通风要分析思考以下问题:①此时此地是应该采用卫生通风,还是热舒适通风?通风量多大?②此时此地自然通风能否保障要求的通风量?③如能保证,自然通风系统应该怎样设计和运行?④若不能保证,机械通风应该怎样辅助自然通风,才能既保障要求的通风量,又尽可能地减少机械通风系统的规模和运行时间?

通过思考这些问题,可以归纳出控制通风的核心思想是:把握通风的规律,认清通风的作用,了解通风的需求,在各个时间和空间上正确采用通风方式,合理控制通风量,最大限度地发挥通风的正面作用,抑制负面影响。

(四)居住建筑的通风

住宅是人们生活的基地,是为人服务的,住宅可持续发展的主要内容,首先应是保证人们的身体健康。住宅的自然通风对保证室温热舒适要求、提高空气品质都是非常有利的,良好的自然通风能够有效利用室外清洁凉爽的空气,及时排出建筑室内的余热,可以降低夏季空调能耗,节能潜力非常显著。人们从心理上渴望保持良好的自然通风,亲近自然在人们对居住环境的要求中显得越来越重要。因此住宅进行合适的通风对人的健康是十分有利的。

住宅总体设计时就需要考虑好自然通风的问题。在住宅的平面设计方面,首先要组织好南北穿堂风,厨房和卫生间更要有良好的自然通风,储藏室也应有自然通风此外在城市规划和建筑设计中,还必须重视地域性气候特色。我国广大地区是温带,在春秋季的温度是很适合自然通风的。在设计中,住宅的排列要迎着主导风向开口。高层住宅的布局不要形成狭窄低端造成"风闸效应",影响两侧建筑的自然通风。要为建筑自身的自然通风创造良好的条件,而不能盲目地推行全住宅在所有的时间、空间内不可能全部进行自然通风,因此在这些时间和空间内需要通过机械通风来达到通风的要求,比如安装通风换气扇,住宅集中新风系统,等等。

对于绿色住宅的通风换气应注意以下一些问题:①建筑和通风设计应组织好室内气流,

室外新鲜空气应首先进入居室，然后到厨房、卫生间，避免厨房、卫生间的空气进入居室。②空调、采暖房间可设置通风换气扇，保证新风量要求③应使用带新风口或新风管的房间空调器及风机盘管等室内采暖空调设备、④夏、冬季尽量采用间歇机械通风方式夏季的早、晚和冬季温度较高的中午，应尽可能开窗进行自然通风换气。⑤在满足室内热舒适的情况下，合理采用混合通风，以减少能耗和提高室内空气质量。

（五）绿色建筑通风技术路线

不消耗能源而取得令人满意的通风效果，当然是最理想的结果，但这需要通过外部气候条件的配合和精心合理的建筑设计来实现。比较著名的例子如英国考文垂大学的兰开斯特楼，因为功能要求和用地条件的限制，建筑平面进深较大，利用外墙上的窗户形成穿堂风有一定的困难；而且周围道路上的交通噪音和尾气污染对建筑的影响也较大，因此建筑不得不采用全封闭的窗户。但是，建筑师在比较完整的平面上，除中庭外还设置了四个采光井，提供自然采光的同时作为通风井来将热空气抽出，同时将新鲜空气吸入楼板中的管道。进入室内的新鲜空气吸收热量后上升，然后采用外墙上的通风"烟囱"以及采光井排出。空气的排风口装设有特别设计的风帽，这些风帽能够保证各种室外条件下室内空气都能顺利排出，而不因为外界气压的变化将废气压回管道中。这些通风设施由 BEMS 控制系统控制，在夜间也能将空气吸入室内，带走热惰性材料如混凝土楼板等在白天吸收的热量。

对于通风生态化设计，可以将常见的生态式通风方式分成大循环、小循环、微循环三类。它们在不同层面上实现建筑生态化通风发挥各自的作用。这里提出的大循环，指的是从建筑物尺度上考虑的通风设计，主要表现为建筑造型上对通风的考虑。小循环，指的是从房间尺度上考虑的通风设计，主要表现为替换式通风等形式。在这种方式下，比室内气温约低的空气从地板下以很低的速率（一般 0.2m/S）提供。这些空气被使用者体温、计算机设备和照明光源加热，然后上升通过天花板或高窗排出，提供更好的空气质量和舒适程度，但并不是所有的空间都适合这样的方式，而且它也带来结构处理上的复杂性。微循环，指的是从建筑构件尺度上考虑的通风设计，主要表现为双层幕墙等形式。在新时代的建筑中，通风生态化设计正在被日益广泛地采用，它在不同尺度上把握建筑的形体、结构与构造，降低了能耗，提升了建筑内部空气环境质量，最大限度地改善建筑内部微气候，保护使用者的健康。

对于绿色建筑的通风设计，有如下要点：①对建筑自然通风以及供暖和降温问题的考虑应该从用地分析和总图设计时开始。植物，特别是高大的乔木能够提供遮阳和自然的蒸发降温；水池、喷泉、瀑布等既是园林景观小品，也对用地的微气候环境调节起到重要作用。②在可能的条件下，不要设计全封闭的建筑，以减少对空调系统的依赖。③建筑的布局应根据风玫瑰来考虑，使建筑的排列和朝向有利于通风季节的自然通风。④在进行平面或剖面上的功能配置时，除考虑空间的使用功能外，也对其热产生或热需要进行分析，尽可能集中配置，使用空调的空间尤其要注意其热绝缘性能。⑤建筑平面进深不宜过大，这样有利于穿堂风的形成。一般情况下平面进深不超过楼层净高的 5 倍，可取得较好的通风效果。⑥在许多办公建筑中穿堂风可看作是主要通风系统的辅助成分。建筑门和窗的开口位置，走道的布置等应该经过衡量，以有利于穿堂风的形成考虑建筑的开口和内部隔墙的设置对气流的引导作用，

⑦单侧通风的建筑，进深最好不超过净高的 2.5 倍。⑧每个空间单元最小的窗户面积至少应该是地板面积的 5%。⑨尽量使用可开启的窗户，但这些窗户的位置应该经过调配，因为并不是窗户，打开就能取得很好的通风效果。⑩中庭或者风塔的"拔风效应"对自然通风很有帮助，设计中应该注意使用。⑪应将通风设计和供暖/降温以及光照设计作为一个整体来进行。室内热负荷的降低可以减少对通风量和效率的要求。利用夜间的冷空气来降低建筑结构的温度。⑫在可能的条件下，应充分利用水面、植物来降温。进风口附近如果有水面，盛夏季其降温效果是显著的其他如太阳能烟囱、风塔等装置也有利于提高通风量和通风效率。⑬在气候炎热的地方，进风口尽量配置在建筑较冷的一侧（通常是北侧）。⑭考虑通过冷却的管道（例如地下管道）来吸入空气，以降低进入室内的空气温度。在热空气供给室内之前，可以利用底层 1~3m 以下的恒温层来吸收热量，更深层的地下水可以在维持建筑的热平衡中起到重要的作用（实例如柏林国会大厦改建）。⑮保证空气可以被送到室内的每一个需要新鲜空气的点，而且避免令人不适的吹面风。⑯尽量回收排出的空气中的热量和湿气。⑰对于机械通风系统的通风管道，仔细设计其尺寸和路线以减少气流阻力，从而减少对风扇功率的要求。此外还需要注意送风口和进风口位置的合适与否以及避免送风口和进风口的噪音，同时注意通吸系统应该能防止发生火灾时火焰的蔓延。

绿色建筑的通风受空间、时间和建筑使用特点的影响。

1. 空间对通风的影响

在建筑设计阶段应考虑到建筑自然通风，从建筑群的设计到建筑单体的设计均贯彻自然通风的思想。建筑群的布局从建筑平面和建筑空间两方面去考虑，对于夏热冬冷地区，错列式建筑群布置的自然通风效果好，而对于我国严寒和寒冷地区周边式的建筑群布置自然通风效果好。建筑群的布置要合理利用地形，做到"前低后高"和有规律的"高低错落"的处理方式；建筑单体的平、立面设计和门窗设置应有利于自然通风；在合理布置建筑群的基础上正确地选择建筑朝向和间距；选择合理的建筑平、剖面形式，合理地确定房屋开口部分的面积与位置、门窗的装置与开启方法和通风构造，积极组织和引导穿堂风。

2. 时间对通风的影响

当前有这种现象，当自然通风在某一时段不能满足要求时，就放弃自然通风的方式，从而在全部时段都采用机械通风的方式。这种做法太简单化了，不可能一年四季，全天采用自然通风都能起到正面的作用，这必须取决于室外空气的品质。过渡季节采用自然通风，在一天内，对于住宅，为了降低室内气温，在白天，特别是午后室外气温高于室内时，应要限制通风，避免热风进入，遏制室内气温上升，减少室内蓄热；在夜间和清晨室外气温下降、低于室内时强化通风，加快排除室内蓄热，降低室内气温。

3. 建筑使用特点对通风的影响

不同的建筑有不同的特点，公共建筑的使用时间大部分是在白天，当室外的空气热湿状态不及室内时就需要限制或杜绝通风，尤其是在炎热的夏天和寒冷的冬天。夏季夜间，为了消除白天积存的热量，夜间不使用公共建筑，仍应进行通风。而对于居住建筑则应改变全天持续自然通风的方式，宜采用间歇通风即白天限制通风，夜间强化通风的方式。

综上所述，绿色建筑的通风需要根据实际情况，在不同的时间和空间发挥正面的作用，

避免负面的作用，同时在不同的时空中通风应具有可调性，从而既保证了舒适和卫生的要求，又节约能源。

二、绿色建筑的采光技术路线

（一）绿色建筑采光设计的目标

绿色建筑的采光是指建筑接受阳光的情况。采光以太阳能直接照射到室内最好，或者有亮度足够的折射光也不错。这里的采光指的是自然采光，不包括人工照明。绿色建筑采光设计的目标有以下四个方面：

1. 满足照明需要

人类的大部分活动都是在建筑中进行的，因此建筑采光设计首先就应该满足照明的需要。住宅建筑的卧室、起居室和厨房要有直接采光，达到视觉作业要求的光照度即可。高层写字楼中，天然光在满足建筑设计及工作要求的同时，要避免过强或过弱的光线和同一工作区内的强度变化过大和眩光、避免光幕反射等。

2. 满足视觉舒适度的要求

舒适的视觉环境要求采光均匀，亮度对比小，无眩光。高层建筑的高层部分几乎没有什么遮挡物，完全可以提供一个良好的光环境。这样不仅能够满足生活在高层建筑中人们日常生活的视觉要求，而且对于高层写字楼里的上班族来说，除了有利于视力的保护外，还能保护他们的身心健康。

3. 满足节能要求

现代高层写字楼中的建筑照明所消耗的电力占总电力消耗的 30% 左右，而且相同照度的自然光比人工照明所产生的热量要小得多，可以减少调节室内热环境所消耗的能源。因此，采用自然光是节能的有效途径之一。

4. 满足环境保护的要求

建筑的采光设计还应该秉承环保理念，自然光线除了照明和视觉舒适以外，还能清除室内霉气，抑制微生物生长，促进体内营养物质的合成和吸收，改善居住和工作、学习环境等。当然，在采光设计中还要考虑到光污染问题，尽量采用技术与构造相结合的玻璃幕墙，最大限度地降低光污染，保护环境。

（二）居住建筑的采光

作为绿色居住建筑，其首左应注重自然采光。自然光具有一定的杀菌能力，是人体健康所必需的，其不仅可以预防肺炎等传染性疾病，还可以调节人体的生物钟节奏，并且对人体的心理健康也起着很重要的作用。自然光在建筑设计中能创造出丰富的空间效果和光影变化，给人以立体、层次、开敞的感觉。充分利用自然光，不仅能够节约照明所消耗的电能，还能够改善建筑空间的生态环境，对降低建筑能耗和建设节约型城市具有非常重要的意义。

住宅采光以太阳光直接照射到室内最好，或者有亮度足够的折射光也不错。风水学对室内采光，强调阴阳之和，明暗适宜。所谓"山斋宜明静不可太敞，明净可爽心神宏，敞则伤

目力"，"万物生长靠太阳"。所以风水学中很重视住宅的日照情况，并称"何知人家有福分？三阳开泰直射中"，"何知人家得长寿？迎天沐日无忧愁"。英国也有句谚语"太阳不来的话，医生就来"。这都充分证明了住宅采光与日照的重要性。

住宅采光的房间不外乎卧室、客厅、餐厅、厨房，还有卫生间。如果阳光照射不到或通风不好，那么室内就会潮湿或产生异味。长此以往，或多或少都会对人体健康产生影响。所以采光、日照和通风是优良家居室内环境卫生最具代表性的问题，至关重要。

绿色住宅建筑的采光可以依据以下三个方面来设计：

1. 优化建筑位置及朝向

我国位于地球北半球，南向采光时间较长，照度较高；东西朝向容易让阳光直射入房间，造成室温增高和出现眩光，必须采取遮挡措施；而建筑的北面主要是依靠天空中的漫反射光来采光；面南背北是我国建筑的最佳朝向因此需合理地确定建筑位置与朝向，使每幢建筑都能接收更多的自然光同时又不能使室内产生眩光。

2. 利用窗地比和采光均匀度来控制采光标准

在我国相关的建筑设计规范中都有对采光设计的规定，基本上是以窗地比作为采光的控制指标。GB50096—1999住宅设计规范除了对窗地比做出规定以外，还对采光系数最低值作出了规定，居室、卧室、厨房窗地比不小于1：7，采光系数最低值为1%，楼体间窗地比不小于1：12，采光系数最低值为0.5。在2001年修订的BG/T50033—2001建筑采光设计标准对建筑的采光系数做出了更加详细的规定，同时提出了采光均匀度的控制指标，所以，建筑的采光设计不但要控制建筑的窗地比，还要对采光的均匀度进行校核。

3. 控制开窗的大小和眩光的产生

建筑眩光的产生是由于室内采光不均匀造成的，光线与背景对比过于强烈就容易造成眩光。在我国的采光设计标准中，对采光均匀度的要求中规定：相邻两天窗中线间的距离不宜大于工作面至天窗下距离的2倍。显然两天窗中间的顶棚面过大会产生眩光。假如将两个窗户中间的顶棚面取消，采用一个大的天窗，是否就可以避免眩光的产生呢？对于这一问题还有待进一步讨论。对于眩光的产生还受到建筑室内的形状、墙面的颜色、采光面的位置等诸多因素的影响，我国在采光设计标准中规定采光系数的最低值与平均值之比不能小于0.7。房间内表面应有适宜的反射比，顶棚0.7 ~ 0.8，墙面0.5~0.7，地面0.2~0.4等要求。由此看出，单一地靠开窗的形式和大小来解决眩光的产生并不容易做到。所以除了考虑建筑的性质、室内墙面的颜色及反光率之外，还应配合一定的人工采光来解决眩光的产生，作为绿色建筑的采光，很多建筑都采用了采光的节能新技术，如光导照明系统、太阳日光反射装置系统等等，既节能又满足光环境舒适度要求。

（三）公共建筑采光

直到50年前，自然采光还是最主流的形式，后来随着技术的进步和人们对技术的迷信，建筑的进深越来越大，被牺牲的则是建筑使用者的健康和与自然景观的联系。根据美国有关机构的统计和调查，办公建筑照明所消耗的电力占总电力消耗的30%左右。因此，通过建筑设计充分发掘建筑利用自然光照明的可能性是节能的有效途径之一。此外，促使人们利用

自然采光的另一个重要原因是自然光更适合人的生物本性，对心理和生理的健康尤为重要，因而自然光照程度成为考察室内环境质量的重要指标之一。

影响自然光照水平的因素如窗户的朝向、窗户的倾斜度、窗户面积、窗户内外遮阳装置的设置、平面进深和剖面层高、周围的遮挡情况（植物配置、其他建筑等）、周围建筑的阳光反射情况等。因此在公共建筑采光设计时应充分考虑这些因素。

公共建筑采光应根据建筑功能和视觉工作要求，选择合理采光方式，确定采光口面积和窗口布置形式，创造良好的室内光环境。公共建筑采光设计要形成建筑内部与室外大自然相通的生动气氛，对人产生积极的心理影响，并减少人工照明的能源耗费。公共建筑类型繁多，采光各具特色，其中博览建筑的观赏环境和教室、办公室等建筑的工作环境对采光要求较高。此外，公共建筑的形式与采光的关系也很密切。

（四）绿色建筑的采光技术路线

在建筑设计中对采光进行考虑时，有如下要点：①采光问题的考虑应该从总图设计和平面布局时就开始。在现场考察时，对用地外障碍物、建筑等要仔细调查。如果外部障碍物过于遮挡用地，则要适当考虑减少建筑的平面进深。②窗户的数量和面积应该仔细斟酌，要根据建筑形象处理要求、自然光照、自然通风和能耗问题综合考虑后确定。大面积的窗户可以透过更多的自然光，同时也带来更大的热损失或者热获得，增加室内热负荷。一般来说，窗户面积最好是室内面积的2倍左右，这是一个比较合理的经验值。③对人的心理舒适度而言，室内可看见的天空面积是个重要的因素，而不仅仅是光照度。窗户的高度最好能使室内使用者看见更大面积的天空。④在普通的开窗情况下，一般日光照射深度为窗户高度的2.5倍。⑤透明屋顶将提供更良好、更广泛的自然光照，其采光面积是相同面积的垂直窗户的3倍左右，但问题是可能会引起室内温度过高。⑥从建筑布局的角度来讲，中庭对采光有着特殊的作用，现在几乎成了商业建筑的标准配置。中庭的形式和形状对自然光照的影响很大，在设计中需要考虑中庭屋顶的形式及其透明程度、中庭的空间形式（如果中庭是向上逐渐扩大的，将能获得更多的自然光线）、中庭的宽度和高度的比例、中庭周围墙面的颜色（反射性好的色彩有利于低层空间获得光线）。

自然采光毕竟要受到各种自然条件以及建筑功能、形式和热效能等因素的制约，因此在自然采光不能满足要求时需要进行人工照明。

综上所述，绿色建筑采光技术路线主要有两方面的内容：①多方位的采光设计考虑。在建筑总图设计和平面布局时就应考虑采光问题。在现场考察时，对用地外障碍物或者建筑等要仔细调查。如果外部障碍物过于遮挡用地，则要适当考虑减少建筑的平面进深。对于单个的房间，要结合房间的功能结合窗墙比和采光均匀度的要求进行窗户的设计。②应用新技术。近年来国内外建筑光学工作者提出了不少利用天然光的方法和设想，例如，使用平面反射镜的一次反射法、导光管法、棱镜组多次反射法、光导纤维法、卫星反射镜法和高空聚光法，等等。在绿色建筑中可以根据实际情况利用这些新的技术达到舒适、节能的目的。

第四节 绿色建筑暖通技术

随着绿色建筑的发展，暖通与空调标准也随之提高。绿色建筑暖通与空调的设计应围绕着"以人为本、环境友好"这一核心思想，按照舒适、健康、高能效以及环保的技术路线进行。

一、暖通与空调的健康与舒适

（一）常规暖通与空调存在的问题

营造健康舒适的室内人居环境，是绿色建筑追求的重要目标之一。一个健康舒适的人居环境，是室内温度、湿度、气流、空气品质、采光、照明、噪声等多因素相互作用的集合。上述因素中，温度、湿度、气流、空气品质依靠暖通与空调手段调节实现，而噪声、污染则要避免在调节过程中产生。因此营造绿色建筑的室内环境，暖通空调技术起着重要的作用。

随着人们生活水平的提高，建筑设备和装饰材料的增多，室内污染物的来源和种类日趋复杂。然而为了减少建筑能耗，许多建筑物波设计得非常封闭，使用空调的房间也控制新风供应。其后果是室内空气品质恶化，出现了众所周知的"空调病"。被称为病态建筑综合征。另外，虽然一些建筑设计有良好的通风系统，但在长期使用的过程中，没有定期对空调系统进行清洗。据调查，九成左右的中央空调系统处于污染状态，近半数污染状况严重。空调系统的温、湿度十分适合微生物尤其是真菌的生长繁殖，通风管道内积存的大量灰尘、污物也是病菌滋生和传播的温床。

暖通空调最早是针对工业化生产的工艺性需要，在应用到民用建筑领域后，部分设计要求和评价并没有及时加以应对改进。暖通空调使用中的弊病既源于技术上的落后，也存在设计和使用观念上的问题。因此，要实现绿色建筑营造健康舒适的人居环境目标，需要建筑师们将绿色建筑的暖通空调设计理念真正地贯彻执行下去。

（二）舒适性暖通空调的技术路线

绿色建筑的暖通空调设计的核心思想是"以人为本"和"环境友好"。技术上，主要应遵循以下要点加以实现：①加强舒适性暖通空调评价体系的研究。针对绿色建筑健康舒适的人居环境理念，改进建筑温、湿度的规范要求，提出更适宜的建筑环境标准体系和控制策略，而非单一地追求恒温恒湿的室内环境。②全面合理的运行控制健康舒适的暖通空调系统不仅停留在设计上，还要应对各种影响因素的变化，在运行过程中需要科学的调节控制。③室内空气品质和热舒适度的控制通过合理的暖通空调设计和运行检测，使室内空气质量满足人体的健康舒适要求。④绿色材料的选择以及材料的回收利用 1。在空调设计上，禁止使用产品，减少使用 CFCs 制冷剂，禁止使用对人体有害的石棉类保温材料。选择可回收利用的管材以及保温材料，重复使用暖通空调系统中的材料，包括保温材料、管道、密封材料、胶黏剂、油漆涂料等。并且结合当地具体情况，选取经济性良好的环境友好型材料。⑤新风的供应。绿色建筑的暖通空调应在保障室内新风供应的基础上，进行节能管理控制，可采用

排风冷热回收技术，减少空调能耗。⑥暖通空调系统的清洁与维护气空调进行清洗不仅可以改善室内空气品质，还可以提高系统能效，延长使用寿命。一般空调清洗后可增加 10% 左右的风量，节电约 4%~5%。中央空调风道清洗不同于一般的清洗工程，不能采用化学清洗，必须使用机械清洗方法。可使用专门的智能化机械设备，包括风道监测机器人、风道清扫机器人、风道清洗专用抽吸集尘设备、风道吹扫喷雾设备等。虽然《空调通风系统清洗规范》GB19210—2003 和《公共场所集中空调通风系统卫生规范》分别于 2003 年 6 月和 2003 年 8 月出台，但由于高额的清洗费用，并且缺乏专门的监察机构，使得规范无法较好地贯彻执行。这是绿色建筑必须要注意的问题。

二、暖通空调的高能效技术路线

绿色建筑必须做好节能减排的工作，暖通空调能耗控制是实现建筑节能减排的重要手段。随着建筑舒适程度要求的提高，暖通空调能耗逐渐成为建筑能耗中最主要的一部分；相对于建筑其他的能耗环节，暖通空调以及相关设备的节能潜力较大。

绿色建筑节能主要技术路线有——冷热源的利用、冷热介质的输配以及设备的节能运行管理。

（一）冷热源的利用

从建筑节能角度，冷热源在工程层面上可以定义为：热源是能够提供热量的物体或空间；冷源是能够提供冷量（吸收热量）的物体或空间；冷热源设备是从冷热源获取冷热量的设备。冷热源从工作原理上可分为自然冷热源和能源转换型冷热源，对应的冷热源设备是自然冷热源利用设备和冷热量产生设备。自然冷热源利用设备的工作原理是通过做功将冷热源能量品位提升，使之能提供给需求空间，如各种热泵，可将其工作原理简称为"冷热提取"。能源转化型冷热源设备的工作原理是将其他的能源转换为热能，可将其工作原理简称为"能源转换"。"能源转换"受制于能量守恒定律，其效率不可能超过 1；"冷热提取"不属于能源转换，其效率（能效比）不受能量守恒定律制约，可以远超过 1。目前建筑最常用的热源来自煤、石油、天然气等化石燃料燃烧或者是利用电能产生的热量。我国电力大多数来自火力发电，也间接来源于化石燃料。而绿色建筑的任务之一就是减少对化石能源的依赖，使用可再生的清洁能源代替。而且化石能源燃烧产生的热量品位可高达几千摄氏度，利用其需求温度为 20℃左右的建筑供暖是极大的能量品质浪费，利用电能获取热源的效率更低。因此建筑获取冷热量的技术路线应该从"能源转化"改变为"冷热提取"。绿色建筑可以发展利用的几种主要冷热源技术如下：

1. 太阳辐射的利用

太阳辐射作为热源，其容量的时空差异性大。我国拥有丰富的太阳能资源，每年地表吸收的太阳能相当于 170000 亿 t 标准煤的能量，约等于上百个三峡工程发电量的总和，相比欧洲大部分地区，有着很大的优势。同时，太阳辐射的获取技术难度小，经济性好。目前太阳能应用存在的主要困难是能量密度小，需要很大空间设置太阳能采集器，这在建筑密集的城市是有难度的，甚至由此影响了其原本良好的社会允许性和环境友好性。而且太阳辐射量随机性大，稳定性较差。

针对以上问题，可以通过蓄热设备解决太阳辐射变化与热负荷变化难以耦合的困难，必要时可设置辅助热源；针对其能量密度小的特点，可利用大面积的建筑外表面设置太阳能采集器；针对其高品位的特点，可以开发太阳能光伏电池、太阳能吸收式制冷等技术用于绿色建筑。建筑师在设计大规模利用太阳能的建筑时，应该具有太阳能与建筑一体化的设计理念。在设计之初，就要将太阳能系统作为建筑重要的设计元素予以考虑，使太阳能设施与建筑完美融合，而不是成为建筑的附加构件，从而达到绿色建筑环保节能的要求，并且将适用性、经济性、舒适性、美观性融于一体。

2. 夜空冷源的利用

夜空温度由空气温度和空气中水蒸气的分压力决定。水蒸气分压力越低，夜空温度越低，这是夏季可贵的天然冷源。夜空冷源有着良好的环境友好性，其容量取决于建筑可利用的夜空空间角——夜空空间角是夜空资源的量度。夜空冷源的品位主要取决于夜间的晴朗程度，具有可靠性、稳定性、持续性、经济性等方面的优势，是绿色建筑值得利用的一种冷源。

目前，利用夜空冷源的主要问题有：如何解决夜空集冷器与太阳能采集器共用空间的问题，建筑内部如何向夜空散热，以及如何实现夜间采集冷量的蓄存与调节。相信随着以上问题的解决，夏季夜空冷源良好的开发利用价值将逐渐得以体现。同时也需要指出，冬季夜空是巨大的耗热源，冬季为建筑遮挡夜空以减少热损失有着良好的节能价值

3. 空气作为冷热源

空气具有良好的流动性、自膨胀性和可压缩性。空气作为冷热源可靠性较好，而且设计上灵活，适用范围较广。空气作为冷热源需要解决以下问题：品位低甚至是负品位，随着天气过程而变化，空气源热泵要有适应冷热源品位变化造成的品位提升幅度显著变化的能力；空气源热泵供冷、供热能力，能效比都与建筑需用冷、热量的变化规律相反，如何合理地配置空气源热泵容量是其应用的关键；城市建筑密度的增加，空气源热泵数量的增加都使热泵处的空气容易形成局部涡流，空气源品位下降不仅影响能效，甚至使热泵不能运行；冬季除霜问题；噪音以及环境负效应问题。

针对这些问题，主要采取以下技术措施加以解决：当空气源处于正品位时，尽量用通风措施向室内提供冷热量；尽力避开在负品位梯级较小时利用空气源热泵提供冷热量；蓄能调节，以余补欠；合理设置辅助冷热源；运行调控，防霜余霜；在适宜区域应用，空气作为冬季热源在严寒地区使用能效是不高的。

4. 水作为冷热源

常用来做冷热源的水体主要包括滞留水体（湖泊、池塘、水库水等），江河水以及地下水。水库、水塘作为冷热源的特点是水体量有限，水温受太阳辐射、天空辐射和气温影响大。研究成果表明，夏秋季节滞留水体竖向分布特点是上热下冷，深度超过 4m 的滞留水体是优良的自然冷源。水体利用技术上，作为夏季供冷，理想的取回水方式是底层取水，回水回到与回水温度相同的水层，简称"底层取水，同温层回水"。同温层回水技术难度较大，较简单的取水方式是底层取水，表层回水。

江河水作为冷热源的特点与滞留水体不同。由于湍流作用的影响，水面空气温度和太阳

辐射引起的换热、水体和接触土壤的热传导等因素，对江河水温度断面分布影响小，取水时通常不考虑水深对温度的影响。江河水利用上应考虑综合利用，以及取水、输水、水处理费用和能耗的分摊。部分江河水温不能直接供冷供热，需要热泵提高品位。热泵最好能直接使用江河原水，减少水温损失，提高能效并减少工程费用，在直接利用江河水时需预防泥沙堵塞冷凝器。

地下水作为冷热源，主要用于地下水较为丰富的地区，地下100m以内的浅层地下水温主要受当地气候条件的影响，大多与当地年平均温度相近，一般只需用热泵稍作品位提升，即可向室内供冷供热，且能效比较空气和岩土作为冷热源的能效比高。地下水利用的主要问题是环境友好性和社会允许性的限制，地下水利用难以达到100%回灌，而且影响地下水的原始分布和地下压力分布，易致使地下水位降低，引起地面沉降，并可能将地下有害元素抽出到地表。因此地下水的可持续利用，环境友好性的利用需要进一步研究。

5. 岩土作为冷热源

岩土与空气、水等流体的最基本区别是：岩土是固体，没有流动性，热量的传输主要依靠导热，传热能力不及空气和水，热交换困难，但另一方面，由于岩土没有流动性，传热不易，因而长期蓄热性能好。

通过对岩土层纵向温度分布的研究发现，地下0.5m深度以下，日周期温度波动不再明显；在5m深度以下，年周期温度波动可忽略不计，稳定在当地年平均气温水平上，该温度可称为岩土的原始温度。当从岩土提取冷热量时，岩土的原始温度场会发生变化，停止提取后，也需要相当长的时间才能基本恢复原始状态。利用岩土作为冷热源时要充分考虑这一特性，不能只从原始温度评价岩土作为冷热源的可行性。

利用岩土作为冷热源时，负荷特征是非常关键的因素。目前，对于地埋管换热器的埋深，普遍存在的问题是没有考虑换热器所承担的负荷变化特性，盲目增大埋管深度：当负荷动态变化使得地埋管换热器的未换热层保持在一定深度范围内时，继续增加埋管深度已经失去意义。此外，换热器的单位长度换热量只能作为方案阶段的评估参考，而不能作为实际确定地埋管埋深的依据。从层换热理论看，换热器的单位长度换热量是动态变化的，且不同埋深的单位长度换热量差异也很大。因此，使用岩土作为冷热源，建筑负荷特性分析是确定地埋管换热器合理埋深的关键技术环节。

（二）建筑冷热输配系统的节能

以水和空气为载体的暖通空调，通过管网系统进行冷热输配。大型公共建筑中输配系统的动力装置——水泵、风机耗电占空调系统中耗电的20%~60%。目前，建筑冷热输配系统普遍存在如下问题：动力装置的实际运行效率仅为30%~50%，远低于额定效率；系统主要依赖阀门来实现冷热量的分配和调节，造成50%以上的输配动力被阀门所消耗；系统普遍处于"大流量，小温差"的运行状态，尤其是在占全年大部分时间的部分负荷工况下，未能相应减小运行流量以降低输配能耗。分析表明，建筑冷热输配系统的运行能耗可能降低50%~70%，是建筑节能尤其是大型公共建筑节能中潜力最大的部分。

输配系统节能的首要问题是泵和风机与输配管网的匹配。需要通过合理的设计与运行调节，使泵与风机的实际运行工作状态处于设备的高效区。在设计上要重视管网的水力计算，做好管网的水力工况以及变工况情况下的分析；在设备选择上不要仅把最大工况作为唯一标准，而是通过合理调配，使得设备在全年工况下运行于高效区；以良好的设计作为基础，在运行上跟踪负荷的变化特点加以合理调节；应减少管网的阀门调节，尤其是要避免使用调小最不利环路和主干管上的阀门开度的方式来实施调节，应以调节动力设备的转速为主要手段。

根据泵与风机的能耗特点，绿色建筑的输配系统主要可采用三种技术手段降低泵或风机运行功率：

1. 减小泵或风机的工作流量

减少输配系统工作流量可以从两个技术角度实现，一种是增大输送介质温差，另一种是根据部分负荷工况采取变流量的调控措施。增大输送介质温差的"大温差"冷热输配系统，是指空调送风或送水的温差比常规空调系统采用的温差大。对这些携带冷量的介质，采用较大的循环温差后，循环流量将减小，可以节约一定的输送能耗并降低输送管网的投资（虽然有时要付出加大换热器面积或采用高效换热器的代价，但总的说来投资是可以节省的）。大温差冷热输配技术，在国际上尚属于新技术范畴，指导设计的具体方法较少，但由于其具备的节能潜力，随着研究的深入以及设计方法的成熟，大温差系统必然会得到广泛的应用。

而根据部分负荷量采取变流量的调控措施，主要包括变水量系统和变风量系统。变水量系统主要通过设计和调节水泵的运行工况，控制上主要采用供、回水干管压差保持恒定的压差控制、末端（最不利）环路压差保持恒定的末端环路压差控制和供、回水干管温度保持恒定的温差控制等三种方式，不同控制策略运行特性与节能效果不同，应根据具体情况加以考虑。

变风量系统（Variable Air Volume System，VAV）基本技术原理很简单，通过改变送入房间的风量来满足室内变化的负荷，在空调部分负荷运行下，风量的减小可使风机能耗降低。由于变风量系统通过调节送入房间的风量来适应负荷的变化，同时在确定系统总风量时还可以考虑同时使用情况，所以能够节约风机运行能耗和风机装机容量，系统的灵活性较好，易于改、扩建，尤其适应于格局多变的建筑。此外，变风量系统属于全空气系统，具有全空气系统无凝结水污染的优点。变风量系统也存在一定的缺点，在系统风量变小时，有可能不满足室内新风量的要求，影响房间气流组织；在湿负荷变化较大的场合，难于保证室内湿度要求；系统的控制要求高，且系统运行难以稳定；噪声较大，投资较高等；这就要求设计者在设计时考虑周密，并设置合理的自动控制措施，才能达到既满足使用要求又节能的目的。

2. 减小泵的工作扬程或风机的工作全压

泵的工作扬程或风机的工作全压用于克服输配介质在管网中流动的各种压力损失。因此，应避免各种不必要的压力损失。过多地依靠阀门（包括各种平衡阀）实现冷热量的分配与调节将使得很大一部分的动力被阀门节流所消耗。因此，在设计上尽可能地考虑管网设计的水力平衡，尽可能少地设置运行调控必需的阀门，有助于输配系统的节能。

3. 提高泵或风机的工作效率

在现有的泵、风机的制造水平和效率水平下，泵或风机的工作效率与其工况点有关。泵或风机的工况点由泵或风机的性能以及管网特性共同决定。因此，应通过泵或风机与管网系统的合理匹配和调节，使其工况点处于高效区。

（三）其他建筑设备节能技术

建筑设备的节能技术主要包括两方面，一方面是建筑设备的选取、管理和运行方面的方法理念等"软技术"；另一方面则是建筑设备节能可采用的系统设施等"硬技术"。

对于绿色建筑而言，最基础的节能措施就是根据建筑所在位置的全年气候变化特点，对其进行准确的负荷特性计算，根据计算结果选取真正适合建筑的暖通空调系统，并且确定不同季节时段、不同负荷下的设备运行策略；而事实上，许多建筑从设计到运行正是忽略了这一点。

建筑内暖通空调可采用的可能技术路线还包括以下方面：

1. 变制冷剂流量的多联机系统

变制冷剂流量的多联机空调（热泵）是由一台或多台风冷室外机组和多台室内机组构成的直接蒸发式空调系统，可同时向多个房间供冷或供热。明确，多联机主要有单冷型、热泵型和热回收型，并以热泵型多联机为主。多联机空调系统具有使用灵活、扩展性好、外形美观、占用空间小、可不用专设机房等突出优点，目前已成为中、小型商用建筑和家庭住宅中最为活跃的空调系统形式之一。

在能效特性方面，多联机的系统能效比COP与一般空调机组如"风冷冷水机组＋风机盘管系统"相较而言并没有明显优势，影响其运行的因素主要有三个方面。①室内外机组之间相对位置，在适宜的几何范围位置内，多联机系统的性能比"风冷冷水机组＋风机盘管系统"好，如果超出限定范围，多联机系统性能则比"风冷冷水机组＋风机盘管系统"低，更达不到"大型水冷冷水机组＋风机盘管系统"的能效水平。②多联机的运行性能与建筑负荷特性有关，多联机适合负荷变化较为均匀一致、室内机同时开启率高的建筑。研究表明，逐时负荷率（逐时负荷与设计负荷之比）为40%~70%所发生的小时数占总供冷时间的60%以上的建筑较适宜于使用多联机系统，此时系统具有较高的运行能效，而对于餐厅这类负荷变化剧烈的建筑则不适宜采用多联机系统。③容量规模对多联机系统能效的影响，变制冷剂多联机系统节能的主要原因在于系统处于部分负荷运行时，压缩机低频（小容量）运转，其室外机换热器得到充分利用，可降低制冷时的冷凝温度（提高制热时的蒸发温度），从而提高系统的COP。但目前多联机系统大都由一台变容量室外机组和多台定容量的室外机组组合，通过集中的制冷剂输配管路与众多的室内机组构成庞大的单一制冷循环系统。部分负荷运行时，定容量室外机组停止运行，其对应的室外换热器不参与制冷循环，使得系统的部分负荷性能更接近于定容量系统，因此，多联机系统不适宜将室外机组并联得过多，而以单一变容量机组构成的系统运行性能最佳。

2. "免费供冷"技术

"免费供冷"技术分为冷却塔"免费供冷"技术和离心式冷水机组"免费供冷"。冷却塔免费供冷技术是指室外空气湿球温度较低时，关闭制冷机组，利用流经冷却塔的循环水直接或间接地向空调系统供冷，提供建筑物所需的冷量，从而节约冷水机组的能耗，是近年来国外发展较快的节能技术。由于冷却水泵扬程、水流与大气接触时污染等问题，间接供冷形式使用较多。这种方式比较适用于全年供冷或供冷时间较长的建筑物。离心式冷水机组的"免费供冷"是巧妙利用外界环境温度，在不启动压缩机的情况下进行供冷的一种方式，适用于秋冬季仍需要供冷的项目，并且冷却水温度低于冷冻水温度。"免费供冷"离心式冷水机组可提供 45% 的名义制冷量，因此无需启动压缩机，故机组能耗接近于零，性能系数 COP 接近于无穷大。若室外湿球温度超过 10℃时，则返回到常规制冷模式。该"免费供冷"冷水机组有着换热效率高、系统简单、维护方便、机房空间小的优点，适用于冷却水温度低于冷冻水出水温度的秋冬季节仍需要供冷的场合。

需要注意的是，"免费供冷"不能与热回收同时使用；"免费供冷"技术也不适用于湿度控制要求较高的空调系统（如计算机机房的空调等），因为其提供的冷水水温稍高；"免费供冷"技术可避免户外冷却水结冰，但建议用户仍采用一定的防冻措施。

第五节 外墙保温系统防火技术

近几年，外墙外保温系统的火灾事故时有发生，已经严重威胁到了人们的生命和财产安全，特别是央视大楼大火之后，最终引发了一场关于建筑节能与建筑防火如何兼顾的诘问。建筑节能是基本国策，而建筑防火又是生死攸关的大事，两者息息相关，缺一不可。

一、外保温系统防火安全性分析

在有机保温材料达到上述相关标准要求或增加一定辅助措施后，更应强调系统的整体防火安全性。因为过于追求有机保温材料的阻燃性能不仅大大增加了材料的成本，同时某些阻燃剂在阻止燃烧过程往往会增加材料的发烟量和烟气毒性，可能带来更大的危害，而且保温材料防火等级的评价不能代表系统的整体防火安全性能或火灾发生时的真实状况，即使某些难燃级的材料在条件具备时也能剧烈燃烧，所以应该抓住外保温防火问题的重点只有外保温系统整体的对火反应性能良好，系统的构造方式合理，才能保证建筑外保温系统的防火安全性能满足要求，对工程应用才具有广泛的实际意义。

很显然，提高保温系统的防火能力才是最终目的。因此，最重要的问题是，如何采取有效的防火构造措施提高外保温系统的整体防火能力以及对不同构造的外保温系统如何予以测试和评价，

（一）影响外保温系统防火安全性的关键要素

外保温系统不仅仅是由保温材料组成的，在实际使用情况下它是一个整体，保温材料都是被包罗在外保温体系内部的，应该将保温材料、防护层以及防火构造作为一个整体来考虑。

针对外保温体系的防火安全性能，国际通行的做法是：如果保温材料的防火性能好的话，则对保护层和构造措施的要求可以相对低一些；如果保温材料的防火性能差的话，则要采用防火的构造措施，对保护层的要求相对也高一些，总体上两者应该是平衡的。基于这一·思想，目前解决我国外保温防火安全的主要途径应是采取构造防火的形式．这是当前适应我国国情

和外保温应用现状的一种有效的技术手段。

由于火灾通常是以释放热量的方式来形成灾害。因此，要想解决外保温系统的火灾问题，归根结底还要从热的三种传播方式——热传导、热对流和热辐射谈起。热作用于外保温系统，最终使其中的可燃物质产生燃烧并使火灾向其他部位蔓延，只要阻断热的以上三种传播方式就能防止火灾的进一步蔓延。因此产生了外保温系统的三种防火构造方式，被称为"构造防火三要素"

（1）防火隔断构造——可以有效地抑制热传导，这些构造包括防火分仓、隔离带等。

（2）无空腔构造——限制了外保温系统内的热对流作用，因此应尽量避免在系统内形成贯通的空腔，这包括保温材料内外两侧的空腔。

（3）增加防护层厚度——可明显减少外部火焰对内部保温材料的辐射热作用。

（二）外保温防火的技术措施

外保温防火问题的重点是外保温系统防火构造只有外保温系统整体的对火反应性能良好，系统的防火构造方式合理，才能保证建筑外保温系统的防火安全性能满足要求，对工程应用才具有广泛的实际意义。一味地提高有机保温材料的阻燃性能在当前技术和成本因素的影响下实现起来有一定难度。因此，如何采取有效的防火构造措施提高外保温系统的整体防火能力以及对不同构造的外保温系统如何予以测试和评价是当前需要重点突破的课题。

结合分析，应同时进行以下三个方面的技术研究来解决外保温的防火问题，

（1）通过对国外先进技术的借鉴和针对国情的自主创新标准，开发出具有独立知识产权的、能彻底解决大部分现有系统防火性差的外保温系统。为防火分级后的外保温技术应用提供了更多的选择，这也是外保温行业未来的发展方向。

（2）更为迫切的是通过对各种外保温系统和材料的防火性能进行试验研究，建立适合中国国情的外保温防火试验方法；通过这些试验和对外国相关标准的借鉴，对不同外保温系统进行防火安全性能分级评价和应用范围限定，形成具有强制力的标准；在高层和超高层建筑的外墙上规定使用防火安全性更高的外保温系统，进一步规范外保温市场，减少火灾安全隐患，降低火灾发生时外保温系统对火灾推波助澜的负面作用，逐步达到国际上外保温防火技术的先进水平。

（3）从长期性和重要性而言，外保温建筑投入使用后的危险性不容忽视。但目前火灾发生的现状是近 70% 以上的与外保温相关的火灾案例发生在施工时段，主要是因为外墙保温的施工处于一个多工种、立体交叉作业的施工工地。施工过程中，裸露的保温材料存在较大的火灾隐患，容易发生因为火花溅落或在建筑物使用中导致火灾的情况，以及被点燃后的火焰蔓延。因而，此时段施工管理显得非常重要，加强施工管理减少该时段的火灾隐患是解决火灾引发的一个重要途径。

二、外保温材料和系统防火试验研究

防火保护面层厚度对外保温系统防火性能的提高作用是最先得到的试验结论。该结论的发现来源于锥形量热计试验和燃烧竖炉试验，这两种试验在我国具有广泛的试验基础，被接

受程度也较高。

（一）锥形量热计试验

1. 锥形量热计试验原理

从理论上讲，锥形量热计试验是在屋角试验的基础上设计的，其基本原理也是采用耗氧量热计原理，但却是一种小比例的科学合理的火灾模拟试验。从实用和普及的角度来看，可作为建筑外墙外保温系统防火性能的常规试验方法。

2. 试验对比之一

为了探讨不同保温系统的防火性能，分别对聚苯板薄抹灰外墙外保温系统、岩棉外墙外保温系统和胶粉聚苯颗粒外墙外保温系统做了火反应性能试验。

（1）聚苯板薄抹灰外墙外保温系统试件。该试件构造为 10mm 水泥砂浆基底 +50mm 聚苯板 +5mm 聚合物抹面砂浆（复合耐碱玻纤网格布）。其开放式试件在试验开始 2S 后聚苯板开始熔化收缩，105s 时聚合物抹面砂浆（复合耐碱玻纤网格布）层已和水泥砂浆基底相贴，中间的聚苯板保温层已不复存在，只见少许黑色烧结物。其封闭式试件边角产生裂缝，试验开始 52s 时，从试件裂缝处冒出的烟气被点燃，燃烧持续约 70s。试验结束后，将试件外壳敲掉，发现里面已空，只可见少许烧结残留物。

（2）胶粉聚苯颗粒外墙外保温系统试件。该试件构造为 10mm 水泥砂浆基底 +50mm 胶粉聚苯颗粒保温浆料 +5mm 聚合物抹面砂浆（复合耐碱玻纤网格布）。其开放式试件在试验过程中未被点燃，试验结束后观察，发现保温层靠热辐射面，须色略有变深，变色厚度约为 3~5mm，未发现保温层厚度有明显变化，也未发现其他明显变化。其封闭式试件在试验过程中未被点燃，试件未裂，无明显变化。试验结束后，将试件外壳敲掉后发现保温层靠热辐射面颜色略有变深，变色厚度约为 3 ~ 5mm，未发现其他明显变化。

（3）岩棉外墙外保温系统试件。该试件构造为 10mm 水泥砂粜基底 +50nim 岩棉板 +5mm 聚合物抹面砂浆（复合耐碱玻纤网格布）。其开放式试件在试验过程中未被点燃，试验结束后观察，发现岩棉板靠热辐射面颜色略有变深，变色厚度约为 3mm，岩棉板的厚度略有增加（岩棉板受热后有膨胀现象），试验过程中和结束后，无其他明显变化其封闭式试件在试验过程中未被点燃，试件未裂，无明显变化。试验结束后，将试件外壳敲掉后也未发现岩棉有明显变化。

（4）试验结果及评价。

①胶粉聚苯颗粒外墙外保温系统试件不燃烧，保温层厚度无明显变化，只是靠热辐射面的保温层颜色略有变深，变色厚度约为 3 ~ 5mm。这是因为可燃聚苯颗粒被不燃的无机胶凝材料所包裹，在强热辐射下靠近热源一面聚苯颗粒热熔收缩形成了由无机胶凝材料支撑的空腔，这层材料在一定时间内不会发生变形而保持了体型稳定，同时还有下面的材料起到隔热的作用，从而具有良好的防火稳定性能。

②岩棉外墙外保温系统试验表明，试件不燃烧，发现岩棉板靠热辐射面颜色略有变深，变色厚度约为 3mm，岩棉板的厚度略有增加。这是因为岩棉为 A 级不燃材料，是很好的防火材料。岩棉板受热后稍有膨胀现象是因为将岩棉挤压成板时添加了约 4% 左右的黏结剂、

防水剂等有机添加剂，这些有机添加剂在受热后挥发引起岩棉板松胀。

③聚苯板外墙外保温系统试件试验表明该系统在高温辐射下很快收缩、熔结，在明火状态下发生燃烧，也就是说在火灾发生时（有明火或高温辐射），这种系统将很快遭到破坏。

综上所述，可以看出聚苯板薄抹灰外墙外保温系统的防火性能最差，而在实际火灾发生时由于是点粘做法（粘贴面积通常不大于40%），系统本身就存在连通的空气层，发生火灾时很快形成"引火风道"使火灾迅速蔓延。燃烧时其高发烟性使能见度大为降低，并造成心理恐慌和逃生困难，也影响消防人员的扑救工作。而且这种系统在高温热:原存在下的体积稳定性也非常差，特别是当系统表面为瓷砖饰面时，发生火灾后系统遭到破坏时的情况将更加危险，给人员逃生和消防救援带来更大的安全问题，而且越往高层这个问题就越突出。

（三）试验对比之二

试验以胶粉聚苯颗粒复合型外墙外保温系统模拟墙体的实际受火状态，保温材料包括聚氨酯、聚苯板和挤塑板等三种类型，每种类型又分为平板试件和槽型试件，试件尺寸为100mm×100mm×60mm。试件的四周为10mm的耐火砂浆（胶粉聚苯颗粒防火浆料）或水泥砂浆；芯部为保温材料，尺寸为80mm×80mm×40mm。对比材料采用普通水泥砂浆，试件尺寸为100mm×100mm×35mm。

胶粉聚苯颗粒复合型外保温系统与普通水泥砂浆在试验中的受火状态相同。

试验结果及评价：当保护层厚度为5mm时，采用不燃性保温材料或不具有火焰蔓延能力的难燃性保温材料的各系统，在锥形量热计试验中均未被点燃，热释放速率峰值小于10kW/m2，总放热量小于5MJ/m2，与普通水泥砂浆的试验结果基本相同。而采用可燃保温材料的系统，在锥形量热计试验中会被点燃，热释放速率峰值大于100kw/m2，在实际火灾中具有蔓延火焰的危险性。

（二）燃烧竖炉试验

1. 试验原理

燃烧竖炉试验属于中比例的模型火试验，适用于建筑材料的测试，是《建筑材料难燃性试验方法》（GBAT8625—2005）标准中用于确定某种材料是否具有难燃性的仪器设备，试验装置包括燃烧竖炉和控制仪器等。在外墙外保温系统中使用竖炉试验的目的在于检验外墙外保温系统的保护层厚度对火焰传播性的影响程度，以及在受火条件下外墙外保温系统中可燃保温材料的状态变化。

在燃烧竖炉试验中，沿试件高度中心线每隔200mm设置1个接触保护层的保温层温度测点，如图6.90、图6.91所示。试验过程中，施加的火焰功率恒定，热电偶5、6的区域为试件的受火区域。

2. 试验结果及评价

（1）不同试件各测点温度随保护层厚度的增加而减少，在外保温体系中保护层的厚度直接决定着体系局部的对火承受能力；

（2）保温层的烧损高度随保护层厚度的减少而增加，无专设防火保护层的聚苯板薄抹灰的保温层全部烧损，聚氨酯薄抹灰的保护层烧损 65%。当胶粉聚苯颗粒保护层厚度在30mm 以上时（抗裂层和饰面层厚度 5mm），在试验条件下（火焰温度 900℃，作用于试件下部面层 20min），有机保温材料未受到任何破坏。

（3）试件的构造本身也可以看成是外墙外保温体系分仓构造的一个独立的分仓，所以当分仓缝具有一定宽度且分仓材料具备良好的防火性能时，即当保护层具有一定的厚度时，分仓构造能够阻止的火焰蔓延，其表现形式为试件的保温层留有完好的剩余。薄抹灰体系试件由于试验后其保温层被全部烧损，试件本身的这种分仓构造是否具有阻止火焰蔓延的能力，还需要进行大尺寸的模型试验加以验证。

（4）同等厚度的胶粉聚苯颗粒对有机保温材料的防火保护要强于水泥砂浆。一方面，胶粉聚苯颗粒属于保温材料，是热的不良导体，而砂浆属于热的良导体，前者外部热量向内传递过程要比后者缓慢，其内侧有机保温材料达到熔缩温度的时间长，在聚苯颗粒熔化后形成了封闭空腔使得胶粉聚苯颗粒的导热系数更低，热量传递更为缓慢。另一方面，砂浆遇热后开裂使热量更快进入内部，加速有机保温材料达到熔融收缩温度。

三、外保温系统大尺寸模型防火试验研究

目前，在我国对建筑外墙外保温进行防火安全性能评价应以火灾试验为基础，因此选择正确合理的试验方法，是客观、科学地评价外墙外保温系统防火安全性能的关键。

小比例试验方法一般只能影响燃烧过程的某个特定方面，而不能全面反应外保温系统的燃烧过程。相对来说，大比例试验方法更接近于真实火灾的条件，与实际火灾状况具有一定程度的相关性。不过，由于实际燃烧过程的因素难以在试验室条件下全面模拟和重现，所以任何试验都无法提供全面准确的火灾试验结果，只能作为火灾中材料行为特性的参考。

通过对国外各类标准的论证分析，我们最终选择了大比例的 UL1040 墙角火试验和BS8414-1 窗口火试验对外保温系统进行检验。

（一）防火试验方法简介

1. UL1040 墙角火试验

UL1040：2001《Fire Test of Insulated Wall Construction》（建筑隔热墙体火灾测试）为美国保险商试验室标准。试验模拟外部火灾对建筑物的攻击，用于检验建筑外墙外保温系统的防火性能。其优点在于模型尺寸能够涵盖包括防火隔断在内的外墙外保温系统构造，可以观测试验火焰沿外墙外保温系统的水平或垂直传播的能力，试验状态能够充分反应外墙外保温系统在实际火灾中的整体防火能力。

2. BS8414-1 窗口火试验

英国 BS8414-1：2002《fire performance of external cladding systems Part1： Test method fornon-load bearing external cladding systems applied to the face of the building》（外部包覆系统的防火性能 – 第 1 部分：建筑外部的非承载包覆系统试验方法）主要用于检验外保温系统的纵向传播范围。

试验模拟内部火灾对建筑物的攻击，用于检验建筑外墙外保温系统的火焰蔓延性。其优点与墙角火试验相同，从实际火灾对建筑物的攻击概率来看，更具有普遍意义。

（二）防火试验研究

1. 窗口火试验

无空腔＋防火分仓＋防火保护面层的构造措施防火性能优异，在试验过程中无任何火焰传播性，系统机械性能表现优异；防火隔离带构造措施具有一定的阻止火焰纵向蔓延的能力，但是不能阻止火焰横向蔓延，试验过程中系统机械性能表现一般，出现燃烧甚至局部轰然的现象；无任何构造措施的聚苯板薄抹灰系统无任何阻止火焰传播的能力。

通过试验再次表明材料的防火性能不等于系统的防火性能；试验中 B_1 的 XPS 板系统不能阻止火焰的传播，即使是 B_1 的酚醛板在无防火构造措施的条件下也不能阻止火焰的传播，而材料燃烧等级较低的聚苯板经过合理的构造措施，其系统防火性能却表现优异。

2. 墙角火试验

墙角火试验中胶粉聚苯颗粒贴砌 EPS 板涂料系统烧损面积偏大是由于和 EPS 薄抹灰系统同时试验，试验过程中薄抹灰系统出现丁轰然，试验中火源对贴砌系统的攻击已远远超过试验条件的规定，但即使是如此苛刻的环境，试验中贴砌系统也没有出现火焰蔓延的现象。幕墙系统中胶粉聚苯颗粒贴砌 EPS 板系统在试验过程中和试验结束后没有出现任何的燃烧现象，和岩棉系统防火性能表现相当试验再次验证了构造防火的优势。

3. 防火试验的结论

通过对已完成的墙角火试验和窗口火试验，以大量试验数据为基础，得出以下结论：

（1）系统防火安全性应为外墙外保温技术应用的重要条件

当前外墙外保温墙体存在安全隐患已是不争的事实。课题的多次防火试验也很好地说明了当前外墙外保温系统，尤其是薄抹灰聚苯板系统存在的巨大火灾安全隐患。任何生产、生活、经营等活动都应将外墙外保温的安全问题置于首位，在这样一个涉及人民生命财产安全的重大问题面前，必须实事求是的考虑如何提高外墙外保温的防火安全性，这是对社会和行业的负责。

（2）系统整体构造的防火性能是外保温防火安全的关键

有机保温材料的燃烧性能是影响系统防火安全性能的基本条件。对保温材料燃烧性能的要求是达到现有相关标准所要求的技术指标，并满足正常施工过程的安全防火要求，而解决系统的整体构造防火安全性问题才更具现实意义。

（3）无空腔构造、防火隔断构造和增厚防火保护面层是外保温系统构造防火的三个关键要素

大量试验证明，通过外墙外保温构造措施的设计，完全可以解决有机保温材料高效保温与系统防火安全性难以兼顾的问题。构造包括：黏结或固定方式（有无空腔）、防火隔断（分仓或隔离带）的构造、防火保护面层及面层的厚度等。

第五章
绿色建筑材料系统及技术

20世纪90年代，可持续发展成为许多国家的选择。在此背景下，绿色建筑的概念逐渐深入人心。随着绿色建筑产品逐渐成为建筑市场上的主角，消费者对建筑材料提出了安全、健康、低碳、高性能等要求。因此推广应用绿色建筑技术，使用无公害、无污染、无放射性的绿色建筑材料，是全球建筑业今后发展的必然趋势。

第一节　绿色建筑材料的基本要求

绿色建筑就是有效利用资源的建筑，即节能、环保、舒适、健康的建筑。绿色建筑选择建筑材料应遵循以下两个原则：一个是尽量使用3R（Reduce、Reuse、Recycle，即可重复使用、可循环使用、可再生使用）材料；另一个是选用无毒、无害、不污染环境、对人体健康有益的材料和产品，最好是有国家环境保护标志的材料和产品。

一、绿色建筑与建筑材料的关系

建筑材料是各类建筑工程的物质基础，在一般情况下，材料费用占工程总投资的50%～60%。建筑材料发展史充分证明，建筑材料的发展赋予了建筑物以时代的特性和风格；建筑设计理论不断进步和施工技术的革新，不但受到建筑材料发展的制约，同时也受到其发展的推动。因此，建筑材料的正确、节约、合理使用是建筑工程设计和施工中的一项重要工作。

建筑材料行业是建筑工程的基础，其所带动的产业规模和就业人数在各行业首屈一指，近年来又成为实行节能减排和发展低碳经济环保的重要领域。建筑材料的可持续使用与人居

环境的质量息息相关，建筑材料作为建筑的载体，其本身是现代绿色建筑的发展及绿色建筑材料的可持续发展。历史的经验教训告诉我们：建筑的不可持续发展，通常是因为建筑材料在生产和使用过程中的高能耗、高资源消耗和环境污染而造成的。

随着材料科学和材料工业的不断发展，各种类型的建筑材料不断涌现．建筑材料在工程建设中占有极其重要的地位，它集材料工艺、造型设计、美学艺术、工程经济、节能环保于一体，在选择建筑材料时，尤其要特别注意经济性、实用性、坚固性和美化性的统一，以满足不同建筑工程的各项功能要求。工程实践充分证明，建筑材料的性能、规格、品种、质量等，不仅直接影响工程的质量、装饰效果、使用功能和使用寿命，而且直接关系到工程造价、人身健康、经济效益和社会效益。因此，了解建筑材料的基本性质、特点和适用范围，科学合理地选择建筑材料，具有非常重要的意义。

绿色建筑工程的实践证明，"没有好的建材，建筑永远成不了精品'即使有再开阔的思路，再玄妙的设计，建筑也必须通过材料这个载体来实现的。绿色建筑是"绿色"建筑设计、施工和建材的集成，对材料的选用很大程度上决定了建筑的"绿色"程度。只有发展绿色建筑材料．才能促进绿色建筑业的发展，建筑材料绿色化是实现绿色建筑的基础。绿色建筑节能技术的实现有赖于建筑材料所具有的节能性，要使建筑节能技术按照国家标准的规定进行推广和应用，必须依靠绿色建筑材料的发展才能实现。

二、绿色建筑材料的基本概念

所谓绿色建筑材料是指在原料选取、产品制造、使用及废弃物处理等各环节,能源消耗少,对生态环境无害或危害极少，并对人类健康有利、可提高人类生活的卫生质量且与环境相协调的建筑材料。简单地讲．绿色建筑材料是指具有优异的质量、使用性能和环境协调性的建筑材料。

绿色建筑材料的性能必须符合或优于该产品的国家标准；在其生产过程中必须全部采用符合国家规定允许使用的原、燃材料，并尽量少用天然原、燃材料，同时排出的废气、废液、废渣、烟尘、粉尘等的数量、成分达到或严于国家允许的排放标准；在其使用过程中达到或优于国家规定的无毒、无害标准，并在组合成建筑部品时不会引发污染和安全隐患；其使用后的废弃物对人体、大气、水质、土壤等造成较小的污染，并能在一定程度上可再资源化和重复使用。

提高建筑材料的环境保护质量，从污染源上减少对室内环境质量的危害是解决室内空气质量、保证人体健康等问题的最根本措施。使用高绿色度的具有改善居室生态环境和保健功能的建筑材料，从源头上对污染源进行有效控制具有非常重要的意义。国外绿色建筑选材的新趋向是：返璞归真、贴近自然，尽量利用自然材料或健康无害化材料，尽量利用废弃物生产的材料，从源头上防止和减少污染。这些观点已被我国的建筑设计师们认可并采纳，在一些绿色建筑中逐渐实施。

（一）绿色建筑材料的基本特征

绿色建筑材料又称为生态建筑材料、环保建筑材料和健康建筑材料等。绿色建筑材料与传统的建筑材料相比，具有以下 7 个方面的基本特征。

（1）绿色建筑材料是以相对低的资源和能源消耗、环境污染作为代价，生产出高性能的建筑材料。

（2）绿色建筑材料生产应尽可能少用天然资源，而应大量使用尾矿、废渣、废液、垃圾等废弃物。

（3）产品的设计是以改善生产环境、提高生活质量为宗旨，即产品不仅不损害人体健康，还应有益于人体健康，产品具有多功能化，如抗菌、灭菌、防毒、除臭、隔热、阻燃、防火、调温、调湿、消磁、防射线和抗静电等。

（4）产品可循环或回收及再利用，不产生污染环境的废弃物，在可能的情况下选用废弃的建筑材料，如旧建筑物拆除的木材、五金和玻璃等，以减轻建筑垃圾处理的压力、

（5）在产品生产过程中不使用甲醛、卤化物溶剂或芳香族烃类化合物，产品中不含汞、铅、铬和镉等重金属及其化合物。

（6）建筑材料能够大幅度地减少建筑能耗，如具有轻质、高强、防水、保温、隔热和隔声等功能的新型墙体材料。

（7）避免在使用过程中会释放污染物的材料，并将材料的包装减少到最低程度。

（二）绿色建筑材料的基本类型

根据绿色建筑材料的基本概念与特征，国际上将绿色建筑材料分为基本型、节能型、环保型、特殊环境型、安全舒适型和保健功能型 6 种类型。

（1）基本型建筑材料。基本型建筑材料是指满足能使用性能要求和对人体健康无害的材料，这是绿色建筑材料的最基本要求。在建筑材料的生产及配置过程中，不得超标使用对人体有害的化学物质，产品中也不能含有过量的有害物质，如甲醛、氮气和 VOCs 等。

（2）节能型建筑材料。节能型建筑材料是指在生产过程中，能够明显地降低对传统能源和资源消耗的产品。因为节省能源和资源，使人类已经探明的有限的能源和资源得以延长使用年限。这本身就是对生态环境做出了贡献．也符合可持续发展战略的要求。同时降低能源和资源消耗，也就降低了危害生态环境的污染物产生量，从而减少了治理的工作量。生产中常用的方法如采用免烧或者低温合成，以及提高热效率、降低热损失和充分利用原料等新工艺、新技术和新型设备，此外还包括采用新开发的原材料和新型清洁能源生产的产品。

（3）环保型建筑材料。环保型建筑材料是指在建材行业中利用新工艺、新技术，对其他工业生产的废弃物或者经过无害化处理的人类生活垃圾加以利用而生产出的建材产品。例如：使用工业废渣或者生活垃圾生产水泥，使用电厂粉煤灰等工业废弃物生产墙体材料等。

（4）特殊环境型建筑材料。特殊环境型建筑材料是指能够适应恶劣环境需要的特殊功能的建材产品，如能够适用于海洋、江河、地下、沙漠、沼泽等特殊环境的建材产品。这类产品通常都具有超高的强度、抗腐蚀、耐久性能好等特点。我国开采海底石油、建设长江三峡大坝等宏伟工程都需要这类建材产品。产品寿命的延长和功能的改善，都是对资源的节省和对环境的改善。比如使用寿命增加一倍，等于生产同类产品的资源和能源节省了 1 倍，对环境的污染也减少了 1 倍。相比较而言，长寿命的建材比短寿命的建材就更增加了一分"绿色"

的成分。

（5）安全舒适型建筑材料安全舒适型建筑材料是指具有轻质、高强、防火、防水、保温、隔热、隔声、调温、调光、无毒、无害等性能的建材产品。这类产品纠正了传统建材仅重视建筑结构和装饰性能，而忽视安全舒适方面功能的倾向，因而此类建材非常适用于室内装饰装修。

（6）保健功能型建筑材料。保健功能型建筑材料是指具有保护和促进人类健康功能的建材产品，如具有消毒、防臭、灭菌、防霉、抗静电、防辐射、吸附二氧化碳等对人体有害的气体等功能。这类产品是室内装饰装修材料中的新秀，也是值得今后大力开发、生产和推广使用的新型建材产品。

三、绿色建筑对建筑材料的基本要求

各类建筑物反映了人和社会环境、自然环境的关系，为了使这些关系融洽和谐，进而促进人类文明的提升和环境效益，非常有必要发展绿色建筑材料。建筑物的功能是通过合理选择建筑材料和施工来完成的，绿色建筑的内涵大多需通过建筑材料来体现。长期以来，建筑材料主要依据对其力学功能要求进行开发，结构材料主要要求高强度、高耐久性等；而装饰材料则要求装饰功能和造型美学性。

21世纪的建筑材料要求在建筑材料的设计、制造工艺等方面，要从人类健康生存的长远利益出发，为实施绿色建筑长远规划，开发和使用绿色建筑材料，以满足人类社会的可持续发展目标。绿色建筑对建筑材料的基本要求主要包括资源消耗方面、能源消耗方面、环境影响方面、室内环境质量方面、材料本地化方面、建材回收利用方面、现行国家标准对材料选择要求等。

（一）资源消耗方面的要求

绿色建筑对建筑材料在资源消耗方面的要求是：①尽可能地少用不可再回收利用的建筑材料；②尽量选用耐久性好的建筑材料，以便使建筑物有较长的使用寿命；③尽量使用和占用较少的不可再生资源生产的建筑材料；④尽量选用可再生利用、可降解的建筑材料；⑤尽量使用各种废弃物生产的建筑材料，降低建筑材料生产过程中天然和矿产资的消耗。

（二）能源消耗方面的要求

绿色建筑对建筑材料在能源消耗方面的要求是：①尽可能使用生产过程中能耗低的建筑材料；②尽可能使用可以减少建筑能耗的建筑材料；③使用能充分利用绿色能源的建筑材料，降低建筑材料在生产过程中的能源消耗，保护生态环境。

（三）环境影响方面的要求

绿色建筑对建筑材料在环境影响方面的要求是：①选用的建筑材料在生产过程中的二氧化碳排放量较低，对环境的影响比较小；②建筑材料在生产和使用中对大气污染的程度低；③对于生态环境产生的负荷低，降低建筑材料对自然环境的污染，保护生态环境。

（四）室内环境质量方面的要求

绿色建筑对建筑材料在室内环境质量方面的要求是：①最佳地利用和改善现有的市政基地设施，尽可能选用有益于室内环境的建筑材料；②选用的建筑材料能提供优质的空气质量、热舒适、照明、声学和美学特征的室内环境，使居住环境健康舒适；③选用的建筑材料应具有很高的利用率，减少废料的产生。

（五）建筑材料本地化方面的要求

绿色建筑对建筑材料在本地化方面的要求是：鼓励使用当地生产的建筑材料，提高就地取材制成的建筑产品所占的比例。建材本地化是减少运输过程的资源、能源消耗，降低环境污染的重要手段之一。对建筑材料本地化的要求，应当符合现行国家标准《绿色建筑评价标准》（GB/T50378—2006）中规定。

（六）建材回收利用方面的要求

建筑是能源及材料消耗的重要组成部分，随着环境的日益恶化和资源日益减少，保持建筑材料的可持续发展，提高能耗、资源的综合利用率，已成为当今社会关注的课题。在人为拆除旧建筑或由于自然灾害造成建筑物损坏的过程中，会产生大量的废砖和混凝土废块、木材及金属废料等建筑废弃物，例如汶川大地震据估算将产生超过 $5 \times 10^8 t$ 的建筑垃圾。

如果能将其大部分作为建筑材料使用，成为一种可循环的建筑资源，不仅能够保护环境，降低对环境的影响，而且还可以节省大量的建设资金和资源。目前，从再利用的工艺角度，旧建筑材料的再利用主要包括直接再利用与再生利用两种方式。其中，直接再利用是指在保持材料原型的基础上，通过简单的处理，即可将废旧材料直接用于建筑再利用的方式。

（七）现行国家标准对材料选择要求

绿色建筑对于建筑材料选择的要求，在我国现行国家标准《绿色建筑评价标准》（GB/T50378—2006）中有明确规定。

（1）室内装饰装修材料满足相应产品质量国家或行业标准；其中材料中有害物质含量满足《室内装饰装修材料有害物质限量》GB18580 ~ GB18588 和《建筑材料放射性核素限量》（GB6566—2010）的要求。

（2）采用集约化生产的建筑材料、构件和部品，减少现场加工。

（3)建筑材料就地取材，至少20%(按价值计)的建筑材料产于距施工现场500km范围内。

（4）使用耐久性好的建筑材料，如高强度钢、高性能混凝土、高性能混凝土外加剂等。

（5）将建筑施工、旧建筑拆除和场地清理时产生的固体废弃物中可循环利用、可再生利用的建筑材料分离回收和再利用。在保证安全和不污染环境的情况下，可再利用的材料（按价值计）占总建筑材料的5%；可再循环材料（按价值计）占所用总建筑材料的10%。

（6）在保证性能的前提下，优先使用利用工业或生活废弃物生产的建筑材料。

（7）使用可改善室内空气质量的功能性装饰装修材料。

（8）结构施工与装修工程一次施工到位，避免重复装修与材料浪费。

（9）采用高性能、低材耗、耐久性好的新型建筑结构体系。

四、我国绿色建筑材料的发展途径

有关统计数据显示，我国建筑材料工业每年消耗原材料 50×10^8 t t，消耗煤炭 2.3×10^8 t t，约占全国能源总消耗的 15.8%，废气排放量 1.096×10^8 t m3。水泥、石灰与传统墙体材料等，排放一氧化碳约为 6.6×10^4 t，占全国工业一氧化碳排放量的 40% 左右。如果继续按照之前粗放型的模式发展，建筑材料工业将会给生态环境带来更大的影响。与此同时，根据我国近期规划目标，未来 3 年内我国将新建绿色建筑 10×10^8 t m2；到 2019 年末，20% 的城镇新建建筑要达到绿色建筑标准。显然，绿色建材将成为建材工业转型升级和绿色建筑国家战略的必然选择．有着巨大的潜在市场。由此可见，大力发展绿色建筑材料是我国经济发展中的一项重要任务。

（1）强化宣传工作利用各种宣传工具（广播、电视、报纸、书刊等）和各种宣传形式（如学术报告会、技术交流会、信息发布会、政策研讨会、产品展示会以及绿色材料识别标志和企业形象设计等），广泛宣传绿色建材的知识和重大意义，强化全民族的绿色意识，以转变人们的价值观念，促进绿色材料的推广和应用。

（2）建立并完善标准认证体系目前，我国具有较完整、配套的产品标准和相关的技术标准（国家标准、行业标准、地方标准和企业标准），这是组织生产、开展营销活动的依据。但现在还缺少专门绿色准则的标准，将绿色建材纳入规范管理体系。国外发达国家为促进绿色建材的发展，都是从制定、实施建材产品环保"绿色"标志认证制度入手的。借鉴国外经验，建议由中国建材工业协会、国家环保总局牵头，协同建设、化工、冶金等有关部门，成立国家绿色建材标志认证委员会，负责制定、实施环保"绿色"标志认证工作。

（3）对旧设备、旧技术进行改造我们应研究开发大型化、高科技的生产技术、绿色生产技术和设备，关停或合并那些高能耗、小规模、污染严重的企业，合理配备资源，优化组合，使现代化的绿色建材产品在技术上成为可能。

（4）加强信息工作要充分发挥信息的导向作用，建立健全信息库和网络，不断提高信息服务的质量，为从事绿色建筑材料的单位提供及时、准确、系统的信息，以促进我国绿色建材更快更好的发展。

（5）以综合利用为重点材料的生产过程均会产生"三废"。对于工业废渣的处理是一个迫切而又艰难的问题。经济地处理这些废弃物，有效地使用再生资源，已成为世界大多数国家普遍关注的问题。在选用材料时．应提倡使用那些可以循环使用、重复使用、再生使用的材料（即 3R 材料），以减少资源的浪费。

（6）加强法制建设，建立绿色建材市场制定相关产业政策和配套法规。对符合绿色标准的产品，要求由国家绿色建材标志认证委员会发给"绿色"标志证书，方可在市场上流通。利用行政手段和经济杠杆，借助强有力的政策、法规，是实现绿色目标的重要保证。绿色建材跨越建材、建工、化工、冶金、轻工、农林、煤炭等部门，为了加强其发展，做好协调工作，应成立有关部门参加的国家绿色建材协调领导小组，进行综合协调指导、政策法规制定、质量检查监督、技术信息服务、培育和规范市场等工作，以引导绿色建材的健康发展。

绿色建材是 21 世纪我国建材工业发展的必由之路。我们要以战略的眼光、时代的紧迫感和历史责任感，加快绿色建材工业的发展，用健康、安全、舒适、美观的绿色建筑物，造福于社会，造福于人民。人类只有一个"地球村"，生命也只有一次，拥有一个生态平衡的"绿色"地球，是人类共同的愿望。

第二节　绿色建筑材料评价体系与方法

随着社会经济和城市化的发展，生态、环保、可持续发展的思想日益得到认可，给 21 世纪人类的生活与环境带来不可抗拒的改变。可持续发展是从环境和资源角度出发提出的关于人类社会长期发展的思想和战略，这一思想反映到建筑学领域即体现为一种关注环境的建筑设计和技术策略，或称之绿色建筑学。从上世纪初开始，早期的绿色建筑研究主要集中在建筑技术探索，着眼点是建筑节能，研究侧重于新型建筑材料研制、建筑构造改良和再生能源利用等方面。

20 世纪 80 年代中期，绿色建筑理论研究和实践在一些国家展开，新能源技术、绿色建材技术、建筑节能技术、废弃物和污染物处理技术等被综合运用于单个建筑物。进入 20 世纪 90 年代，"绿色"思想开始为人们普遍接受，世界各国的绿色建筑研究进入了一个新时期，建筑师突破专业局限，与其他学科专家广泛合作，绿色建筑研究逐步由建筑个体上升到体系方面的思考。绿色建材是绿色建筑的基础，它对绿色建筑的发展和效果起着重要的作用。将绿色建筑的研究、生产和高效利用能源技术和各种新的绿色建筑技术的研究密切结合起来是未来建筑的发展趋势。

工程实践充分证明，绿色建筑材料评价体系便是绿色建筑发展不可或缺的内容，与绿色建筑相比，绿色建筑建材评估是 20 世纪 90 年代以来刚刚发展起来的一项研究。绿色建筑材料评价体系是应用在绿色建材整体寿命周期内的一套明确的评价系统，以一定的准则来衡量建筑在整个阶段达到的"绿色"程度，同时通过确立一系列的指标体系，为各个方面提供具体清晰的条例以指导和鉴定绿色建材的实践。对于绿色建筑材料的评价研究是随着绿色建筑设计方式的不断进步，以及绿色建材实例的不断涌现而逐步形成发展的。各国逐渐建立相应的标准和测试方法，并对符合健康要求的材料发放环境标志。

一、绿色建筑材料的评价体系

实施绿色建筑的主要途径之一是开发和使用绿色建筑材料，使得建筑与人和环境的关系和谐融洽。21 世纪的建筑材料要求在建筑材料的设计、制造工艺和对建筑材料评价等方面，要从人类健康生存的长远利益出发，为实施绿色建筑长远规划，开发和使用绿色建筑材料，以满足人类社会的可持续发展目标。可持续发展已经受到全球的重视，环境价值观正在形成，应该将环境价值观尽快渗入到各科学技术领域。材料科学的发展推动了人类社会的发展，是人类文

明的物质基础，每种材料的问世都会引起人们日常生活的巨大变化。随着绿色建筑与绿色建材工业的发展，对人类生活和环境的改善将会越来越显著。

绿色建筑材料评价体系的问题评价体系是评定绿色建筑材料首先要考虑的问题。目前国内主要存在以下几类评价体系。一是单因子评价法，即根据单一因素及影响因素确定其是否为绿色建材。一般用于卫生类建筑材料的评价，包括放射性强度、有害物质的含量等。例如对室内墙体涂料中有害物质限量（甲醛、重金属、苯类化合物等）做出具体数位的规定，符合规定的就认定为绿色建筑材料，不符合规定的则为非绿色。二是复合类评价指标，主要由挥发物总含量、人体感觉试验、防火等级和综合利用等指标构成。在这类指标中，如果有其中某一项指标不合要求，并不一定将其排除出绿色建筑材料范围，而是根据多项指标给出综合判定，最终给出其体的评价，确定其是否为绿色建筑材料。

大量的研究结果表明，与人体健康直接相关的室内空气污染，主要来自室内墙面、地面装饰材料以及门窗和家具的制作材料等。这些材料中 VOCs、苯、甲醛和重金属等的含量及放射性强度均会对人体健康造成损害，其损害程度不仅与这些有害物质有关，而且与其散发特性即散失时间有关，因此绿色建筑材料测试与评价指标应综合考虑建材中各种有害物质含量及散发特性，并选择科学的测试方法，确定明确的可量化的评价指标。

根据绿色建筑材料的定义和特点，绿色建筑材料应满足4个目标，即基本目标、环保目标、健康目标和安全目标。基本目标包括功能、质量、寿命和经济性；环保目标要求从环境角度考核建筑材料生产、运输、废弃等各环节对环境的影响；健康目标考虑到建筑材料作为一类特殊材料与人类生活密切相关，使用过程中必须对人类健康无毒无害；安全目标包括耐燃性和燃烧释放气体的安全性。围绕以上4个目标制定绿色建筑材料的评价指标，可概括为产品质量指标、环境负荷指标、人体健康指标和安全指标。量化这些指标并分析其对不同类建材的权重，利用 ISO14000 系列标准规范的评价方法作出绿色度的评价。

我国现阶段的绿色建筑材料评价体系是从材料寿命周期出发，采用数理统计的方法，从资源、能源、环境、使用性能、技术经济、环境负荷及再生利用性能等方法进行综合评价。评价指标主要有产品质量指标、环境负荷指标、人体健康指标和安全指标等。目前，我国有关绿色建筑材料的评价标准大致根据以下 3 个方面确定。

（1）ISO14000 体系认证 ISO14000 是国际标准化组织（ISO）第 207 技术委员会（TC207）从 1993 年开始制定的一系列环境管理国际标准，它包含了环境管理体系（EMS）、环境行为体系（EPE）、环境管理（EM）、寿命周期评价（LCA）、产品标准中环境因素（SAFS）等国际环境管理领域的研究与实践的焦点问题，共包括 100 个标准号，统称为 ISO14000 系列标准。ISO14000 系列标准向各国政府及各类组织提供统一、一致的环境管理体系及产品的国际标准和严格、规范的审核认证办法。

（2）环境标志产品认证 环境标志产品认证是国内最权威的绿色产品、环保产品认证，又被称作十环认证，代表官方对产品的质量和环保性能的认可。由环保部指定中环联合(北京)认证中心（环保部环境认证中心）为唯一认证机构，通过文件审核、现场检查、样品检测三个阶段的多准则审核来确定产品是否可以达到国家环境保护标准的要求。

环境标志产品技术要求规定，获得环境标志的产品必须是质量优、环境行为优的双优产品，二者相辅相成，共同决定了环境标志产品双优特性这一基本特征。环境标志产品认证具有权威性，但只是产品性能标准和环境标准的简单结合，难以在通过认证的产品中定量评价哪种性能指标和安全性更好。

（3）国家相关安全标准体系对于建筑材料的健康和安全问题，我国政府十分重视。2001 年 12 月 29 日，国家质量监督检验检疫总局和国家标准化管理委员会联合发布了《室内装饰装修材料有害物质限量》等 10 项国家标准，这 10 项强制性国家标准包括人造板及其制品、内墙涂料、溶剂型木器涂料、胶黏剂、地毯及地毯用胶黏剂、壁纸、木家具、聚氯乙烯卷材地板、混凝土外加剂、建筑材料放射性核元素等。

以上 3 种评价体系在评价建筑材料的过程中，内容上各有所侧重，很难以一种体系对绿色建材进行定量分析和全面综合评价。国际上公认用 ISO14000 体系认证中全寿命周期理论评价材料的环境负荷性能是最好的，能够通过确定和定量化的研究能量和资源利用，及由此造成的废弃物的环境排放来对产品进行综合、整体、全面的评价。

二、绿色建筑材料的评价方法

目前，我国绿色建筑材料的研究尚处于发展的初级阶段，虽然市场上出现了各种各样的所谓的"绿色建材"，但没有一个是通过认真科学的评价而确定的，因此在我国急需建立一个比较完整科学的绿色建材评价体系。建立这个评价体系本身不是目的，而是通过绿色建材评价体系的建立，改变人们的观念和生活习惯．协助政府制订相关政策，促进和引导材料向着性能优良、环境协调、提高人类生活质量的方向发展．这才是我们探索绿色建材评价体系的根本目的。

（一）绿色建筑材料的评价方法

生命周期评价法是评价环境负荷的一种重要方法，但其在评价范围、评价方法上也有局限性：① LCA 所做的假设与选择可能带有主观性，同时受假设的限制，可能不适用所有潜在的影响；②研究的准确性可能受到数据的质量和有效性的限制；③由于影响评估所用的清单数据缺少空间和时间尺度，使影响结果产生不确定性。目前 LCA 作为产品环境管理的重要支持工具，需要产品从原材料的开采、生产制造、使用和废弃处理的整个生命周期的环境负荷数据的支持，由于很多数据缺乏公开性、透明性和准确性，因此 LCA 数据的可获得性较差；同时 LCA 数据的地域性很强，不同国家和地域的环境标准差异，数据缺乏通用性；因此，LCA 评价实施者很难获得全面的、最新的、精确的和适应性强的数据。

材料评价的发展 LCA 评价体系的创立，从根本上为我们全面客观地对材料进行评价指明了方向。在应用 LCA 进行全寿命评价时，不同的研究人员根据不同情况采用了不同的方式，进而发展出不同的评价方法。有的采用了权重系数综合评价法，有的采用的是线性规划法，有的采用了逆矩阵法等等；在环境质量评价时使用了指数评价模型（包括单因子和多因子法）、分级聚类模型（包括积分值法，即 M 值法、W 值法、模糊评价法）等，进行了有益探索。由于在进行 LCA 评估时的复杂性，有的采用了定量评估法，有的采用了定性评估法，有的采用了定性评估和定量评估相结合的方法。

（二）绿色材料评价体系的构建原则

我国绿色建材产品评价体系和评价方法的研究，应遵循科学性和实用性相结合的原则。建立绿色建材产品评价体系要有高度的科学性、实用性和可操作性。指导思想应符合 ISO9000 和 ISO14000 的基本思想，同时兼顾我国建筑材料的发展水平，应适合我国的国情和建材行业的实际情况，并能激励建材行业生产技术水平的不断提高。为了使评价体系能反映我国建材产品的真实情况，在建立绿色建材产品评价体系时贯彻以下的构建原则。

（1）符合本国实际情况要针对我国自身的地域、经济、社会及技术水平现状，根据实际需要建立具有本国特色的绿色建材产品评价体系，既要考虑对最终产品进行检测评估 . 同时又要过程控制。在具体指标设立时，应考虑建材行业的具体情况和现有水平，如能耗水平、环境污染排放水平等，不能只盲目靠近国际先进水平。

（2）符合国家的产业政策评价的产品必须是国家产业政策允许生产的，且必须符合国家制定的产业调控方针、相关产业政策及标准。

（3）指标科学性和实用性建立绿色建材产品评价体系并非单纯的理论探索，它是能发挥实际作用的体系，如果没有实用性和可操作性，建立评价体系就毫无意义。建材品种繁多，不可能用一个简单的指标来规范，要经过大量的调研，掌握相关资料 . 分门别类制定实用性和操作性较强的评价指标，指标须具有明确的物理意义、测试方法标准，统计计算方法规范，以保证评价的科学性、真实性和客观性。

（4）产品选择性和适用性从理论上讲，绿色建材产品评价的范围应针对所有的建材产品，但是考虑到目前我国建材工业的发展水平和在绿色建材产品评价方面的工作基础，首先选择建筑材料中应用范围广泛、产量大、能耗相对较高、对环境影响大的产品，以及人们最为关心的建筑装饰装修材料进行绿色化评价，逐步过渡到对所有的建筑材料进行绿色化评价。

（5）动态性和等级制随着材料科学技术的发展和人们环境意识的提高，绿色建材的评价范围和评价指标也应根据发展的不同阶段相应地发展和完善，能够综合反映绿色建材的发展趋势和现状特点。同时在各阶段应针对不同对象及生产水平分成若干等级，便于管理。

（6）指标针对性和可量化性绿色建材产品评价指标应包括建材产品整个生命周期各个环节对环境及人类健康的影响，但鉴于当前的生产力水平和人们的物质生活水平以及管理体制方面的因素，绿色建材产品指标选择了直接影响环境和人体健康的相关指标。

第三节　绿色建筑材料制备与应用

我国正处于工业化、城镇化、信息化和农业现代化快速发展的历史时期，人口、资源、环境的压力日益凸显。根据我国的实际情况，建设绿色生态城区、加快发展绿色建筑，不仅是转变我国建筑业发展方式和城乡建设模式的重大问题，也直接关系群众的切身利益和国家

的长远利益。因此，发展节能绿色建筑材料与应用技术，实现建筑节能、环保、成本等综合性能最优化，是满足我国节能减排、发展低碳经济的迫切需要。

为推动绿色建筑和绿色建材制备与应用技术的健康发展，在我国的《"十二五"绿色建筑和绿色生态城区发展规划》中明确指出提高自主创新和研发能力，推动绿色技术产业化，加快产业基地建设，培育相关设备和产品产业，建立配套服务体系，促进住宅产业化发展。

一是加强绿色建筑技术的研发、试验、集成、应用，提高自主创新能力和技术集成能力，建设一批重点实验室、工程技术创新中心，重点支持绿色建筑新材料、新技术的发展。二是推动绿色建筑产业化，以产业基地为载体，推广技术含量高、规模效益好的绿色建材，并培育绿色建筑相关的工程机械、电子装备等产业。三是加强咨询、规划、设计、施工、评估、测评等企业和机构人员教育和培训。四是大力推进住宅产业化，积极推广适合工业化生产的新型建筑体系，加快形成预制装配式混凝土、钢结构等工业化建筑体系，尽快完成住宅建筑与部品模数协调标准的编制，促进工业化和标准化体系的形成，实现住宅部品通用化，加快建设集设计、生产、施工于一体的工业化基地建设。大力推广住宅全装修，推行新建住宅一次装修到位或菜单式装修，促进个性化装修和产业化装修相统一，对绿色建筑的住宅项目，进行住宅性能评定。五是促进可再生能源建筑的一体化应用，鼓励有条件的地区对适合本地区资源条件及建筑利用条件的可再生能源技术进行强制推广，提高可再生能源建筑应用示范城市的绿色建筑的建设比例，积极发展太阳能采暖等综合利用方式，大力推进工业余热应用于居民采暖，推动可再生能源在建筑领域的高水平应用。六是促进建筑垃圾综合利用，积极推进地级以上城市全面开展建筑垃圾资源化利用，各级住房城乡建设部门要系统推行建筑垃圾收集、运输、处理、再利用等各项工作，加快建筑垃圾资源化利用技术、装备研发推广，实行建筑垃圾集中处理和分级利用，建立专门的建筑垃圾集中处理基地。

一、水泥材料的绿色化

在建筑工程中所用的胶凝材料，可分为水硬性胶凝材料和非水硬性胶凝材料。按照其硬化条件的不同，可分为气硬性胶凝材料和水硬性胶凝材料。水硬性胶凝材料是指能与水发生化学反应凝结和硬化，且在水下也能够凝结和硬化并保持和发展其强度的胶凝材料，水泥是一种典型的水硬性胶凝材料。

（一）高性能水泥的定义与用途

水泥基材料是用量最大的人造材料，在今后数十年甚至上百年内仍然无可替代。目前，我国水泥年产量已超过 20 亿吨，随着国民经济的持续发展，大规模基础设施建设还将持续多年，对水泥的需求量仍将有大幅度的增长。但是，水泥生产消耗大量的石灰石、黏土、煤等不可再生的资源，排放数以亿计的 CO_2、SO_2 和 NO_x 等废气及粉尘，对环境造成严重污染。数量扩张型的水泥工业发展模式将使我国能源、资源和环境不堪重负。此外，社会发展对水泥性能提出更高的要求：施工性更好、水化热更高、体积更稳定、耐腐蚀性和耐久性更好。因此，降低消耗、提高性能是水泥工业发展的方向，以减少量的高性能水泥达到较大量低质水泥的使用效果是水泥科学与技术研究的主要目标。

另一方面，我国每年排放各类固态工业废弃物 $10 \times 10^8 t$ 以上，相当大的部分具有潜在的活性或胶凝性，但是利用率很低。这些废弃物堆积如山，造成极大的环境污染，同时也是巨大的资源浪费。这就迫切需要水泥工业在降低自身造成的环境负荷的同时，能够成为大量消纳其他工业排放的废弃物、清洁环境的绿色产业。

上述问题引起了政府和科技界的高度重视，国家科技部于 2002 年在国家重点寄出研究发展计划（"973"计划）中批准了"水泥低能耗制备与高效应用的基础研究"项目，开展水泥和水泥基材料高性能化涉及的关键科学问题的研究，由此为制备具有高的强度、优异的耐久性和较低环境负荷的高性能水泥材料打下良好的科学基础。

高性能水泥是由高胶凝性的水泥熟料和经过高度活化的辅助胶凝组分构成。在适宜的配料方案和烧成制度下，可以制成 28d 抗压强度大于 70MPa 的高阿利特（C_3S 含量 65% ~ 70%）硅酸盐水泥熟料，除了本身具有很高的强度外，还对辅助胶凝材料有较强而持续的激发作用。采取不同方式对煤矸石和粉煤灰工业废渣进行活化并复合，形成辅助胶凝组分，并与水泥熟料组成高强度、高性能水泥体系。

该项研究成果是国内近年来水泥领域基础研究的最高水平，对于水泥和混凝土科学技术研究具有重要的参考价值，对水泥生产和应用具有实际指导作用。这种高性能水泥是我国建材领域的原创技术，可大幅度提高水泥基材料的性能，包括强度和耐久性，用较少的水泥熟料生产较大量的水泥，充分利用工业废渣的潜在胶凝性，使其在水泥混凝土的利用从单纯的增加产量为目的，转化为既降低环境负荷又使之作为高性能水泥中不可缺少的性能调节组分。这种高性能水泥将成为我国 21 世纪水泥工业的发展方向，它将使水泥熟料产量降低，生产能耗下降，资源消耗减少和环境负荷减轻，同时又使水泥强度和耐久性大幅度提高，大力发展高性能水泥工业，走向以高性能提高替代数量增长的绿色发展模式。

（二）水泥绿色生产的途径

21 世纪我国水泥工业发展的重点为用现代化干法水泥制备技术, 合理调整企业规模结构、行业技术和产品结构，强化节能、环保及资源利用，进一步提高和改善产品实物质量和使用功能。总结国内外水泥生产的经验，提高水泥的绿色制造应在以下几个方面开展工作。

1. 研究开发大型新型水泥技术

"十一五"期间，我国水泥工业在新型干法、水泥预分解窑节能煅烧工艺、大型原料均化、节能粉磨、自动控制和环境保护等方面，从设计、装备制造到工程总承包都接近或达到了世界先进水平，成套装备和技术出口到包括欧美等 50 多个国家，并已经得到业主的广泛、高度认同。"十二五"期间，我国水泥工业已经从高速增长向产业结构调整、提升行业集中度等深层次调整转变的阶段。因此，研究开发大型新型水泥生产技术，提高水泥工业整体技术装备水平，减少污染物的排放，降低能源和资源的消耗，仍然是水泥工业重点研究课题。在这方面可采取如下技术措施。

（1）低品位矿山经合理搭配开采与均化，生产高强优质水泥熟料，可以节约高品位原料.使资源得到充分利用。此外，原料进入场地后，通过在线快速分析进行前馈控制，大大简化了厂内预均化与生料均化，既保证生料质地，又可节省投资。

（2）推广应用新型烧成体系，这种体系具有如下技术：①高效、低阻预热预分解技术，无烟煤、劣质煤及替代燃料锻烧技术研究，以工业废弃物代替原生矿物资源烧制水泥熟料技术；②低温余热发电技术与装备；③预分解短窑技术开发；④高效冷却机的研究；⑤使用垃圾的焚烧灰和下水道污泥的脱水干粉作为主要原料生产水泥的新技术；⑥利用回转窑温度高，热惯量大、工况稳定，气、料流在窑内滞留时间长以及窑内高温气体湍流强烈等优点，消解可燃性废料及化工、医疗行业排出的危险性废弃物；⑦研制开发新型多通道燃料燃烧器，进一步减少低温一次风量，更便于窑内火焰及温度的合理控制，有利于低质燃料及二次燃料利用，亦可以减少氮氧化合物的生成量。

2. 研究开发特种和新品种水泥

特种水泥和新品种水泥的种类多样，为满足各类工程建设的不同需要提供了更可能。对于提高有特殊要求的工程施工质量、降低能耗、减少污染、替代稀缺资源等大有裨益。从目前特种水泥新品种的性能、添加料、用途等情况，可以大致将特种水泥研发方向确定为以下五个：一是常用水泥性能的改进；二是特殊性能水泥的开发；三是生态水泥研究；四是水泥替代其他材料研究；五是工艺水泥研究。

研究开发特种和新品种水泥，加强废弃物的综合利用，扩大和改进水泥应用范围和使用功能。特种和新品种水泥的研究开发，主要通过熟料矿物及水泥材料组成的优化匹配、利用工业及城市废弃物和低品位原料等，实现水泥性能与功能的合理调节及环境负荷的大幅度降低。重点发展方向主要包括以下4个方面。

（1）具有反映控制能力、结构控制能力、环境调节功能和智能功能的特殊水泥。

（2）以节能、降耗、环保和提高水泥性能为主导的环境负荷减少型和环境共存型改性水泥体系及新型高性能水泥体系。

（3）先进水泥基材料。利用材料的复合与优化技术，如DSP、MDF类超高强水泥基材料，实现水泥基材料的高致密化和性能的突变，达到抗压强度300 ~ 800MPa，抗折强度75 ~ 150MPa。

（4）以工业废弃物替代原生矿物材料，如用矿渣、火山灰等烧制水泥熟料，或以粉煤灰、石灰石粉、矿渣作为混合料磨制混合水泥，这样可减少普通硅酸盐水泥的用量，减少石灰石等天然资源的用量，节省烧制水泥所消耗的能量，降低二氧化碳的排放量。

3. 大力发展高性能混凝土

主要围绕进一步改善混凝土的工作性能、力学性能和耐久性能，进而提高混凝土工程的安全性能，延长工程的使用寿命，对作为混凝土中最主要的胶凝材料——水泥的高性能化进行研究开发，同时对作为混凝土第5组分的高效化学外加剂和第6组分的新型高活性矿物掺和料进行重点研究开发。

通过对特种和新品种水泥体系的研究开发，进一步拓宽水泥及其制品的应用领域，提高水泥应用性能；并通过对混凝土新型高活性矿物掺合料和高效化学外加剂的研发和应用，大幅度改善水泥混凝土的施工性能、强度和耐久性。

二、混凝土的绿色化

混凝土是建筑工程中应用最广、用量最大的建筑材料之一，任何一个现代建筑工程都离不开混凝土。混凝土广泛应用于工业与民用建筑工程、水利工程、交通工程、地下工程、港口工程和国防工程等，是世界上用量最大的人工建筑材料。

（一）绿色高性能混凝土的定义

我国混凝土专家认为：绿色高性能混凝土（简称 GHPC）是在高强混凝土（简称 HSC）的基础上发展起来的，高性能混凝土必须是流动性好的、可泵性能好的混凝土，以保证施工的密实性，确保混凝土质量；高性能混凝土一般需要控制坍落度的损失 . 以保证施工要求的工作度；耐久性是高性能混凝土的最重要技术指标。

根据混凝土技术的不断发展和结构对混凝土性能的需求，现代高性能混凝土的定义可简单概括为：GHPC 是一种新型高技术混凝土，是在大幅度提高普通混凝土性能的基础上，采用现代混凝土技术，选用优质的原材料，在严格的质量管理条件下制成的高质量混凝土。它除了必须满足普通混凝土的一些常规性能外，还必须达到高强度、高流动性、高体积稳定性、高环保性和优异耐久性的混凝土。

根据《高性能混凝土应用技术规程》（CECS207：2006）中的规定，采用常规材料和生产工艺，能保证混凝土结构所要求的各项力学性能，并具有高耐久性、高工作性和高体积稳定性的混凝土，称为绿色高性能混凝土。混凝土的耐久性系指混凝土在所处工作环境下，长期抵抗内、外部劣化因素的作用，仍能维持其应有结构性能的能力。混凝土的工作性系指混凝土宜于施工操作、满足施工要求的性能总称。混凝土的体积稳定性系指混凝土达到初凝后，能够抵抗收缩或膨胀而保持原有体积的性能。

（二）绿色高性能混凝土的特点

（1）所使用的水泥必须为绿色水泥（简称 GC），砂石料的开采应以不破坏环境为前提。绿色水泥工业是指将资源利用率和二次能源回收率均提高到最高水平，并能够循环利用其他工业的废渣和废料，技术装备上强化了环境保护的技术和措施，水泥除了全面实行质量管理体之外，还真正实行全面环境保护的保证体系，废渣和废气等废弃物的排放几乎为零。

（2）最大限度地节约水泥用量，从而减少水泥生产过程中所排放的二氧化硫、二氧化碳等有毒气体，以保护自然环境。

（3）掺加更多的经过加工处理的工业废渣。如将磨细矿渣、优质粉煤灰、硅灰等作为活性掺和料，以节约水泥熟料、保护环境，并改善混凝土的耐久性。

（4）大量应用以工业废液尤其是以黑色纸浆废液为原料改性制造的减水剂，以及在此基础上研制的其他复合外加剂，以助于处理其他工业企业难以处置的液体排放物。

（5）集中搅拌混凝土和大力发展预拌混凝土，消除现场搅拌混凝土所产生的废料、粉尘和废水，并加强对废液和废料的使用。

（6）发挥高性能混凝土的优势，通过提高强度、减小结构截面积、结构体积等方法，

以减少混凝土的用量，从而节约水泥、砂石的用量；通过大幅度地提高混凝土的耐久性，延长结构物的使用寿命，进一步减少维修和重建的费用。

（7）对拆除的废弃混凝土可进行循环利用，大力发展再生混凝土。

（三）绿色高性能混凝土的分类

随着科学技术的快速发展，高性能混凝土的种类也在不断增长。目前，在工程中常用的有：环境友好型生态混凝土、再生骨料混凝土、粉煤灰高性能混凝土、减轻环境负荷混凝土。

（1）环境友好型生态混凝土

所谓环境友好型生态混凝土是指在混凝土的生产、使用直至解体全过程中，能够降低环境负荷的混凝土。目前，相关的技术途径主要有以下3条。①降低混凝土生产过程中的环境负担。这种技术途径主要通过固体废弃物的再生利用来实现，这种混凝土有利于解决废弃物处理、石灰石资源和有效利用能源的问题，成品为废弃物再生混凝土。②降低混凝土在使用过程中的环境负荷。这种途径主要通过提高混凝土的耐久性，或者通过加强设计、搞好管理来提高建筑物的寿命。延长了混凝土建筑物的使用寿命，就相当于节省了资源和能源，减少了 CO_2 的排放量。③通过提高性能来改善混凝土的环境影响。这种技术途径是通过改善混凝土的性能来降低其环境负担。

（2）再生骨料混凝土

再生骨料混凝土（RAC）简称再生混凝土，它是指将废弃混凝土块经过破碎、清洗、分级后，按一定比例与级配混合，部分或全部代替砂石等天然骨料（主要是粗骨料）配制而成的新的混凝土。相对于再生混凝土而言，把用来生产再生骨料的原始混凝土称为基体混凝土。再生混凝土按骨料的组合形式可以有以下几种：骨料全部为再生骨料；粗骨料为再生骨料、细骨料为天然砂；粗骨料为天然碎石或卵石、细骨料为再生骨料；再生骨料替代部分粗骨料或细骨料。目前利用再生骨料配制再生混凝土，已被看作发展绿色混凝土的主要措施之一。

（3）粉煤灰高性能混凝土

高性能混凝土是近年发展起来的一种新材料，是混凝土技术进入高科技时代的产物。高性能混凝土具有高工作性、高强度和高耐久性，通常需要使用矿物掺合料和化学外加剂。粉煤灰含有大量活性成分，将优质粉煤灰应用于高性能混凝土中，不但能部分代替水泥，而且能提高混凝土的力学性能。在现代砼工程中，粉煤灰已经为高性能混凝土的一个重要组分。工程实践证明，在大量掺入粉煤灰情况下配制出的高性能混凝土，将带来更大的经济效益和环境效益。

（4）减轻环境负荷混凝土所谓减轻环境负荷型混凝土，是指在混凝土的生产、使用直到解体全过程中，能够减轻给地球环境造成的负担。常见的此类混凝土如下：节能型混凝土、混合材料混凝土、利废环保型混凝土、免振自密实混凝土、高耐久性混凝土、人造轻骨料混凝土等。其中最常用的有节能型混凝土和利废环保型混凝土。

（四）混凝土生产绿色化的主要途径

100多年来，混凝土作为用量最大的结构工程材料，为人来建造现代化社会的物质文明

立下了汗马功劳。同时，混凝土的生产与使用消耗了大量的矿产资源，大量的能源，也给地球环境带来了不可忽视的副作用。作为当今最大宗的人造材料，水泥混凝土实现了绿色化生产，对节约资源、能源和人保护环境具有特别重大的意义。混凝土生产绿色化的途径主要表现在以下方面。

（1）降低水泥用量，开发新的水泥品种。改变水泥品种，降低单方混凝土中的水泥用量，将大大减少由于混凝土需求量越来越大带来的温室气体排放和粉尘污染。从配制绿色混凝土的角度考虑，就应这尽量提高胶凝材料中矿物掺合料（粉煤灰、磨细矿渣、天然沸石粉、硅粉等）的活性和掺加比例，尽量减少水泥的用量。另外，调整水泥产业结构、提高水泥质量、提高水泥品种方面还有很多工作可做，如生产环保型胶凝材料。

（2）大量利用工业废渣，减少自然资源和能源的消耗。固体废渣的利用，建筑业占主导作用，如粉煤灰和煤矸石在我国年产量近 $3 \times 10^8 \sim 4 \times 10^8 t$，虽然可以开展其他领域的综合利用，但数量有限，只有用于水泥混凝土中才有可能解决问题。要减少因水泥生产而排放的 CO_2、SO_2，唯一有效的措施是充分利用工业废渣。高性能混凝土能够科学地大量使用矿物掺和料，既能提高混凝土性能，又可减少对增加熟料水泥产量的需求；既可减少燃烧熟料时 CO_2 的排放，又因大量利用粉煤灰、矿渣及其他工业废料而有利于保护环境。

另一方面水泥厂也应生产高掺量混合材的水泥以适应各种工程的需要。此外，生产出掺量达到 50% ~ 60% 的高掺量粉煤灰混凝土，可能是我国建材行业既要保持熟料总量不变，而又能满足经济快速增长的需求的最有效途径。

（3）使用人造骨料、海砂、再生骨料等多种代用骨料，保护天然资源。近些年来，由于混凝土用量越来越大，混凝土的骨料资源出现了严重危机，因此必须开发新的混凝土骨料，并且要实现资源的可循环利用。

人造骨料就是以一些天然材料或工业废渣、城市垃圾、下水道污泥为原材料制得的混凝土骨料。可以用来生产人造骨料的工业废料很多，高炉矿渣、电炉氧化矿渣、铜渣、粉煤灰等。除此之外，还有粉煤灰陶粒、黏土页岩陶粒等人造轻骨料。使用轻骨料还可制造轻质混凝土材料，减轻建筑物的自重，提高建筑物的保温隔热性能，减少建筑能耗。

用海砂取代山砂和河砂作混凝土的细骨料，是解决混凝土细骨料资源问题的有效办法。海砂的资源很丰富，但是海砂中含有盐分、氯离子，容易使钢筋锈蚀，硫酸根离子对混凝土也有很强的侵蚀作用。此外，海砂颗粒较细，且粒度分布均一，很难形成级配；有些海砂混有较多的贝壳类轻物质。目前已经开发一些对海砂中盐分的处理方法，例如散水自然清洗法、机械清洗法、自然放置法。对于海砂的级配问题，主要采取掺入粗碎砂的办法进行调整，使之满足级配要求。

一般将废混凝土经过清洗、破碎分级，按一定比例相互配合后得到的骨料称为再生骨料。由于利用废弃的混凝土，需要一系列加工和分离处理，成本较高，所以我国废弃混凝土利用进程较慢。但是废弃混凝土的利用从保护环境、节省资源的角度有重要的社会效益。人造骨料、海砂、再生骨料是配置绿色混凝土的重要原料。

（4）使用绿色混凝土外加剂，防止室内环境污染，保护人体健康。混凝土外加剂在现代混凝土材料和技术中起着重要作用，选择优质的混凝土外加剂可以提高混凝土的强度、改善混凝土的性能、节省生产能耗、保护环境等。它在高性能混凝土、预拌混凝土中扮演着重要的角色，并促进了混凝土新技术的发展。

要实现混凝土绿色化.在外加剂方面也要下工夫，要使用无毒、无污染的混凝土外加剂，并开发新型高效能减水剂，提高混凝土质量，配置了绿色混凝土。同时，大量应用以工业废液生产的外加剂，帮助其他工业消化处液体排放物，促进废物利用。

（5）注重混凝土的工作性，节省人力，减少振捣，降低环境噪声。良好的工作性是使混凝土质量均匀、获得高性能的前提。没有良好的工作性就不可能有良好的耐久性。良好的工作性可使施工操作方便而加快施工进度，改善劳动条件，有利于环境保护。工作性的提高会使混凝土的填充性、自流平性和均匀性得以提高，并为混凝土的生产和施工走向机械化、自动化提供可能性。

（6）推广商品混凝土技术，减少环境污染。商品混凝土采用集中生产与统一供应，能为采用新技术与新材料，实行严格质量控制，改进施工方法，保证工程质量创造有利的条件，在质量、效率、需求、能耗、环保等方面.具有无可比拟的合理性，与可持续发展有着密切的联系。国内外的实践表明：采用商品混凝土一般可以提高劳动生产率一倍以上，节约水泥10%～15%，降低工程成本5%左右，同时可以保证工程质量，节约施工用地，减少粉尘污染，实现文明施工，具有明显的经济效益、社会效益和环境效益。

（7）促进废混凝土的再生循环，保护生态环境。我国每年从旧建筑物上拆下来的建筑垃圾中的废混凝土就有1360X104t，加上每年新建房屋产生4000X104t的建筑垃圾所产生的废混凝土，其巨大处理费用和由此引发的环境问题也十分突出。因此，将废弃混凝土用来再生循环生产混凝土对节省能源和资源，保护生态环境具有重要意义。

开发和应用再生混凝土，一方面可大量利用废弃的混凝土，经处理后作为循环再生骨料来替代天然骨料，从而减少建筑业对天然骨料的消耗；另一方面，还可在其配制过程中掺入一定量的粉煤灰等工业矿渣，这又充分利用了工业废渣；同时再生混凝土的开发应用还从根本上解决了天然骨料日益匮乏及大量混凝土废弃物造成生态环境日益恶化等问题，保证了人类社会的可持续发展。目前再生骨料主要用于配制中低强度的混凝土。

（8）大力推广高性能混凝土。高性能混凝土是一种新型高技术混凝土，相比普通混凝土在性能上有了较大的提高。高性能混凝土在配制上的特点是低水胶比、掺加足够数量的矿物掺和料和高效外加剂。高性能混凝土是混凝土可持续发展的出路，是水泥基材料发展方向，是对传统混凝土的重大突破，在节能、节料、工程经济、劳动保护以及环境等方面都具有重要意义，是一种环保型、集约型的新型材料，可称为"绿色混凝土"。

（9）加强混凝土绿色化生产的系统研究，建立混凝土绿色度量化评价体系。加强混凝土从原材料选择、配合比设计、试验标准、施工规范等的系统研究，在研究的基础上建立混凝土绿色度量化评价体系。混凝土的绿色度是混凝土生产过程与环境、资源、能源的协调程度。绿色度量化评价体系应做到科学，符合实际，且表达方式上做到通俗化、简单易懂.能为广大的工程设计、生产和施工人员所接受和理解，使其能在实践中很好地应用，指导推广混凝土绿色化生产。

（五）绿色高性能混凝土尚需进行的工作

绿色高性能混凝土是未来混凝土工业的发展方向，它在我国的推广应用需要建立在一定的技术基础之上，这涉及水泥，化工，机械等行业，需要相关行业的共同努力。虽然目前已取得了一些进展，GHPC 的性能正随着科研向亚微观、微观深入和大量工程实践而不断提高，但还有很多需进行的工作。

（1）大力发展以先进生产工艺为基础的高强度水泥由于高性能 – 凝土的首要条件是混凝土高强度，所以高强度水泥是实现绿色高能混凝土的重要基础。

（2）加大低钙水泥等水泥新品种的研究混凝土的耐久性与其碱性的强弱有明显的关系，碱性高时，耐久性较差。而混凝土的碱性强弱和水泥中氧化钙含量密切相关，故低钙水泥具有较好的耐久性。

（3）加大对超细水泥的研究对普通水泥进行超细粉磨不仅可提高水泥强度，还使其具有优良的水泥浆喷灌性能，可用于特殊工程的浇注和堵塞渗漏，喷涂等。

（4）完全循环利用混凝土的研究和生产。

（5）扩大废渣和天然矿物材料的应用具有潜在水硬性的工业废渣和天然矿物在绿色高性能混凝土中的应用有十分广阔的前景，然而工业废渣和天然矿物在绿色高性能混凝土中的应用会给混凝土带来负效应而且存在一个超细粉磨问题，阻碍了绿色高性能混凝土的发展。故必须发展高细粉磨技术和活性激发技术，保证绿色高性能混凝土的高性能

（6）绿色高性能混凝土生产技术优化和性能的提高主要包括：严格原材料管理，使用优质原材料；配比设计和生产管理计算机化；设计、试验、生产、施工各环节密切配合；增加品种，改进性能．实现混凝土的功能化和生态化；加大再生混凝土的应用研究工作。

（7）加强绿色高性能混凝土的研究其中也包括：加强对高强混凝土收缩性能和缝隙控制的研究；加强对高强混凝土脆性和徐变的研究；加大绿色高能混凝土的亚微观与微观结构的研究；加强有关标准、规范和检验方法的研究。

三、墙体材料的绿色化

新型墙体材料是集轻质、高强、节能为一体的绿色高性能墙体材料，它可以很好地解决墙体材料生产和应用中资源、能源、环境协调发展的问题，是我国墙体材料发展的方向。近年来，我国新型墙体材料发展迅速，取得了可喜的成绩。新型墙体材料是我国墙体材料发展的新方向，它充分利用废弃物，减少环境污染，节约能源和自然资源，保护生态环境和保证人类社会的可持续发展，具有良好的经济效益、社会效益和环境效益。

（一）绿色墙体材料的特点和标志

（1）绿色墙体材料的特点绿色墙体材料主要应具备以下 4 个特点：①制造绿色墙体材料尽可能少用天然资源，降低能耗并大量使用废弃物作为原料；②采用不污染环境的生产工艺制造墙体材料；③产品不仅不损害人体健康，而且应有益于人体健康；④产品达到其使用寿命后，可再生利用。

（2）绿色墙体材料的标志绿色墙体材料的主要标志如下。①节约资源，制造绿色墙体材料的原料尽可能少用或不用天然资源，而应多用或全用工业、农业或其他渠道的废弃物。②节约能耗，既节约建筑材料生产的能耗，又节约建筑物的使用能耗。③节约土地，既不毁地取土作为原料，又可增加建筑物的使用效果。④可清洁生产，在生产过程中不排放或很少排放废渣、废水、废气，大幅度减少噪声，实现较高的自动化程度。⑤具有多功能性，对外墙材料与内墙材料既有相同的、又有不同的功能要求。外墙材料：要求轻质、高强、高抗冲击、防火、抗震、保温、隔声、抗渗、美观和耐候等。内墙材料：要求轻质、有一定强度、抗冲击、防火、有一定隔音性、杀菌、防霉、调湿、无放射性、可灵活隔断安装和易拆卸等。⑥可再生循环利用，而不污染环境。

（二）鉴别绿色墙体材料的要素

从绿色墙体材料的特色和主要标志可以看出，绿色墙体材料是指在产品的原材料采集、加工制造过程、产品使用过程和其寿命终止后的再生利用4个过程均符合环保要求的一类材料。通常，生产企业和消费者往往比较关注的是使用过程的环境保护，而对原材料来源、生产过程及回收再利用等方面注意不够。随着人们对绿色环保建材认识水平的提高，在新产品的开发中，一定要理解绿色建材的内涵和实质。对于墙体材料而言，鉴别其是否是绿色材料主要从以下4点要素考虑。

（1）生产所用的主要原材料是否利废，主要原材料使用一次性资源是否最少，这是鉴别其是否是绿色材料主要要素。

（2）生产工艺中所产生的废水、废液、废渣、废气是否符合环境保护的要求，同时要考察生产加工制造中能耗的大小。

（3）使用过程中是否健康、卫生、安全，主要考察材料在使用中的有机挥发物质、甲醛、重金属、放射性物质和石棉含量，以及保温隔热、隔声等性能指标，不同的建筑材料有各自不同的要求。

（4）资源的回收利用。从环境保护的角度还要考察该材料在其寿命终结之后，即废弃之后不能造成二次污染并可能被再利用。新型墙体材料大多数可以再利用，一般不会产生二次污染。

（三）实现墙体材料绿色化的途径和方法

（1）利用工业废渣代替黏土制造空心砖或实心砖。绝大部分废渣、如煤矸石、页岩、粉煤灰、矿渣等均可用以代替部分或全部黏土制造空心砖或实心砖。生产相当于 1000 亿块实心黏土砖的新型墙材，1 年可消纳工业废渣 7000×10^4 t、节约耕地 3 万亩、节约生产能耗 100×10^4 标煤。利用工业废渣制造空心砖，若孔洞率为 36%，较之生产实心黏土砖可降低能耗 30% 左右。

在用粉煤灰制造墙体材料方面尚未完全打开局面，近年有些制砖厂已在用粉煤灰代替 30% ～ 50% 黏土制造烧结粉煤灰黏土砖方面取得成功。根据国外经验，若在混合料中掺以合适的增塑剂，并相应地改进成型设备与调整工艺、则完全有可能用粉煤灰代替 80% ～ 90%

的黏土制烧结砖。

（2）用工业废渣代替部分水并使用轻集料制造混凝土空心砌块。混凝土空心砌块具有自重轻、施工方便、提高工效与造价较低等优点，是一种较适合中国国情的可持续发展的墙体材料。这种墙体在使用中出现的热、渗、裂等问题，是可以通过提高产品质量，采取有效的墙体构造措施予以解决的。

混凝土砌块在建筑施工方法上与黏土砖相似，在产品生产方面还具有原材料来源广泛、可以避免毁田烧砖并能消纳部分工业废料、生产能耗较低、对环境的污染程度小、产品质量容易控制等优点。砌块建筑具有安全、美观、耐久、使用面积较大、施工速度快、建筑造价与维护费用低等综合特色。

（3）发展用蒸压法制造的各类墙体材料。其主要优点是：可少用或不用水泥，以石灰或电石泥代替全部或部分水泥，并掺和相当量的硅质材料，如石英砂（可用风化石英砂、河道沉积砂等）、粉煤灰与矿渣等；与蒸养制品相比。可使生产周期由 14 ~ 28d 缩短至 2 ~ 3 山制品的某些性能优于蒸养制品、如高强度、低于缩率等。

（4）用工业副产品化学石膏代替天然石膏生产石膏墙体材料。利用各种废料生产石膏砌块是今后发展的趋势，在提高石膏砌块各种技术性能和使用功能的同时，降低制造成本。保护和改善了生态环境。如在石膏砌块内掺加膨胀珍珠岩、超轻陶粒等轻集料，或在改用 a 型高强石膏的同时掺入大比例的粉煤灰，或掺加炉渣等废料以提高产品强度及降低成本，或掺加水泥及采用玻璃纤维增强，或在烟气脱硫石膏中掺加粉煤灰及激发剂以提高制品耐水性。

（5）发展符合节能、轻质、多功能与施工便捷等要求的建筑板材。建筑板材既可用作住宅建筑与公用建筑的灵活隔断，又可用作框架轻板建筑的外墙，有极为广阔的应用领域。我国今后每年竣工的住宅建筑为 $10 \times 10^8 m^2$，仅以内隔墙的需求量计，约为 $4 \times 10^8 m^2$，故建筑板材的发展在很大程度上将以面向住宅建筑作为市场导向。

（四）绿色墙体材料的发展前景

随着我国经济建设的高速发展，特别是城市化进程的加快，国家已经开始重视我们所生存的环境，意识到节约能源和资源的重要性．这为新型墙体材料提供了良好的发展机遇和新的挑战。绿色高性能墙体材料是今后我国墙体材料的发展方向，研究开发绿色墙体材料是建材研究的重要课题之一。因此，我们应合理利用资源，使绿色墙体材料向纵深方向发展，不断开发多功能的新型绿色墙体材料，使产品系列化与配套化，提高能源、资源的综合利用率，提高绿色墙材的生产技术水平和绿色化程度，使墙体材料向大型化、高强化、轻质化、配筋化、节能化和多功能化的绿色高性能方向发展。

四、建筑木材的绿色化

（一）建筑木材工业生产与生态环境

木材是人类社会最早使用的材料，也是直到现在还一直被广泛使用的优秀生态材料。我国是少林国家，森林资源非常宝贵，而取材于森林的木材是各项基础建设和人们生活生产十

分重要的一种材料，与我们的生存息息相关。

木材工业主要是指以木材和废弃物为主要原料，通过各种化学药剂处理或机械加工方式制成木制品的过程。木材工业生产的产品种类繁多，由于加工方式的不同，在大多数木制品的生产过程中，都会产生不同性质的污染物，如空气污染、粉尘污染、水污染、废渣污染、噪声污染等生态环境污染，有的甚至对生态环境造成严重破坏，并且很难再修复。木材工业中废弃物包括林地残材、加工厂废料、旧建筑物拆除木材、新建筑物施工废材、室内装修废物、废包装等。尤其是在人造板的生产中，很容易产生水污染、大气污染和其他污染。

（二）建筑木材的分类与特性

木材是人类使用最早的建筑材料之一，我国在使用木材方面历史悠久、成果辉煌，是世界各国的楷模。木材作为建筑材料具有许多优良性能，如轻质高强、容易加工、导热性低、导电性差，有很好的弹性和塑性，能承受冲击和振动荷载的作用，在干燥环境或长期置于水中均有很好的耐久性．有的木材具有美丽的天然花纹，易于着色和油漆，给人以淳朴、古雅、亲切的质感，是极好的装饰装修材料，有其独特的功能和价值。

1. 建筑木材的分类

由于地球划分的地带不同，所以气候条件有很大的差异，木材的树种较多。单总体上从外观可将木材分为针叶树木和阔叶树木两大类。针叶树木，材质较均匀，木质较软而易于加工，这类木材表观密度和胀缩变形比较小，耐腐蚀性较强，是建筑工程中的主要用材，多用作承重构件。阔叶树木，材质较硬、较难加工，其表观密度较大，胀缩、翘曲变形较大，比较容易开裂。建筑工程中常用于尺寸较小的构件，有些树种具有天然而美丽的纹理，适于作内部装修、家具及胶合板等。

2. 建筑木材的特性

（1）建筑木材的优点

①易于加工。用简单的工具就可以加工，经过锯、铣、刨、钻等工序就可以做成各式各样的轮廓．还可以使用各种金属零件及胶黏剂进行结合装配。若加以蒸煮工艺，木材还可以进行弯曲、压缩成型。②热绝缘与电绝缘特性。气干材是良好的热绝缘与电绝缘材料，建筑中常作保温、隔热材料，民用品中用于炊具把柄。③强重比高。强重比高表示该种材料质轻而强度高。木质资源材料的强重比较其他材料高。但木材是有机各向异性材料，顺纹方向与横纹方向的力学性质有很大差别。木材的顺纹抗拉和抗压强度均较高，但横纹抗拉和抗压强度较低。木材强度还因树种而异，并受木材缺陷、荷载作用时间、含水率及温度等因素的影响。④环境友好性。木材加工耗能少，环境污染小；同时具有可降解、可回收利用和可再生性。⑤室内湿度的良好调节特性。当室内环境湿度和温度变化时，木材靠自身的吸湿和解吸作用，可直接缓和室内的湿度变化，有利于人身健康和物品保存。⑥安全预警性和能量吸收性。木材是弹塑性体，在损坏时往往有一定的先兆，如长期使用的房梁会发生弯曲或裂纹，给人即将破坏的预警。木材具有吸收能量的作用，如铁道上使用的木枕可缓冲颠簸。⑦对紫外线的吸收和对红外线的反射作用。这也是木材给人温暖感的原因。⑧良好的声学性质。木材具有良好的声振动特性，常被运用在声学建筑环境和乐器中。

（2）建筑木材的缺点

①变异性大。不同树种、产地、气候、部位的木材性质均不一样。②具有湿胀、干缩性。木材含水率在纤维饱和点一下变动时，其尺寸也随之变化。由于木材的各向异性，使其在各个方向上的湿胀干缩率存在着差异，从而造成木质材料的几何形体不稳定性，有时可能导致木材发生开裂、翘曲等缺陷。③易腐朽或遭虫蛀。木材中的有机成分和少量矿物常被一些菌虫当做食物加以侵害，结果使木材出现腐朽特征或虫蛀孔洞，极大地降低木材的使用价值和强度。④木材易于燃烧。木材是碳素材料，受热至一定温度时可放出可燃性气体和焦油，因而具有一定的可燃性。但通过阻燃处理可降低木材的燃烧性，减少火灾发生的可能性和燃烧程度，提高人身安全系数。⑤具有天然缺陷。自然生长的木材会产生如节疤、斜纹、油眼、内应力等天然缺陷，降低材料的使用性。

（三）建筑木材的绿色化生产

目前，世界各国的木材生产工艺尽管有所区别，但可以归纳为原料软化、干燥、半成品加工和储存、施胶、成型、预压、热压、后期加工、深度加工等。木材的绿色化生产侧重于对某些工艺进行改造，以先进的和自动化程度高的工艺流程，降低木材工艺的污染和对环境的压力，并在后期使用过程中不会造成二次污染。

（1）前处理

不同原料的软化方法由木材性质所决定。原材料和使用目的等决定使用高温或低温软化方法。木材主要成分的软化温度在干、湿状态下是不同的，在高温高压状态下、木素、半纤维素发生软化，随着温度升高，发生降解导致强度下降。应尽量缩短高温阶段的时间，并适当延长低温软化时间。利用液态氨、氨气、氨水、微波加热技术和微波氨水进行木材软化。

（2）生产过程

木材干燥是保证木制品质量的关键技术，干燥能耗量最大，约占总能耗的60%～70%。木材的干燥方法很多，常规干燥法因湿气随热风排入大气，能源利用率低，干燥成本高；红外及远红外辐射干燥，热量比较集中，干燥质量好；真空干燥缩短时间，干燥效果好；微波干燥投资和成本较高；真空微波干燥综合两者的优点。

木材干燥加工新技术包括真空高频干燥技术、真空过热蒸汽干燥技术、负压干燥技术、喷蒸热压技术和大片刨花传送式干燥技术。

（3）产品成型

成品加工过程由传统的数控镂铣机械雕刻法、模压法、电热燃烧雕刻法发展为激光雕刻法。激光有效地雕刻木材、胶合板和刨花板，在成型过程中没有锯屑，没有工具磨损与噪声，加工的边缘没有撕切和绒毛。后处理过程如木材防腐、防白蚁、阻燃、染色漂风等，基本上依赖化学处理，会对人体造成危害。因此应以含磷、氮、硼等化合物作代替品，开发生物防腐技术，使用低毒防腐剂，使木制品便于处理，避免给环境带来负面影响。抑制甲醛散发的后期处理可采用化学处理和封闭处理。开发安全、对环境无害的防变色技术以代替苯酚。

（4）人造板生产工艺的现代化

人造板生产过程中首推无胶胶合工艺。根据表面处理手段不同，无胶胶合人造板的方法

大致可归纳为：氧化结合法、自由基引发法、酸催化缩聚法、碱溶液活化法、天然物质转化法。其中天然物质转化法最有发展前景。

绿色生态工艺侧重于研究木材与环境的友好协调性，用全周期分析法跟踪木材产品使用的全过程，包括生产、加工和其他活动给环境带来的负担，寻找其客观规律。生产中尽量达到 4R 原则，即应用再生资源、熵减、再利用和再回收利用。

（四）绿色建筑木材的清洁生产

清洁生产是指将综合预防的环境保护策略持续应用于生产过程和产品中，以期减少对人类和环境的风险。清洁生产从本质上来说，就是对生产过程与产品采取整体预防的环境策略，减少或者消除它们对人类及环境的可能危害，同时充分满足人类需要，使社会经济效益最大化的一种生产模式。

清洁生产有两个含义：一是在木材的寿命周期中，木材制造阶段往往是对生态环境影响最大或比较大的阶段，所以用清洁的能源、原材料，通过先进的生产工艺和科学管理，生产出对人类和环境危害最小的木制品，对降低木材寿命周期的环境负载起着重要的作用；二是要改变生产观念，生产的终极目标是保护人类与环境，提高企业自身的经济效益。

清洁生产内涵的核心是实行源头消减和对产品生产实施全过程控制。它的最终完善必须通过技术改造来达到，因为清洁生产是一个相对的概念，通过企业管理和实施低费清洁生产方案后，其清洁生产达到某一程度，但其工艺水平还处在一个较低层次上，要使清洁生产达到更高一个层次.必须在工艺技术改造中或对某一关键部位进行较高投资的技术改造，不仅关系到提高原材料的转化系数，而且关系到如何降低污染物的排放量和排放浓度与毒性问题。

清洁生产方案的实施是否能够达到预期目的，还需要对其进行评价。首先是技术评价，对技术安全性、先进性、可靠性，产品质量的保证性，技术的成熟程度和设备的要求，操作控制的难易等加以评判。然后进行经济评价，估算开发和应用清洁生产技术过程中投入的各项费用和所节约的费用以及各种附加的效益，以确定该清洁生产技术在经济上的可赢利性和可承受性。评价时采用动态分析和静态分析，其深度和广度根据项目规模及其损益程度而定。

第六章
既有建筑的绿色改造

第一节　既有建筑室外物理环境控制与改善

一、室外风环境控制与改善

影响风的环境因素有地形、坡度、建筑物布局、朝向、植被、建筑形态及相邻的建筑形态等。风的流动会影响建筑内部的冷暖及建筑内外气候环境，室外风还会影响室外人的活动及人体舒适性。建筑物布局不合理，会导致住区局部气候恶化。高层建筑由于单体设计和群体布局不当而导致强风卷刮物体撞碎玻璃的报道屡见不鲜。在某些情况下，高速风会转向地面，对建筑周围的行人造成不舒适，甚至导致危险的风情况。

良好的室外风环境，不仅意味着在冬季风速太大时不会在住区内出现人们举步维艰的情况，还应该在炎热夏季有利于室内自然通风（即避免在过多的地方形成旋涡和死角），促进夏季建筑物的散热，使室内凉爽舒适、空气洁净，并改善建筑物周围的微气候：。大量的既有建筑在设计时没有考虑室外风环境状况。

对于既有建筑，其地形、建筑物布局、朝向、间距、建筑形态及相邻的建筑形态等均已固定，一般难以改变，主要可通过种植灌木、乔木、人造地势或设置构筑物等方法来优化室外风环境。利用树木、构筑物等设置风障可分散风力或按照期望的方向分流风力、降低风速，适的树木高度和排列可以疏导地面通风气流，如在不是很高的既有建筑单体和既有建筑群的北侧栽植高大的常绿树木可阻挡控制冬季强风。

常用的风环境优化设计方法有风洞模型实验或计算机数值模拟。风洞模型实验的方法周期长，价格昂贵，结果比较可靠，但难以直接应用于室外空气环境的改善设计和分析。对既

有建筑进行风环境优化改善，采用计算机数值模拟是较好的方法，包括气流场、温度场与浓度场模拟，通过建构 3D 数值解析模型，在模型中布置树木、构筑物等，通过模拟分析及方案的调整优化，确定合理的种植植物及布置，设计出合理的建筑风环境。计算机数值模拟相比于模型实验的方法周期较短，价格低廉，同时还可用形象、直观的方式展示结果，便于非专业人士通过形象的流场图和动画了解小区内气流流动情况。此外，通过模拟建筑外环境的风流动情况，还可进一步指导建筑内部的自然通风设计等。

二、室外热环境控制与改善

室外热环境除受建筑物本身布局、朝向、用能等影响以外，还受所处地形、坡度、建筑群的布局、绿地植被状况、土壤类型、材料表面性质、环境景观等的影响。各种影响因素下的温度、湿度、风向、风速、蒸发量、太阳辐射量等形成建筑周围微气候状况。微气候状况影响室外人的活动及人体舒适性，影响住区的热岛强度。

微气候的调节和室外热环境的改善有助于提高室外人体舒适性，对区域而言，有助于降低热岛效应。建筑周围绿地植被、地面材料、环境景观等对室外热环境有较大的影响。既有建筑和既有居住区一般人口密度较大，人均占有绿地率低。对于既有建筑，可因地制宜，通过增加绿地植被、设置景观水体、更换地面材料等措施改善建筑物室外的热环境。

（一）增加绿地植被、设置景观水体

绿化植物是调节室外热环境，提供健康居住环境的重要因素。植物在夏季能够把约 20% 的太阳辐射反射到天空，并通过光合作用吸收约 35% 的辐射热；植物的蒸腾作用也能吸收掉部分热量。合适的绿化植物可以提供遮阳效果，如落叶乔木，茂盛的枝叶可以阻挡夏季阳光，降低微环境温度，并且冬季阳光又会透过稀疏枝条射入室内。墙壁的垂直绿化和屋顶绿化可以有效阻隔室外的辐射热，增加绿化面积，可以有效改善室外热环境。

景观水体的蒸发也能吸收掉部分热量，在炎热的夏季降低微环境温度，改善室外热环境。水体也具有一定的热稳定性，会造成昼夜间水体和周边区域空气温差的波动，从而导致两者之间产生热风压，形成空气流动，夏季可降温及缓解热岛效应；冬季还可利用水面反射，适当增加建筑立面日照得热。有条件的情况下，既有建筑改造时可增加室外景观水体。在降雨充沛的地区，进行区域水景改善的同时，还可以结合绿地和雨水回收利用，在建筑（特别是大型公共建筑）南侧设置喷泉、水池、水面、露天游泳池等，有利于在夏季降低室外环境温度，调节空气湿度，形成良好的局部微气候环境。

（二）地面材料选择性更换

室外地面材料的应用对室外热环境有很大的影响。不同材料热容性相差很多，在吸收同样的热量下升高的温度也不同。如木质地面和石材地面相比，在接受同等时间强度的日光辐射条件下，木质地面升高的温度明显低于石材地面。日本已开发出使沥青路面温度下降的建筑材料，将这种材料涂在路面上后，路面积蓄的热量减少。在炎热的夏天，一般路面温度会高达 60℃左右。试验结果表明，涂过这种材料的路面温度比普通路面大约低 15℃。因此，

在既有建筑和既有住区中，有选择地更换不合理的地面材料，或增加合适的涂面材料，会在一定程度上调节室外热环境。增加透水地面可增强了地面透水能力，降低地表温度，缓解热岛效应，调节微气候，增加区域雨水与地下水涵养，补充地下水量，改善生态环境，还可减少雨水的尖峰径流量，改善排水状况。透水地面包括自然裸露地面、公共绿地、绿化地面和镂空面积大于等于40%的镂空铺地（如植草砖）等。可采用室外铺设绿化、采用透水地砖等透水性铺装，用于改造传统不透水地面铺装。对人行道、自行车道等受压不大的地方，可采用透水性地砖；对自行车和汽车停车场，可选用有孔的植草土砖；在不适合直接采用透水地面的地方，如硬质路面等处，可以结合雨水回收利用系统，将雨水回收后进行回渗。

三、室外光环境控制与改善

正常情况下，人的眼睛由于瞳孔的调节作用，对一定范围内的光辐射都能适应。但光辐射增至一定量时，将会对人的生活和生产环境以及身体健康产生不良影响，这称之为光污染。建筑室外光环境污染主要来自建筑物外墙，典型的是玻璃幕墙。玻璃幕墙的光污染属于眩光污染。太阳光入射到光滑的玻璃幕墙上时，发生镜面反射，反射光沿一个方向传播，在该方向上光强较强，看起来非常耀眼，形成反射眩光。玻璃幕墙大多由一块块高反射率的玻璃构成，表面光滑，对太阳光进行镜面反射而形成的眩光射入人眼就会使看不清东西，射向地面就会使地面的光照度增大，形成光污染。一般玻璃幕墙的反光率都较高，反射下来的光束足以破坏人眼视网膜上的感光细胞。外光线被反射到室内，强烈的刺目光线最容易破坏室内原有的良好气氛，而长期在白色光亮污染环境下工作和生活的人，容易出现视力下降，产生头昏目眩、失眠、情绪低落、心悸、食欲不振等类似神经衰弱的症状，长此以往就会诱发某些疾病。

既有建筑改造中，应根据建筑实际情况，采取合理的措施，选择合理的外墙饰面材料，避免眩光污染，改善建筑室外光环境，营造良好的室外光环境。

（一）合理限制玻璃幕墙的使用

玻璃幕墙过于集中，是玻璃幕墙光污染严重的主要原因之一，因此，应从环境、气候、功能和规划要求出发，控制安装地区，避免玻璃幕墙的无序分布和高度集中，尤其是城市主干道两侧和居住区及居民集中活动区，学校周围则不应采用玻璃幕墙，防止反射光进入教室；限制安装面积，沿街首层外墙不宜采用玻璃幕墙，大片玻璃幕墙可采用隔断、直条、中间加分隔的方式对玻璃幕墙进行水平或垂直分隔；避免采用曲面幕墙，减少外凸式幕墙对临街道路的光反射现象和内凹式幕墙由于反射光聚焦引起的火灾。

（二）采用特殊玻璃，降低反射率

高反射率是玻璃幕墙光污染的主要原因之一，因此可采用低辐射玻璃即Low-E玻璃。Low-E玻璃具有较高的可见光透射比（80%以上）和较低的反射比（11%以下），同时具有良好的隔热性能，既保证了建筑物的采光，又一定程度上减轻了光污染。还可以采用各种性质的玻璃贴膜和回反射玻璃，减弱反射光对周围环境的影响。

（三）合理选择幕墙材质

幕墙的材质从单一的玻璃发展到钢板、铝板、合金板、大理石板、陶瓷烧结板等将玻璃幕墙和钢、铝、合金等材质的幕墙组合在一起，经过合理的设计，不但可使高层建筑更加美观，还可有效地减少幕墙反光带来的光污染。

（四）加强绿化

在路边或玻璃幕墙周围种植高大树冠的树木，将平面绿化改为立体绿化，遮挡反射光照射，可有效防止玻璃幕墙引起的有害反射，改善和调节采光环境。同时，尽量减少地面的硬质覆盖（柏油路、砖路、水泥路面等），加大绿化面积。

四、室外声环境控制与改善

城市环境噪声污染已经成为干扰人们正常生活的主要环境问题之一。噪声与水污染、垃圾污染并列，被世界卫生组织列进环境杀手的黑名单。噪声污染不但会引起神经系统功能的紊乱、精神障碍，对心血管、视力水平等均会造成损伤，对人们工作和生活造成干扰，还会引起邻里纠纷，给正常生活带来很多烦恼。噪声对临街建筑的影响最大。各种噪声干扰中，交通噪声居于首位，危害最大，数量最多。城市化高速发展中城市干道与车流量大幅增长，有很大一部分是临街甚至临近城市干道的建筑，外部车流量大，噪声污染严重，常常达到70dB以上，影响正常的生活或工作。

对于既有建筑，可根据实际情况，采取绿化隔声带和声屏障等阻挡措施，来减小环境噪声，改善室外声环境。

（一）绿化隔声带

采用种植灌木丛或者多层森林带构成茂盛的成片绿化带，则主要声频段内达到平均降噪量0.15～0.18dB/m的效果。一般第一个30m宽稠密风景林衰减5dB（A），第二个30m也衰减5dB（A），取值的大小与树种、林带结构和密度等因素有关。不过最大衰减量一般不超过10dB（A）。虽然隔声量有限，但结合城市干道的绿化设置对临近城市干道的建筑降噪还是有一定的帮助。

（二）声屏障

声波在传播过程中，遇到声屏障时，就会发生反射、透射和绕射三种现象。屏障能够阻止直达声的传播，并使绕射声有足够的衰减，而透射声的影响可以忽略不计。因此，设置声屏障可以起到明显的减噪效果。根据声屏障应用环境，声屏障分为交通隔声屏障、设备噪声衰减隔声屏障、工业厂房隔声屏障、城市景观声屏障、居民区降噪声屏障等。按照材料分，声屏障分金属声屏障（金属百叶、金属筛网孔）、混凝土声屏障（轻质混凝土、高强混凝土）、PC声屏障、玻璃钢声屏障等。

声屏障的减噪量与噪声的频率、屏障的高度以及声源与接收点之间的距离等因素有关。

声屏障的减噪效果与噪声的频率成分关系很大，对大于2000Hz的高频声比800 ~ 1000Hz左右的中频声的减噪效果要好，但对于25Hz左右的低频声，则由于声波波长比较长而很容易从屏障上方绕射过去，所以效果就差。声屏障高度在1~5m间，覆盖有效区域平均降噪达10~15dB（A）（125~40000Hz，1/3倍频程），最高达20dB（A）。

声障越高，或离声屏障越远，降噪效果就越好。声屏障的高度，可根据声源与接收点之间的距离设计。为了使屏障的减噪效果更好，应尽量使屏障靠近声源或接收点。

第二节　既有建筑围护结构节能综合改造

一、外墙节能改造

外墙保温包括外保温、内保温和自保温（含夹芯保温）等。外墙节能改造则主要采用外保温或内保温。外墙内保温主要采用石膏基内保温砂浆或其他无机保温砂浆，技术较成熟。外保温具有保温隔热效果好、能基本消除热桥、不影响室内正常使用等优点，比内保温更适于节能改造，特别是对于外立面需要翻新的既有建筑，外墙节能改造宜以外保温为主。

常见的外墙外保温主要包括聚苯颗粒保温砂浆外保温、粘贴泡沫塑料（如EPS、XPS、PU）保温板、现场喷涂聚氨酯硬泡等，这些系统技术成熟，在新建建筑中被广泛应用。用于节能改造只需对基层进行适当的处理，其他做法与新建建筑外墙外保温做法类似。缺点是耐久性、防火性能差，外墙开裂、渗水、保护层脱落、保温层脱落等质量通病时有发生，难以做到与建筑物同寿命。

近年来，相关科研院所及部分生产企业研制出集保温与装饰于一体的建筑外墙保温装饰板、高耐久性发泡陶瓷保温板、高性能建筑反射隔热涂料等保温隔热产品、材料，并开发了相关的应用技术。这些产品、材料和应用技术在新建建筑外墙保温工程中已开始发挥重要的作用，同样也适用于既有建筑外墙节能改造。

（一）采用保温装饰板的节能改造

外墙保温装饰板是将保温板、增强板、表面装饰材料、锚固结构件以一定的方式在工厂按一定模数生产出成品的集保温、装饰一体的复合板。保温装饰板中的保温层可由XPS、EPS、PU、酚醛发泡板、轻质无机保温板等中的一种构成。面层可由无机板材或金属板材构成，面层板材与保温材料采用高性能的环氧结构胶黏结。表面装饰材料可由装饰性、耐候性、耐腐蚀性、耐玷污性优良的氟碳色漆、氟碳金属漆、仿石漆等中的一种构成，可达到铝塑板幕墙的外观效果，或直接采用铝塑板、铝板作装饰面板保温装饰板外将常规外墙保温装饰系统的工地现场作业变为工厂化流水线作业，从而使系统质量更加稳定和可靠，施工方便快捷。粘贴加侧边机械锚固使安装固定安全可靠。外饰面采用氟碳漆、氟碳金属漆以及仿石漆饰面可达到幕墙外观，成为独具特色的"保温幕墙"2。保温装饰板外墙外保温系统基本构造见图6-1。

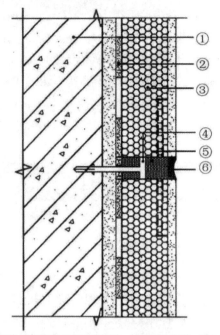

①混凝土墙体(各种砌体墙体);②黏结砂浆;③I型保
温装饰板;④锚固件;⑤聚乙烯泡沫条;⑥密封胶

图 6-1　保温装饰外墙外保温系统基本构造

（二）采用高耐久发泡陶瓷保温板的节能改造

发泡陶瓷保温板是采用陶瓷工业废物——废陶瓷和陶土尾矿，配以适量的发泡添加剂，经湿法粉碎、干燥造粒，颗粒粉料直接进入窑炉烧制，在 1150℃ ~1250℃高温条件下熔融自然发泡，形成均匀分布的密闭气孔的具有三维空间网架蜂窝结构的高气孔率的无机多孔陶瓷体。具有孔隙率大、隔热保温、轻质、高强、不变形收缩、可加工性好、不吸水、不燃、高耐久性（不老化）、与水泥制品高度相容等优点。发泡陶瓷保温板是以其整体均匀发布的闭口气孔发挥隔热保温功能，防火等级为 A1 级。

用于建筑外墙保温隔热工程的发泡陶瓷保温板主要性能指标满足表 6-1 的要求。

表 6-1　发泡陶瓷保温板主要性能指标

序号	项目	单位	性能指标	备注
1	干密度	kg/m³	≤ 280	
2	导热系数	W/（m·K）	≤ 0.10	
3	蓄热系数	W/（m²·K）	≥ 1.60	计算指标
4	抗拉强度	MPa	≥ 0.25	
5	吸水率（V/V）	%	≤ 2	
6	燃烧性能	—	A 级	

资料来源：江苏康斯维信建筑节能技术有限公司产品资料

发泡陶瓷保温板外墙外保温适合我国夏热冬冷、夏热冬暖地区新建建筑外墙保温和既有建筑节能改造。该系统具有常规外保温所不具备的优点：①各组成材料均为无机材料，耐高温、不燃、防火。②耐久性好，不老化。③与水泥砂浆、混凝土等很好地黏结，采用普通水泥砂浆就能很好地黏结、抹面，无需采用聚合物黏结砂浆、抹面砂浆、增强网，施工工序少，系统抗裂、防渗，质量通病少。④吸水率极低，与水泥砂浆、饰面砖黏结牢固，外贴饰面砖系统安全、可靠。⑤与建筑物同寿命，全寿命周期内无需再增加费用进行维修、改造，最大限度地节约资源、费用，综合成本低。⑥施工工序少，施工便捷。

对于既有建筑节能改造，发泡陶瓷保温板采用粘贴的方式，每层还设支托使保温系统的更加稳定和可靠，做法见图 6-2。

发泡陶瓷保温板外墙外保温系统在无锡某大酒店得到成功的应用，该工程外墙为干挂石材幕墙系统，防火要求较高，设计要求保温材料燃烧性能须达到 A 级。

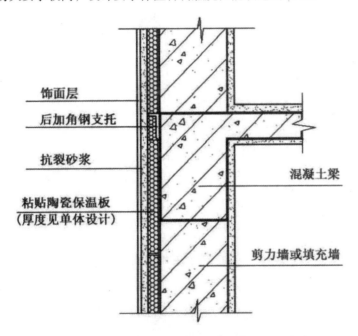

图 6-2   节能改造中发泡陶瓷保温板保温处理改造

（三）采用建筑热反射隔热涂料的节能改造

建筑反射隔热涂料是在特种涂料树脂中填充具有强力热反射性能的填充料而形成的具有热反射能力的功能性涂料。该涂料在澳洲、日本等国应用较为广泛，我国在石油管罐、船舶、车辆等的外防护中有所应用，在建筑节能中的应用是近几年的事。

建筑反射隔热涂料是以合成树脂为基料，与功能性颜料（如红外颜料、空心微珠、金属微粒等）及助剂等配置而成，施涂于建筑物表面，具有较高太阳光反射比和较高半球发射率，对建筑进行反射、隔热、装饰和保护的涂料。外墙反射隔热涂料主要性能主要表现为对辐射换热的影响，即对环境热负荷的辐射分量具有较好的反射作用。由于反射作用的存在，可以反射掉相当部分的太阳辐射热，在夏季起到节约空调能耗的作用。建筑反射隔热涂料的太阳光反射比（白色）不小于 0.80，半球发射率（白色）不小于 0.80，适用于夏热冬暖及夏热冬冷地区，尤其适用于夏热冬暖。反射隔热涂料对夏热冬暖及夏热冬冷地区的外墙隔热效果有明显作用。对夏热冬暖地区建筑节能效果显著，对夏热冬冷地区建筑节能效果视冬夏季日照量变化，如夏季日照强烈，则效果显著。

建筑反射隔热涂料构造主要由墙面腻子、底涂层、反射隔热涂料面漆层及有关辅助材料组成，具体构造见图 6-3。热工计算时，建筑外墙反射隔热涂料的节能效果可采用等效热阻计算值来体现。

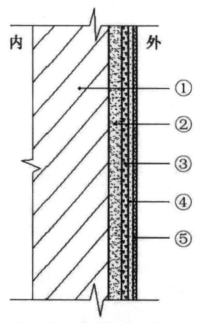

① 基层（混凝土墙及各种砌体墙）；
② 水泥砂浆找平层；③ 墙面腻子；
④ 底涂层；⑤ 建筑反射隔热涂料面漆

图 6-3 建筑反隔热涂料系统基本构造

一般在夏热冬冷地区，等效热阻可取 0.10 ~ 0.20m² · K/W。建筑外墙反射隔热涂料既是隔热材料，又是外装饰材料，用于节能改造满足节能的同时还达到外立面翻新的目的。对夏热冬暖及夏热冬冷地区的大部分砖混结构的既有居住建筑，仅增加反射隔热涂料基本就能满足节能要求，造价低，经济性好，施工便捷。

（四）外墙节能改造应采取防火措施

外墙外保温系统中大部分采用 EPS 板、XPS 板、PU 等作保温材料，这些材料大部分为 B2 级材料，耐火性较差。近年来，由外墙外保温引发的火灾时有发生，外保温的防火安全问题已经成为业内关注的焦点。外墙节能改造时也应采取防火措施，可采用 A 级保温材料做外保温系统或设置防火隔离带。目前可应用的既满足外墙保温隔热要求又满足防火要求的 A

级材料寥寥无几。国外主要采用岩棉板做防火外保温系统，采用岩棉条做防火隔离带，对岩棉板和岩棉条的要求较高。在夏热冬冷地区也可采用防火、耐久的发泡陶瓷保温板作防火隔离带材料，结合外保温系统进行设置。

二、外窗节能改造

建筑外门窗是极其重要的围护构件，承担了采光、通风、防噪、保温、夏季隔热、冬季得热、美化建筑等多项任务。外门窗设置不合理或功能单一、老化会导致能耗大、室内热舒适性差、空气质量差、声环境差、光环境差等各种问题，影响正常使用。既有建筑外门窗大部分为单层玻璃窗，有木窗、钢窗、铝合金窗、PVC 塑料窗等，普遍存在保温性能差、气密性差、外观陈旧等缺点，难以满足建筑节能的要求。因此，既有建筑门窗改造是既有建筑节能改造的重点之一。

既有建筑外窗节能改造方法有原窗更换为节能窗和原窗改造两种。

（一）原窗更换为节能窗

既有建筑外窗大都是不节能的单层玻璃窗，目前节能改造中对外窗的改造大多是采用全部更换的方法，特别是对于使用年代长久、维护较差的外窗，其利用价值已经很小，变形严重、气密性差、外观陈旧，一般采用彻底更换。

可替代的节能窗有中空玻璃塑料窗、中空玻璃断热铝合金窗、Low-E 中空玻璃塑料窗、Low-E 中空玻璃断热铝合金窗等等，技术成熟，目前已大量应用，此处不再详述。

（二）原窗改造

对使用时间短、维护保养较好的单层玻璃窗，虽然热工性能满足不了节能的要求，但仍有很好的利用价值，在改造中应利用相关的功能提升和绿色改造技术，充分发挥其原有的功能，达到节约资源、保护环境的目的。具体有以下技术措施：

（1）加装双层窗。一般在原窗的内侧增加一道单玻窗或中空玻璃窗，传热系数可减小一半以上，气密性也大大提高。这种方法施工方便、快捷，工期短，但后加窗能否加装取决于墙的厚度及原窗的位置，墙的厚度过小、原窗位置居中，后加窗就没有安装空间。

（2）单层玻璃改造为中空玻璃。在原有单层玻璃塑料窗上将单层玻璃改为中空玻璃、放置密封条等，将单玻窗改造为中空玻璃节能窗，使外窗传热系数大大降低，气密性改善。如一般单玻塑料窗可以改造成为 5+9A+5 的中空玻璃塑料窗，传热系数由 4.7W/m^2·K 降低到 2.7~3.2W/（m^2·K），气密性达到 3~4 级。玻璃改造适合单层玻璃钢窗、铝窗和塑料窗，要求既有外窗窗框有足够的厚度（如塑料推拉窗型材一般在 80mm 宽以上）以放置中空玻璃。这种改造保留了原来外窗的利用价值，延长窗的使用寿命，节约改造资金，实现环保节能。改造不动原来的结构，不用敲墙打洞，没有建筑垃圾，施工方便、快捷，工期短，基本上不影响建筑物正常使用。中空玻璃在工厂制作好，运至现场直接安装，采用流水施工。

（3）型材改造。单玻钢窗或单玻铝窗也可以改造成为中空玻璃窗，但由于钢型材或铝型材均是热的良导体，仅仅玻璃改造，保温性能往往不一定满足节能要求，如 5+9A+5 的中空玻璃钢窗或铝窗窗传热系数在 3.9W/m² · K 左右。对钢型材或铝型材也应进行改造。改造措施为对钢型材或铝型材进行包塑（给窗框包上塑料型材）。通过型材改造、单层玻璃改为中空玻璃、放置双道密封条等措施，窗的传热系数大大降低、气密性提高。传热系数由 6.4W/m² · K 脾低到 3.2W/m² · K 以下，气密性达到 3~4 级。

（4）采用 Low-E 中空玻璃。Low-E 玻璃镀膜层具有对可见光高透过及对中远红外线高反射的特性。普通中空玻璃的遮阳能力有限，如 5+9A+5 的普通中空玻璃遮阳系数约 0.84。I.mv-E 玻璃对太阳光中可见光透射比可达 80% 以上，而反射则很低。Low-E 中空玻璃遮阳系数最低可达 0.30。单玻外窗改造时可将单层玻璃更换成 Low-E 中空玻璃，使得保温性能提高，遮阳系数大大降低。但利用 Low-E 玻璃进行遮阳时，必须是关闭窗户的，房间无法自然通风，滞留在室内的部分热量无法散发出去。另外，冬季 Low-E 玻璃同样阻挡太阳辐射进入室内，室内无法充分获得太阳辐射热，室内采暖负荷因此将增加。故采用 Low-E 玻璃遮阳应慎重，须经性能综合比较分析认为确实有效后再确定。

（5）玻璃贴膜。贴膜玻璃的原理与 Low-E 玻璃相似，普通中空玻璃贴膜后可使得保温性能进一步提高，遮阳系数大大降低。对于既有的普通中空玻璃窗，贴膜是简单而行之有效的遮阳改造措施。

三、屋面节能改造

屋面节能改造主要有增加倒置式保温屋面、喷涂聚氨酯保温屋面、平屋面改坡屋面和屋顶绿化等方法。倒置式保温屋面的保温层为 XPS 板、EPS 板、PU 板等，施工时铺设在防水层上面，此类屋面造价较低，防水效果好且方便维修。目前，倒置式保温屋面技术发展较成熟，此处不再详细叙述。喷涂聚氨酯保温屋面、平屋面改坡屋面和屋顶绿化等技术可结合屋面防水、排水、装饰、绿化进行，特别适宜屋面的节能改造。

（一）采用喷涂聚氨酯硬泡体的节能改造

喷涂聚氨酯硬泡体是指现场使用专用喷涂设备，使异氰酸酯、多元醇（组合聚醚或聚酯）、发泡剂等添加剂按一定比例从喷枪口喷出后瞬间均匀混合，反应之后迅速发泡，在外墙基层上或屋面上发泡形成连续无接缝的聚氨酯硬质泡沫体。聚氨酯硬泡体在工业化国家已使用多年，应用相当普及喷涂聚氨酯具有隔热保温和防水双重功效，材料重量轻，力学性能好，抗侵蚀、耐老化，施工操作方便，工序少，施工周期短，既适用于墙体，又适用于屋面。

（二）"平改坡"节能改造

"平改坡"是将多层住宅平屋面改建成坡屋顶，并结合外立面整修粉饰，达到改善住宅性能和建筑物外观视觉效果的房屋修缮行为。"平改坡"能够改善城市面貌，改善建筑的排水，有效防止渗漏，有效提高屋顶的保温、隔热功能，提高旧房的热工标准，达到节约能源，改善居住条件的目的。

"平改坡"工程中，坡屋面结构与原结构的连接主要在原屋面圈梁或砖承重墙内植筋的方法，植筋前需将原屋面防水层及保温层局部铲除，露出原屋面结构，植筋后浇筑作为新增钢屋架的钢筋混凝土支墩或联系梁，并埋设支座埋件，不能将钢屋架直接落于原屋面板上。

房屋的"平改坡"工程还大量采用了木屋架。木屋架的龙骨全部由木结构组成，木结构上再铺设屋面板，然后在屋面板上铺设陶瓦，该方法改变了过去用钢材和混凝土修建屋顶的传统工艺，将铁屋架变成了木屋架。与传统的铁屋架相比，木屋架具有更好的优势，具体表现在：安装较方便，由于木屋架的龙骨可在工厂加工好，而铁屋架的钢材龙骨需要现场焊接；保温隔热性能较好；重量较轻，降低了老住宅楼的屋面荷载。

平改坡后的坡屋顶宜设通风换气口（面积不小于顶棚面积的1/300），并将通风换气口做成可启闭的，夏天开，便于通风；冬天关闭，利于保温。

（三）采用绿化屋面的节能改造

绿化屋面是指不与地面自然土壤相连接的各类建筑物屋顶绿化，即采用堆土屋面，进行种植绿化。该技术利用绿色植物具有的光合作用能力，针对太阳辐射的情况，在屋面种植合适的植物。种植绿色植物不仅可以避免太阳光直接照射屋面，起到隔热效果，而且由于植物本身对太阳光的吸收利用、转化和蒸腾作用，大大降低了屋顶的室外综合温度；绿化屋面利用植物培植基质材料的热阻与热惰性，还可以降低内表面温度，从而减轻对顶楼的热传导，起到隔热保温作用。绿化屋面增加城市绿地面积，改善城市热环境，降低热岛效应。绿化屋面有利于吸收有害物质，减轻大气污染，增加城市大气中的氧气含量，有利于改善居住生态环境，美化城市景观，达到与环境协调、共存、发展的目的。

绿化屋面不仅要满足绿色植物生长的要求，而且最重要的是还应具有排水和防水的功能，所以绿化屋面应进行合理设计。绿化屋面的主要构造层包括基质层、排水层和蓄水层、防根穿损的保护层与防水密封层。

（1）基质层（植物生长层）。其主要功能是满足植物的正常生长要求。为了降低屋顶荷载总值，一般采用一种比天然土壤轻得多的混合土壤，主要是由耕作土壤、腐殖质、有机肥料及其他复合成分等组成。按照种植植物的方式和结构层的厚度，绿化屋顶可分为粗放绿化和强化绿化。粗放绿化的植物生长层比较薄，仅有20~50mm厚，可以种一些生长条件不高的植物、低矮和抗旱的植物种类；强化绿化选种的植物品种一般有草类、乔木和灌木等，其基质层的厚度需要根据植物的生长性能要求确定。

（2）排水层和蓄水层。其多采用沙砾，并在该层中铺有膨胀黏土、浮石粒或泡沫塑料排水板等。其主要功能是调节屋顶绿化层中的含水量。排水层和蓄水层的厚度，不仅受当地年降水量的影响，还需根据种植绿化植物生长性能的要求进行设置，一般为30~60mm。

（3）防止根系穿损的保护层与防水密封层.3一般情况下，植物的根系均具有较强的穿透能力。为了防止根系穿损屋面的防水密封层，或将根系对屋面密封层的损害减少到最低程度，一般需在排水层与密封层之间设一层抗穿透层，或将密封层表面设一层抗穿透薄膜与密封层共同作为屋顶的复合式密封层。设计中的一般做法是，在结构基层上先做一层20mm厚1∶3水泥砂浆找平层，再做一层聚氨酯防水涂料三度或铺贴一层氯丁橡胶共混卷材，作为防水密封层。同时为了减少紫外线对密封材料的辐射，延长其使用寿命，还需要在密封材料上加铺一层30~50mm厚的砾石层，有时也可抹30mm厚的水泥石英砂浆。

绿化屋面与传统保温隔热屋面不同，其需要日常维护与管理。粗放绿化屋面基本上不需要维护与管理，是因为栽种的植物都比较低矮，不需要剪枝，干枯和落叶变成腐殖质肥料。如果是强化绿化，将绿化屋顶作为休息场所，种植花卉和其他观赏性植物，就需要定期浇水等维护和管理工作，应当把浇水管道埋入基质层中，设置必要的自动喷淋或手动浇水设备。另外，还应经常检查排水措施的情况，尤其是落水口是否处于良好工作状态，必要时应进行疏通与维修。

近年来发展起来的轻型屋面绿化是在现有屋顶面层上，铺设专用结构层，再铺设厚度不超过 50mm 的专用基质，种植佛甲草、黄花万年草、卧茎佛甲草、白边佛甲草等特定植物。该技术与传统的绿化屋面相比具有总体重量轻、屋面负荷低、施工速度快、建设成本低、适用范围广、使用寿命长、养护管理简单和管理费用低等优点，只要简单的日常维护，便能长久维持生态和景观效果，特别适用于既有建筑的节能和绿色改造，具有广阔的应用前景。

四、楼板节能改造

既有建筑需节能改造的楼板主要包括与室外空气直接接触的外挑楼板、架空楼板、地下室顶板等。目前大部分既有建筑的外挑楼板、架空楼板、地下室顶板一般都无保温措施，常见的楼板节能改造措施主要包括：保温砂浆楼板板底保温、楼板板底粘贴泡沫塑料（如EPS、XPS、PU 等）保温板或楼板板底现场喷涂聚氨酯硬泡体等。地下室顶板位于室内的情况，在节能改造时应充分考虑室内防火。

保温砂浆楼板板底保温施工便捷，造价较低，但其导热系数较高，一般在 0.06 ~ 0.08W/（$m^2 \cdot K$），对于保温性能要求较高的楼板而言，较难达到要求。粘贴泡沫塑料保温板板底保温的做法技术成熟、适用性好，应用范围广，缺点是耐久性、防火性能差，易脱落。板底现场喷涂聚氨酯保温是一种较好的做法，聚氨酯具有优良的隔热保温性能，集保温与防水于一体，重量轻、黏结强度大、抗裂性能好，着火环境下碳化，火焰传播速度相对较慢。

五、增加外遮阳

外遮阳在夏热地区是很有效的建筑节能措施。夏热地区夏季通过窗户进入室内的太阳辐射热构成了空调的主要负荷，设置外遮阳尤其是活动外遮阳是减少太阳辐射热进入室内、实现节能的有效的手段。合理设置活动外遮阳能遮挡和反射 70%~85% 的太阳辐射热，大大降低空调负荷。

外遮阳按照系统可调性能分固定遮阳、活动外遮阳两种。固定遮阳系统一般是作为结构构件（如阳台、挑檐、雨棚、空调挑板等）或与结构构件固定连接形成，包括水平遮阳、垂直遮阳和综合遮阳，该类遮阳系统应与建筑一体化，既达到遮阳效果又美观，故运用在新建建筑较方便。活动遮阳系统包括可调节遮阳系统（如活动式百叶外遮阳、生态幕墙百叶帘和翼形遮阳板）和可收缩遮阳系统（如可折叠布篷、外遮阳卷帘、户外天棚卷帘）两大类，但有的可调节遮阳系统也具有可以收缩的功能。活动外遮阳可根据室内外环境控制要求进行自由调节，安装方便、装拆简单。夏天可根据需要启用外遮阳装置，遮挡太阳辐射热，降低空调负荷，改善室内热环境、光环境；冬季可收起外遮阳，让阳光与热辐射透过窗户进入室内，减少室内的采暖负荷并保证采光。

既有建筑节能改造宜采用活动外遮阳。常见的活动外遮阳系统有活动式外遮阳百叶帘、外遮阳卷帘、遮阳篷等。活动式外遮阳百叶帘可通过百叶窗角度调整控制入射光线，还能根据需求调节人室光线，同时减少阳光照射产生的热量进入室内，有助于保持室内通风良好，光照均匀，提高建筑物的室内舒适度，可丰富现代建筑的立面造型。增加活动式外遮阳百叶帘是一种极佳的被动节能改造技术措施，宜优先选用。

利用垂直绿化遮阳在夏热地区也是一种很好的遮阳措施，夏天绿叶能起到很好的遮阳效果，冬天叶落也不遮挡太阳光，可结合外立面改造进行。

第三节　既有建筑室内物理环境控制与改善

一、室内空气环境控制与改善

室内空气品质是室内建筑环境的重要组成部分，根据美国供热制冷空调工程师协会（ASHRAE）]998 年颁布的标准《满足可接受室内空气品质的通风》（ASHRAE62—1989）中兼顾了室内空气品质的主观和客观评价，给出的定义为：良好的室内空气品质应该是"空气中没有已知的污染物达到公认的权威机构所确定的有害物浓度标准，且处于这种空气中的绝大多数人（>80%）对此没有表示不满意"。室内空气污染按其污染物特性可分为化学污染、物理污染和生物污染。化学污染主要为有机挥发性化合物（VOCs）和有害无机物引起的污染，包括醛类、苯类、烯等 300 种有机化合物及氨气、燃烧产物 CO_2、CO、NO_x、SO_x 等无机物。物理污染主要指灰尘、重金属和放射性氡、纤维尘和烟尘等的污染。生物污染主要指细菌、真菌和病毒引起的污染。

室内空气品质恶化可能引发病态建筑综合症（SBS）、与建筑有关的疾病（BKI）、多种化学污染物过敏症（MCS）等，严重者还会危及生命。据美国环境保护署（EPA）统计，美国每年因室内空气品质低劣造成的经济损失高达 400 亿美金。而我国室内空气品质问题较发达国家更为严重。据中国室内环境监测中心提供的数据：我国每年由室内空气污染引起的超额死亡数可达 11.1 万人，超额门诊数可达 22 万人次，超额急诊数可达 430 万人次。

室内空气环境控制与改善措施主要包括：控制污染源、建筑通风稀释和空气净化等措施。

（一）控制污染源

我国已制定了《室内建筑装饰装修材料有害物质限量》（GB18580—2001）~（GB9673_1996）。该国标限定了室内装饰装修材料中一些有害物质含量和散发速率，对于建筑物在装饰装修材料使用做了一定的限定，改造和装修时选用有机挥发物含量不超标的材料。另外，对于一些室内污染源，可采用局部排风的方法。譬如，厨房烹饪可采用抽油烟机解决，厕所异味可通过排气扇解决 ®。

（二）建筑通风稀释

建筑通风是通过自然风或通风设备向室内补充新鲜和清洁的空气，带走潮湿污浊的空气或热量，稀释和排除室内气态污染物，并提高室内空气质量、改善室内热环境的重要手段。建筑通风包括自然通风和机械通风。自然通风无需能耗，应优先考虑利用。改善自然通风的措施有：合理设置和开启门窗、合理设置天井和开启天窗等，可结合室内热环境改善措施进行。

空调或采暖条件下为提高室内空气质量，同时减少能耗，可增加通风器。通风器可安装在外窗的顶部或下面、窗框上或窗扇上，在平常情况下，利用室内外的大气压差进行空气流通置换。当室内外气压差微小的时候，通过启动一套加压装置来进行室内空气的强制流通置换。通风器具有安装快、体积小、能耗少、使用维护方便等特点，尤其适用于严寒和寒冷地区采暖季节。

（三）空气净化

空气净化是采用各种物理或化学方法如过滤、吸附、吸收、氧化还原等将空气中的有害物清除或分解掉。目前的空气净化方法主要有：空气过滤、吸附方法、紫外灯杀菌、静电吸附、纳米材料光催化、等离子放电催化、臭氧消毒灭菌和利用植物净化空气等。

（1）空气过滤是最常用的空气净化手段，主要功能是处理空气中的颗粒污染。

（2）吸附方法对于室内 VOCS 和其他污染物是一种比较有效而义简单的消除技术。目前比较常用的吸附剂是活性炭物理吸附。活性炭包括粒状活性炭和活性炭纤维。与粒状活性炭相比，活性炭纤维吸附容量大，吸附或脱附速度快，再生容易，不易粉化，不会造成粉尘二次污染。对无机气体如 SO_2、H_2S、NO_x 等和有机气体如（VOCs）都有很强的吸附能力。

（3）紫外灯杀菌是常用的空气中杀菌方法，在医院已被广泛使用。紫外光谱分为 UVA（320～400rnn）、UVB（280~320nm）和 UVC（100~280nm），波长短的 UVC 杀菌能力较强。185nm 以下的辐射会产生臭氧。一般紫外灯安置在房间上部，不直接照射入，空气受热源加热向上运动缓慢进入紫外辐照区，受辐照后的空气再下降到房间的人员活动区，在这一过程中，细菌和病毒会不断被降低活性，直至灭杀。

（4）臭氧消毒灭菌这种方法主要是利用交变高压电场，使得含氧气体产生电晕放电，电晕中的自由高能电子能够使得氧气转变为臭氧，但此法只能得到含有臭氧的混合气体，不能得到纯净的臭氧。由于其相对能耗较低，单机臭氧产量最大，因此目前被广泛应用。

（5）光催化技术是近年来发展起来的空气净化方法。利用光催化反应来把有害的有机物降解为无害的无机物。光催化反应的本质是在光电转换中进行氧化还原反应。

（6）利用植物净化空气。绿色植物除了能够美化室内环境外，还能改善室内空气品质。美国宇航局的科学家威廉发现绿色植物对居室和办公室的污染空气有很好的净化作用。他发现：24h 照明条件下，芦荟吸收了 1m³ 空气中 90% 的醛；90% 的苯在常青藤中消失；龙舌兰则可吞食 70% 的苯、50% 的甲醛和 24% 的三氯乙烯；吊兰能吞食 96% 的 CO，86% 的甲醛。威廉的实验证实：绿色植物吸入化学物质的能力来自于盆栽土壤中的微生物，而不主要是叶子。与植物同时生长在土壤中的微生物在经历代代遗传后，其吸收化学物质的能力还会加强。

二、室内热环境控制与改善

室内热湿环境是建筑物理环境中最重要的内容。主要反映在空气环境的热湿特性中。建筑室内热湿环境形成的最主要原因是各种外扰和内扰的影响。外扰主要包括室外气候参数如室外空气温湿度、太阳辐射、风速、风向变化，以及邻室的温湿度，均可通过围护结构的传热、传湿、空气渗透使热量和湿量进入室内，对室内热湿环境产生影响。内扰主要包括室内设备、照明、人员等室内热湿源。

既有建筑大部分是不节能建筑，大量存在围护结构热工性能差、室内热舒适度差、采暖空调能耗较高的现象。当前既有建筑室内热环境质量普遍较低，据对武汉市 182 户住宅室内热环境的调查研究（样本住宅的平均建筑面积为 68.8m²，平均居民数为 3.6 人 / 户，住宅的平均建成时间为 10.8 年，大多数住宅形状为长方形，南北朝向）：如果没有空调和采暖设备，人们普遍感到难以忍受，严重影响了人们的工作与生活；冬天热舒适问题没有夏天那么严重，但家中无供暖设备或未供暖时，任有约 1/3 的居民感到身心受到很大影响。从调查中还了解到，在无统一规划和建筑设计未加以重视的情况下，普通百姓自发地改善室内热环境，冬季用电暖气、空调采暖，夏季用电扇、空调降温，由此需要消耗大量的能源。

热湿环境改善措施包括围护结构的改造和设备系统的改造，主要通过改善围护结构的隔热保温性能、提高设备系统的效率等得以实现。

建筑通风可对建筑进行制冷，降低室内温度，改善室内热环境，并有效提高室内空气质量。夏季在非高温日和过渡季节开窗进行自然通风，调节室内热舒适度；夜间对房间进行冷却，能有效减少空调的开启时间，达到节能 0 的。自然通风是重要的被动式建筑节能技术手段，代表了生态、绿色的生活方式，应优先考虑利用。改善自然通风的措施有：合理设置和开启门窗、合理设置天井和开启天窗等，可结合围护结构的改造进行。门窗的合理设置和开启能有效利用风压在建筑室内产生空气流动，形成"穿堂风"。合理设置天井或中庭、开启天窗能利用热压形成"烟囱效应"，产生自然通风。大部分建筑主要靠门窗的合理设置和开启改善自然通风，改造时应尽量增加外窗可开启面积，使可开启面积不小于外窗面积的 30%。

三、室内声环境控制与改善

城市环境噪声污染已经成为干扰人们正常生活的主要环境问题之一。噪声对临街建筑的影响最大。临街建筑噪声常常达到 70dB 以上，影响室内正常的办公工作。门、窗是围护结构的薄弱环节，常常为声传播提供了便利条件。使室外噪声轻易地传到室内或缺乏隔绝外界噪声的能力，导致室内声环境受到破坏。另外，室内电梯、变压器、高楼中的水泵、中央空调（包括冷却塔）设备也会产生低频噪声污染，严重者会极大地影响正常的居住、工作等。

既有建筑室内声环境控制技术及方法有：

（一）降低噪声源噪声

主要通过噪声源的控制、减振。降低声源噪声辐射是控制噪声最根本和有效的措施，但主要针对室内的噪声源。在声源处即使只是局部地减弱了辐射强度，也可以使控制中间传播

途径中或接收处的噪声变得容易。可通过改进结构设计、改进加工工艺、提高加工精度等措施来降低噪声的辐射，还可以采取吸声、隔声、减振等技术措施，以及安装消声器等控制声源的噪声辐射。

（二）传播途径降低噪声

主要有吸声、隔声、消声、隔振四种措施。传播途径中的噪声控制有以下五种方法：①利用噪声在传播中的自然衰减作用，使噪声源远离安静的地方；②声源的辐射一般有指向性，因此，控制噪声的传播方向是降低噪声的有效措施；③建立隔声屏障或利用隔声材料和隔声结构来阻挡噪声的传播；④应用吸声材料和吸声结构，将传播中的声能吸收消耗；⑤对固体振动产生的噪声采取隔振措施，以减弱噪声的传播。

既有建筑外窗是降噪的薄弱环境。外窗降噪措施主要有：采用中空玻璃、提高窗户密封性、型材改造等。中空玻璃的隔声量要比单玻大 5dB 左右。密封胶条的好坏直接影响窗的隔声量，低档胶条使用一段时间后会出现老化、龟裂、收缩等现象，产生缝隙，影响隔声效果，应及时更换。铝型材和钢型材的隔声效果较差，采用包塑进行型材改造，除改善热工性能外，还能改善隔声效果。通过各种降噪措施，应使外窗隔声量达到 25~30dB，基本满足相关标准的要求。

（三）掩蔽噪声

即主动在室内加入掩蔽噪声。遮蔽噪声效应也被称为"声学香水"，用它可以抑制干扰人们宁静气氛的声音并提高工作效率。适当的遮蔽背景声具有这样的特点：无表达含义、响度不大、连续、无方位感。低响度的空调通风系统噪声、轻微的背景音乐、隐约的语言声往往是很好的遮蔽背景声。在开敞式办公室或设计有绿化景观的公共建筑的门厅里，也可以利用通风和空调系统或水景的流水产生的使人易于接受的背景噪声，以掩蔽电话、办公用设备或较响的谈话声等不希望听到的噪声，创造一个适宜的声环境，也有助于提高谈话的私密性。

四、室内光环境控制与改善

建筑的采光包括自然采光和人工采光。自然光较人工光源相比具有照度均匀、持久性好、无污染等优点，能给人更理想、舒适、健康的室内环境。但大部分既有公共建筑主要采用人工光源，没有充分利用自然光，光环境不理想且耗能。如广州市办公室的照度大部分低于70lx，大部分办公室没有很好地利用自然光源，只采用日光灯作照明设备；在使用空调的时候，为了减少太阳辐射，采用内窗帘，挡住太阳光的直射与漫射，从而就降低了照度。其他地区既有公共建筑也存在类似的情况。应根据建筑实际情况对透明围护结构及照明系统进行改造，充分利用自然光，营造良好的室内光环境。

光环境改善措施有改善自然采光和改善人工照明两种：

（一）改善自然采光

自然采光能够改变光的强度、颜色和视觉，它不但可以减少照明用电，通过关闭或调节

第六章
既有建筑的绿色改造

一部分照明设备，节约照明用电，同时还可以减少照明设备向室内的散热，减小空调负荷。自然采光还可以营造一个动态的室内环境，形成比人工照明系统更为健康和兴奋的工作环境，开阔视野，放松神经，有益于室内人员身体和身心健康。不恰当的自然采光、不合理的光亮度、不恰当的强光方向、都会在室内造成眩光现象。

既有建筑自然采光受原建筑设计的制约。既有建筑室内光环境控制的目的一方面是通过最大限度地使用天然光源而达到有效地减少照明能耗的目的；另一方面是避免在室内出现眩光，产生光污染干扰室内人员的工作生活。改造设计可采用通用的 Ecotect 软件，建立建筑平面模型，选择地区的气候环境，参照《建筑采光设计标准》等规范，选择适当的措施进行计算机模拟 Ecotect 软件中的采光计算采用的是 C1E（国际照明委员会）全阴天模型，即最不利条件下的情况。

既有建筑改善自然采光的方法有：采光口改造、遮阳百页控制、反射镜控制、光导管与光导纤维等

（1）采光口改造。采光口主要指建筑围护结构的透明部分位置。分侧向采光口（如外窗洞、透明幕墙位置）和顶部采光口（如天窗、天井）。采光口设置不合理会导致采光不足或过量、眩光、阳光辐射强烈、闷热等问题。采光口改造措施包括增加采光口、增加采光口面积、改变采光口位置、改善采光构件等。

增加采光口是一种常用的措施。天津大学建筑馆的采光口改造是一个成功的案例。改造时增加了一个狭长反月形采光天井，解决了中庭加建中普遍存在的压抑、厚重、封闭等问题，创造了丰富而灵动的空间，并同时解决了采光和通风等问题，成为系馆中庭改造中的点睛一笔。

（2）遮阳百叶控制。水平遮阳百叶可以把太阳直射光折射到天花板上，增加天然光的透射深度，保证室内人员与外界的视觉沟通以及避免工作区亮度过高。同时，遮阳百叶也起到避免太阳直射的遮阳效果，可以遮挡东、南、西三个方向一半以上的天然光。一般窗口处与房间内部的采光照度相差甚远，易产生眩光。计算机模拟结果表明，运用遮阳帘后，窗口附近采光系数、照度和亮度变化明显，采用遮阳帘后，窗口处的采光照度下降明显，避免了射入室内的直射光线，大大减少眩光，室内照度分布较为均匀，自然光线分布合理。图14.23是某改造工程外窗采用了遮阳百叶控制自然采光实测的效果。测试结果表明，外窗采用遮阳百叶后，室内照度大部分时间均在 100lx 以上，并减小了眩光，室内照度更均匀，获得更好的光环境。

（3）反射镜控制。反射镜控制是采用采光搁板、棱镜组、反射高窗等对自然光进行合理的引导以满足室内正常的采光要求。

采光搁板是水平放置的导光板，主要是为解决大进深房间内部的采光而设计的。它的入射口起聚光作用，一般由反射板或棱镜组成，设在窗的顶部；与其相连的传输管道截面为矩形或梯形，内表面具有高反射比反射膜。这一部分通常设在房间吊顶的内部，尺寸大小可与管线、结构等相配合。为了提高房间内的照度均匀度，在靠近窗口的一段距离内，向下没有出口，而把光的出口开在房间内部，这样一来就不会使窗附近的照度进一步增加。实验证明，

配合侧窗，采光搁板能在一年中大多数时间提供充足（大于100lx）均匀的光照。若房间开间较大，可并排地布置多套采光搁板系统。

用棱镜组进行光线多次反射是用一组传光棱镜将集光器收集的太阳光传送到需要采光的部位。如美国加州大学的伯克利试验室提出用于解决一座十层大楼的采光问题的方法；澳大利亚用这种方法把光送到房间10m进深的部位进行照明；在英国用于解决地下和无窗建筑的采光等，都达到了较好的采光效果。

反射高窗是在窗的顶部安装一组镜面反射装置。阳光射到反射面上经过一次反射，到达房间内部的天花板，利用天花板的漫反射作用，反射到房间内部。反射高窗可减少直射阳光的进入，充分利用天花板的漫反射作用，使整个房间的照度和均匀度均有所提高。太阳高度角随着季节和时间不断变化，而反射面在某个角度只适用于一种光线入射角，当入射角度不恰当时，光线很难被反射到房间内部的天花板上，甚至有可能引起眩光，因此反射面的角度一般是可变的。

（4）导光管与光导纤维。用导光管将太阳集光器收集的光线传送到室内需要采光的地方，如中国建筑科学研究院的无窗厂房和地下建筑自然采光、深圳设计之都、北京奥林匹克森林公园、北京师范大学附属实验中学等项目，就是用此法进行自然采光的。光导管照明系统的结构主要分为三部分：一是采光部分，采光器由透明塑料注塑而成，表面有三角形全反射聚光棱；二是导光部分，一般是由三段导光管组合而成，导光管内壁为高反射材料，反射率可达92%~95%，导光管可以旋转弯曲重叠来改变导光角度和长度；三是散光部分，可避免眩光现象的发生。光导管照明系统结构简单方便安装，成本较低，实际照明效果很好。

光导纤维又称导光纤维，是一种利用光的全反射特性把光能闭合在纤维中而产生导光作用的纤维。光纤照明系统可分成点发光（即末端发光）系统和线发光（即侧面发光）系统。光纤纤维采光具有很多优点：单个光源可形成具备多个发光特性相同的发光点；光源易更换，也易于维修；无紫外线、红外线光；可以制成很小尺寸；无电磁干扰、无电火花、无电击危险等。然而，由于现阶段的制造成本较高，多用在有特殊需要的技术中，还未普及使用。

（二）改善人工照明

人工照明也就是"灯光照明"或"室内照明"，它是夜间主要光源，同时又是白天室内光线不足时的重要补充。建筑的照明能耗在建筑总能耗中也占据了重要的份额，如在现代的办公建筑与大型百货商场，照明能耗均约占整个建筑能耗的1/3左右。改善人工照明应满足室内光环境要求，应提倡采用"绿色照明"，采用效率高、寿命长、安全和性能稳定的照明电器产品（电光源、灯用电器附件、灯具、配线器材，以及调光控制调和控光器件），可采用以下措施：

（1）采用高效节能的电光源。包括用紧凑型荧光灯取代白炽灯、普通直管型荧光灯（节电70%~80%），推广高压钠灯和金属岗化物灯，推广低压钠灯，推广发光二极管–LED等；

（2）采用高效节能照明灯具。选用配光合理、反射效率高、耐久性好的反射式灯具，选用与光源、电器附件协调配套的灯具；

（3）采用高效节能的灯用电器附件。用节能电感镇流器和电子镇流器取代传统的高能

耗电感镇流器。电子镇流器通过高频化提高灯效率、无频闪、无噪声、自身功耗小；

（4）智能照明控制系统。智能照明控制系统可节约能源，降低运行维护费用。就照明管理系统而言，它不仅要控制照明光源的发光时间、亮度来配合不同应用场合做出相应的灯光场景，而且还要考虑到管理智能化和操作简单化以及灵活适应未来照明布局和控制方式变更等要求。由于系统中采用了红外线传感器、亮度传感器、定时开关以及可调光技术，智能化的运行模式，使整个照明系统可以按照经济有效的最佳方案来准确运作，不但大大降低运行管理费用，而且最大限度地节约能源，与传统的照明控制方式相比较，可以节约电能20%~30%。有一些智能照明控制系统如系统，还采用软启动、软关断技术，可使每一负载回路在一定时间里缓慢启动、关断，或者间隔一小段时间（通常几十到几百毫秒）启动、关断，避免冲击电压对灯具的损害，成倍地延长了灯具的使用寿命。如果使用智能化照明管理系统，无疑将获得许多潜在的收益。

第四节　既有建筑暖通系统的节能改造

一、采用高效热泵

作为自然现象，热量总是从高温端流向低温端。如同水泵把水从低处提升到高处那样，人们可以用热泵技术把热量从低温端抽吸到高温端。所以热泵实质上是一种热量提升装置，它本身消耗一部分能量，把环境介质中储存的能量加以挖掘，提高温位进行利用，而整个热泵装置所消耗的功仅为供热量的 1/3 或更低，这就是热泵节能的关键所在根据热泵的热源介质，热泵可分为空气源热泵和水源热泵，而水源热泵又分为水环热泵和地源热泵。

二、空调输送系统变频改造

由于受气象条件、建筑使用情况等因素变化的影响，在实际运行过程中，空调系统的负荷大多小于其设计负荷。大型公共建筑暖通空调系统的输送设备风机水泵类负载多是根据满负荷工作需用量来选型。实际应用中大部分时间并非工作于满负荷状态。因此空调运行过程中的变工况运行，对于暖通空调系统的节能运行有显著的效果气空调制冷能耗中，大约40%~50% 由外围护结构传热所消耗，30%~40% 为处理新风所消耗，25%~30% 为空气和水输配所消耗。因此对于大型公共建筑，有效的变风量（VAV）和变水量（VWV）技术的应用能够有效降低建筑部分负荷下运行时的输送能耗。

（一）水泵变频控制改造

根据监测空调末端运行负荷变化，控制末端水流量或末端的启闭，达到合理分配冷负荷的目的。同时，水泵根据整个水力管网流量或压力的变化，调整水泵工作状态，达到节能的目的。

采用变频器直接控制风机、泵类负载是一种科学的控制方法，利用变频器内置控制调节软件，直接调节电动机的转速保持一定的水压、风压，从而满足系统要求的压力。当电机在额定转速的80%运行时，理论上其消耗的功率为额定功率的51.2%，去除机械损耗、电机铜、铁损等影响。节能效率也接近40%，同时也可以实现闭环恒压控制，节能效率将进一步提高。

（二）变风量控制改造

变风量系统（Variable Air Volume System，即 VAV 系统）20 世纪 60 年代诞生在美国，根据室内负荷变化或室内要求参数的变化，自动调节空调系统送风量，从而使室内参数达到要求的全空气空调系统。

VAV 系统有如下优点：

（1）由于 VAV 系统通过调节送入房间的风量来适应负荷的变化，同时在确定系统总风量时还可以考虑一定的同时使用情况，所以能够节约风机运行能耗和减少风机装机容量。有关文献介绍，VAV 系统与 CAV 系统相比大约可以节能 30%~70%，对不同的建筑物同时使用系数可取 0.8 左右。

（2）系统的灵活性较好，易于改、扩建，尤其适用于格局多变的建筑，例如出租写字楼等。当室内参数改变或重新隔断时，可能只需要更换支管和末端装置，移动风口位置，甚至仅仅重新设定一下室内温控器。

（3）VAV 系统属于全空气系统，它具有全空气系统的一些优点，可以利用新风消除室内负荷，没有风机盘管凝水问题和霉菌问题。

同时，VAV 系统也存在着一些缺点：房间内正压或负压过大导致室外空气大量渗入，房门开启困难；影响室内气流组织；系统运行不稳定；系统的初投资比较大等缺点。因此使用VAV 系统时应统筹性能和经济等因素，合理设计使用。

三、蓄冷蓄热技术

蓄冷空调系统是合理利用峰谷电能，削峰填谷，制冷机在夜间利用电网多余的谷荷电力继续运转，并通过介质将冷量储存起来，在白天用电高峰时释放该冷量提供空调服务，从而缓解空调争用高峰电力的矛盾。目前，我国已将空调蓄冷作为十大重点节能技术措施之一在全国推广，因此，蓄冷技术有广阔的发展前景。

与常规空调系统相比，蓄冷空调有如下特点：①减少了冷水组的容量，装设功率一般小于常规空调系统；②能够转移制冷机组用电时间，起到转移电力高峰期用电负荷的作用；③冷水机组高负荷运行，同时利用电网的峰谷电价差，减少了中央空调系统的运行费用。

常见的蓄冷方式为冰盘管、冰球、水、冰片滑落式及冰晶等。

蓄冷、蓄热双功能空调系统初投资高于常规的空调的系统。

对于一些大型公共建筑，空调系统昼夜运行的空调负荷悬殊较大，如果工程所在地区的电力部门能提供优惠的政策和电价，且达到的投资补偿能被业主接受，选用蓄冷蓄热的这种空调方式，是一种国家、业主都受益的好方式。

四、热回收利用

空调制冷能耗中 30%~40% 为处理新风所消耗。因此新风一直都是暖通空调系统节能的重点。主要的新风节能的主要方法为：冷热回收技术、过渡季节通风技术、新风变频技术等。对于新风量要求较大的建筑如：大型商场、超市、大会堂等使用冷热回收技术，可大大降低空调的能耗。由于新风能耗占空调制冷能耗较大，新风的节能成为建筑节能中一个重要的组成部分。

五、智能控制与分项计量

（一）智能控制

在建设部与科技部联合发布的《绿色建筑技术导则》中明确指出，建筑的智能化系统是建筑节能的重要手段，它能有效地调节控制能源的使用、降低建筑物各类设备的能耗、延长其使用寿命、提高效率、减少管理人员，从而获得更高的经济效益，保证建筑物的使用更加绿色环保、高效节能。

通过有关专家研究建筑全寿命周期成本的分析表明，在建筑的建设过程中，规划成本占总成本的 2%、设计施工成本占 23%；而在运营使用过程中的成本占 75%。而智能建筑技术的优势之一在于能帮助建筑管理者提高管理效率，降低建筑能耗和人工成本。同时暖通空调负荷的运行是随着建筑内负荷和室外环境的变化而变化的。由于其运行的不确定性和复杂性，设备运行人员对暖通空调设备无法实现有效的节能运行管理。

楼宇智能控制包括以下系统的集成和集中控制，以及提高建筑的运行管理水平。

（1）设备自动化系统：将建筑物或建筑群内的空调、电力、给排水、照明、送排风、电梯等设备或系统，以集中监视、控制和管理为目的，构成楼宇设备自动化系统。

对于自有控制系统的设备系统，通过高阶接口集中到楼宇设备自动化系统统一管理，对于部分系统可做到只监不控。

（2）安全自动化系统：包括闭路电视监控系统，保安防盗系统，以及出入口控制、巡更、停车场管理等一卡通系统。

（3）通信自动化系统：包括综合布线系统，计算机网络系统，卫星侑线电视系统以及公共电话系统。

（4）办公自动化系统：包括 INTERNET/INTRANET 系统，电视会议系统以及多媒体信息互动系统。

（5）管理自动化系统：包括水电气空调计费系统（分项计量），停车场管理系统以及楼宇集成管理系统，楼宇集成管理系统上将建筑物内不同功能的子系统在物理、逻辑和功能上连接在一起，以实现信息、资源共享。

（二）分项计量

能耗监测及分项计量项目不仅可以实现能耗数据远程传输功能，对既有监测建筑进行能耗动态监听，及时发现问题、完善用能管理；也可以通过对建筑实际用能状况的定量分析，以及同类建筑的能耗指标比较，评估和诊断建筑的能耗水平，充分挖掘被监测建筑的节能空间，提供有效的节能改造方案。

分项计量的好处是可以明确能耗在用能终端的分配情况，从而有利于加强管理，发现节能潜力所在，检验各项节能措施的效果等。对于节能策略的制定、实施和检验具有重要的意义。它从一个方面体现了建筑节能管理水平的高低。

第五节　既有建筑的可再生能源利用与改造

可再生能源包括水能、生物质能、风能、太阳能、地热能和海洋能等，资源潜力大，环境污染低，可永续利用，是有利于人与自然和谐发展的重要能源 320 世纪 70 年代以来，可持续发展思想逐步成为国际社会共识，可再生能源开发利用受到世界各国高度重视，许多国家将开发利用可再生能源作为能源战略的重要组成部分，提出了明确的可再生能源发展目标，制定了鼓励可再生能源发展的法律和政策，可再生能源得到迅速发展。

目前，我国建筑中可再生能源的利用主要有太阳能光热、光电、地水源热泵和污水源热泵等。

一、太阳能热水应用

太阳能光热在建筑中应用，主要体现在太阳能热水器与建筑一体化应用。目前，太阳能在居住建筑和公共建筑中已大量使用。居住建筑主要用于生活用热水。而公共建筑中，太阳能热水可作为大楼热水的补充，用于厨房热水、洗澡热水或锅炉热水补充等。

在建筑中太阳光热利用的领域主要有利用太阳能供热水，发展太阳能采暖、太阳能制冷空调等。目前应用最多的是太阳能热水供应系统。现有的系统分为集中式与分散式。其中集中式所需补热量大，水循环系统能耗较高，其补热方式是目前有待深入研究的问题。分散式是目前采用较多的，但是其热水供应保障性有时较差，效率也有待提高。

二、太阳能光伏发电应用

太阳能发电系统的应用类型有 3 种：独立型系统、蓄电型系统和并网型系统。独立型系统比较简单，供电范围小；蓄电型系统设备较多，系统复杂，蓄电池要占一定空间，工程造价高；并网型系统是与城市电网并网，灵活性好，工程造价低气

太阳能光伏与建筑一体化（BIPV）是应用太阳能发电的一种新概念：在建筑围护结构外表面上铺设光伏阵列或代替围护结构提供电力。

三、浅地层热泵

浅地层热泵是一种利用地下浅层地热资源（也称地能，包括地下水、土壤或地表水等）的既可供热义可供冷的高效节能空调系统。浅地层热泵通过输入少量的高品位能源(如电能)，

实现低温位热能向高温位转移。地能分别在冬季作为热泵供暖的热源和夏季空调的冷源，即在冬季，把地能中的热量"取"出来，提高温度后，供给室内采暖；夏季，把室内的热量取出来，释放到地能中去。

（一）地源热泵应用

地源热泵机组可利用的大地土壤常年恒温（长江流域地下土壤温度约的特点，将 35℃ 和 10℃ 的水同土壤进行换热。热泵循环的蒸发温度不受环境温度限制，提高了能效比。

对于小型工程，地源热泵系统既有建筑改造应考虑到建筑周围可用于打井的空地面积以及当地的地质构造情况。综合造价和节能效果进行节能改造。而对于大型建筑节能改造不仅应考虑以上问题的同时，配合冷却塔使用减低地下冷热不均衡度，则节能效果更佳。

（二）水源热泵应用

水源热泵机组工作原理就是利用地球表面浅层地热能如土壤、地下水或地表水（江、河、海、湖或浅水池）中吸收的太阳能和地热能而形成的低位热能资源，采用热泵原理，通过少量的高位电能输入，在夏季利用制冷剂蒸发将空调空间中的热量取出，放热给封闭环流中的水，由于水源温度低，所以可以高效地带走热量；而冬季，利用制冷剂蒸发吸收封闭环流中水的热量，通过空气或水作为载冷剂提升温度后在冷凝器中放热给空调空间。通常水源热泵消耗 1kW 的能量，用户可以得到 4kW 以上的热量或冷量。

水源热泵机组可利用的水体温度冬季为 12℃ ~22℃，水体温度比环境空气温度高，所以热泵循环的蒸发温度提高，能效比也提高。而夏季水体为 18℃ ~ 35℃，水体温度比环境空气温度低，所以制冷的冷凝温度降低，使得冷却效果好于风冷式和冷却塔式，机组效率提高。

但水源热泵也有一些不足之处，既有建筑改造时候受可利用的水源条件限制，受水层的地理结构的限制，受投资经济性的限制。虽然总体来说，水源热泵的运行效率较高、费用较低。但与传统的空调制冷取暖方式相比，在不同地区不同需求的条件下，水源热泵的投资经济性会有所不同。既有建筑可根据周围水体情况，进行科学分析选择水源热泵。

第七章
绿色建筑的景观设计

对于绿色建筑来说，"绿色景观"是指任何与生态过程相协调，尽量使其对环境的破坏达到最小的程度的建筑景观。绿色景观的生态设计反映了人类的一个新的梦想，一种新的美学观和价值观，人与自然的真正的合作与友爱的关系。

第一节　绿色建筑景观设计元素解析

景观设计是城市设计不可分割的重要组成部分，也是形成一个城市面貌的决定性因素之一。景观设计涉及的领域和内容相当广泛，包括了城市空间的处理，原有场地特点的利用，与周围环境之间的联系，广场、步行街的布置，街道小品以及市政设施的设置等，既涉及景观的功能，又涉及人的视觉及心理问题。

一、自然生态要素与景观生态规划

人类生存的自然环境位于地球的表层，这一环境与人类的生产和生活密切相关，直接影响着人类的衣食住行。地球环境的结构具有明显的地带性特点，由于地理位置不同，地表的组成物质和形态不同，其水、热条件也不同，这样就直接构成了不同地带景观风貌的差异。

1. 室外环境生态景观的基本概念

室外环境生态景观是自然因素和人类活动相互作用的产物，人类的生产、生活和浪费对环境都有巨大的影响。健康的自然环境是人类生存的重要基础，但是随着人类社会的发展，地球自然环境承受着越来越大的压力，尤其是工业革命后，发达的资本主义国家奉行的"消费主义"的生活方式，无序过度地索取和消耗自然资源，对地球自然环境造成极大的破坏。

直到 20 世纪末，多数人才开始认识到生态环境恶化给人类带来的巨大伤害。

随着现代生态科学的发展，生态美伦理价值观的树立、生态概念和生态系统的引入，为景观生态规划设计提供了科学的组织框架。现代景观生态规划设计，不但关注环境的视觉质量、环境的文化内涵建设，更需要关注如何在人类社会与自然之间建立和谐友好的关系，满足人类社会可持续发展的需要。立足大的生态环境，思考景观生态规划设计的具体问题，是现代室外环境景观生态规划设计与传统的风景园林设计最重要的区别之一。

自然生态要素是基于生态环境中的重要因素，是指与人类密切相关的，影响人类生活和生产活动的各种自然力量或作用总和的要素。自然生态要素主要包括动物、植物、微生物、土地、矿物、海洋、河流、阳光、大气、水分等天然物质要素，以及地面、地下的各种建筑物和相关设施等人工物质要素。

景观生态规划是一项系统工程，它根据景观生态学的原理及其他相关学科的知识，以区域景观生态系统整体优化为基本目标，通过研究景观格局与生态过程以及人类活动与景观的相互作用，建立区域景观生态系统优化利用的空间结构和模式，使廊道、斑块、基质、边界等景观要素的数量及其空间分布合理，使信息流、物质流与能量流畅通，并具有一定的美学价值，且适于人类居住。城市景观生态设计则是城市景观生态规划的深入和细化，更多地从具体的工程或具体的生态技术配置景观生态系统。

2. 室外景观生态设计的基本原则

景观生态规划总的目标是改善城市景观结构，加强城镇景观功能，提高城镇环境质量。促进城镇景观的持续发展具体目标有安全性、健康性、舒适性等。根据景观生态规划的内涵及目标，要做好景观生态规划，应当遵循原则有生态环境优先原则、景观多样性原则、可持续性原则、整体规划设计原则、地域化原则、综合性原则、人本化原则。

遵循自然法则，构筑安全、和谐、健康的自然环境是建筑室外环境设计的基本原则，它主要包含了以下几方面的内容：①对土地资源、水资源和其他资源进行最佳利用；②能有效保护自然系统的生物多样性和完整性；③能够合理利用自然资源，促进人类的健康和可持续发展。

现代景观设计主要面临的是生态环境保护、生态环境有效开发、生态环境修复等具体问题。要保护好地理环境，就需要因地制宜地进行国土规划、区域资源合理配置、生产生活空间结构与功能优化设计等。

景观生态学为科学地进行景观的区域性建设提供了科学依据。景观生态学是研究在一个相当大的区域内，由许多不同生态系统所组成的整体（即景观）的空间结构、相互作用、协调功能及动态变化的一门生态学新分支。景观生态学给生态学带来新的思想和新的研究方法。它已成为当今北美生态学的前沿学科之一。

城市景观生态学是以城市土地覆盖、植被覆盖度、水土流失和生态安全的动态变化为主要内容，借助遥感数据、"3S"技术和景观生态学原理，在城市各行政区以及特定的景观样带或样圈等多个尺度上进行研究与分析，探讨城市生态环境要素的动态特征，以及城市的生态安全状况与驱动力，并提出生态安全的城市生态建设与调控对策。还将景观尺度问题作为其重要内容，并自始至终都十分重视尺度对研究结果的影响。

在景观生态学中，斑块、基质、廊道、边界等概念，是用来诠释景观空间结构和格局基本模式的要素。其中"斑块 – 廊道 – 基质"模型是景观生态学用来解释景观结构的基本模式，普遍适用于各类景观，包括荒漠、森林、农业、草原、郊区和建成区景观，景观中任意一点或是落在某一斑块内，或是落在廊道内，或是在作为背景的基质内。这一模式为比较和判别景观结构，分析结构与功能的关系和改变景观提供了一种通俗、简明和可操作的语言。

二、自然要素与景观设计

生态景观中的自然要素是人们感觉最为亲切的景观内容。自然要素一般由水、石、地形、植物等组成。景观设计就是充分利用这些要素的各自特性与存在方式，营造出影响人们审美的不同方式和视觉氛围，自然要素在不同的环境中形成了各自不同的景观特色。它们所构成园林景观的自然氛围是现代人追求的理想景观环境。

（一）地理气候与景观设计

城市可持续景观设计实际上是如何处理好人与自然的关系，使人类社会与环境和谐共存，并获得最佳发展条件的过程。人居环境的文化特色、地域风貌与当地气候和地理条件不可分割的关联性构成了景观的基本特征。

1. 地理环境

地理环境是指一定社会所处的地理位置以及与此相联系的各种自然条件的总和，包括气候、土地、河流、湖泊、山脉、矿藏以及动植物资源等。地理环境是能量的交错带，位于地球表层，自然环境是由岩石、地貌、土壤、水、气候、生物等自然要素构成的自然综合体。

各国的实践经验表明，结合当地的气候、地理资源条件，进行适应性的、多样化的景观设计，不仅能够表现出不同地域和文化传统特色，提高人们的生活质量，丰富人们的文化生活，而且也是吸引旅游观光活动，促进地域经济发展的有效措施。在景观设计中，应当充分发挥地域气候和地理特色，塑造出具有地域独特风格的景观。要特别注重不同气候带来的景观特色，使人们在享受季节更替带来的乐趣的同时，加深对地域气候和地理条件的理解。

（二）地形条件与景观设计

地形指的是地表各种各样的形态，具体指地表以上分布的固定性物体共同呈现出的高低起伏的各种状态。地形与地貌不完全一样，地形偏向于局部，地貌则一定是整体特征。地形是地表起伏的形态特征，是进行景观设计的主要界面之一。地表形态特征主要包括山、坡、沟、谷、平原、高地等，它不仅代表了丰富的景观现象，而且对环境的视觉质量和舒适度的影响十分显著。中国古代的"风水"理论，就非常重视对地形的考察和勘测，其内容就是对地形的相貌，以及地形给人们安居乐业的生活前景带来的影响的评估。

地形是进行可持续景观设计的基础面，是产生空间感和美感的水平要素。作为景观设计的主要界面，与天空和竖向界面相比，地形具有灵活、多样、方便的表现形式。利用地形的高低起伏来塑造空间，能够起到丰富空间层次、强化视觉和运动体验的效果。

不同的地形条件产生不同的地表肌理和景观形态，合理利用地形和地表肌理特征来塑造景观空间，能够达到事半功倍、生动活泼的景观效果。相对平坦的地表肌理而言，起伏的地形具有优美的视觉效果，同时也有助于增加绿化面积、改变局部区域的环境因子，改善动植物的生存环境条件，从而达到保护场地自然环境，实现生物多样化、生态环境稳定性的生态目标。地面的软硬交替、起伏错落、光线的明暗变化等，都可以通过丰富的材料、不同的肌理表现来实现。

不同地表肌理产生不同的微气候条件，每一小范围地域存在不同程度的各种微气候。这依赖于方位、风速、风向、地表结构、植被、土壤厚度和类型、湿度等方面。丰富的地形使场地充满了神秘性和可能性，这是进行景观设计的重要基础和条件。

（三）微观环境与景观设计

微观环境又称为微观物理环境或小气候，用来描述小范围内的气候变化。微观环境是指在很小的尺度范围内，各种气象要素在垂直方向和水平方向上的变化，显示出空气质量、温度、湿度、风、日照等环境要素在小范围空间内所达到的质量。这种小尺度范围的气候变化通常由以下因素引起：光照条件、地表的坡度和坡向、土壤类型和湿度、岩石性质、植被类型和高度、空气的流通、地面材质及各种人为因素。这些微小变化与建筑和开放空间的设计有直接的联系。

1. 地表形态与微观环境

地表是地理环境中与人类生存关系最为密切的部位，人类就在这一层面上进行着各项活动。地表形态是由形成地面形状的过程所组成的一个地形特征。地形变化在产生丰富的视觉乐趣的同时，也会带来局部物理环境的变化，如地形对光照、气流运动方向和速度、土壤的状况以及水环境均有显著的影响，从而进一步改变局部区域的温度、湿度、水土、植被等物理条件。

研究结果充分显示，地表形态对于气流的形成有着直接的影响作用，而室外的风对环境的舒适性的影响至关重要。丹麦著名建筑师扬·盖尔在《交往与空间》中的调查结果显示：在影响户外活动的所有要素中，大风被视为最不利的气候因素之一，它直接影响到人们参与户外活动的意愿和质量。在进行景观设计时，根据地表形态与气流的关系，可以通过对建筑物的布局及地表肌理的改造，达到控制气流、营造健康和舒适的室外环境的目的。

在进行景观设计中，结合场地特征和建设目标，充分发挥地表形态在改善场地微观气候方面的积极作用，合理营造场地的布局，使其与气候条件和人类活动相适应，最终形成与环境融合、舒适宜人的景观风貌。

2. 地表材质与微观环境

随着科学技术的发展、城市化进程的加快及大规模的城市基础设施建设的加剧，城市已成为人口最为集中的人类聚居地。人类的活动对城市环境形成了颇为显著的影响，城市园林树木绿化的要求也有别于周围乡村，因此对城市小气候环境也产生了不同寻常的影响。如何利用城市特殊的气候条件和地表材质，为城市创造良好的生存环境，最大限度地发挥其生化功能，已成为园林建设者的一项重要任务。

对不同景观调查结果表明，地表材质的构成对于场地的微观环境有着显著的影响。在景观设计中，以水面、草地、植被为地表主要材质的空间被称为软质空间，有利于形成舒适的环境小气候。如绿化覆盖率高的地表有助于降低风速、减少地表径流、降低辐射热和眩光，防止尘土飞扬，并柔化生硬的人工地面；水体的蒸发可以自然制冷降温和补充空气湿度，提高空气的质量。

地表由硬质铺装材料构成的空间被称为硬质空间，如石材、混凝土、钢材等。硬质地表吸收和散发热量较快，昼夜温差较大，容易产生光福射、噪声等不利的环境因素。大面积的硬质铺装对生态环境会造成一定的负面影响，在不能避免硬质铺装的情况下，宜选用生态环保的材料和施工方法。如在停车场采用植草砖，道路和广场可采用透水混凝土或透水砖等生态环保材料。

（四）植物环境与景观设计

植物环境构成了大部分地域环境内主要的景观要素，植被特色可以直接反映地域的自然风貌。植物对人类赖以生存的地球环境，尤其是对城市环境有着非常重要的影响。植物是生态的重要组成部分，也是最常见的景观材料。

（五）水的形态与景观设计

水与自然万物有着极其密切的关系。水是人类生存主要依赖的自然条件，具有饮用、洗涤、灌溉、养殖、运输、消防、改善微气候条件等用途。水是无色、无味、无固定形态的自然元素，具有气态、液态和固态三种物理状态。由于水具有上述物理特征，从而决定了水是变化丰富的、富于创造力的景观元素。水的魅力主要表现在以它多变的物理状态，通过视觉、听觉和触觉为人们所感受。

根据古今中外的实践经验，水景设计主要包括3个方面的基本内容，即生态设计、观赏设计与体验设计。可根据不同的环境和气氛要求进行水形态设计，以达到活跃环境气氛、调节空间形态、改善小气候和生态环保的目的。水不仅是具有观赏性的和能够提供互动体验的景观要素，更是具有生态作用的景观要素。众多工程实践证明，以生态设计为目标的水景观设计，可以为场地带来独特的动态景观、植物景观和丰富的生态环境，提供多样化的体验空间，因此多样化的水景观设计是生态保护和创造亲水环境的重要环节。

1. 水景观的主要形态

水景观是城市景观设计构成的重要组成部分，水的形态不同，则构成的景观也不同。在城市水景观设计中常见的形式有水池、瀑布、泉源、渊潭、溪涧、濠濮、水景缸、水滩等。

（1）水池园林中常以天然湖泊作水池，尤其在皇家园林中，此水景有一望千顷、海阔天空之气派，构成了大型园林的宏旷水景。而私家园林或小型园林的水池面积较小，其形状可方、可圆、可直、可曲，常以近观为主，不可过分分隔，故给人的感觉是古朴野趣。宋朱熹诗句"半亩方塘一鉴开，天光云影共徘徊；问渠哪得清如许，为有源头活水来"道出了庭园水池之妙，极富哲理。

（2）瀑布 瀑布在园林中虽用得不多，但它特点鲜明，即充分利用了高差变化，使水产生动态之势。如把石山叠高，下挖成潭，水自高往下倾泻，击石四派，飞珠若帘，俨如千尺飞流，震撼人心，令人流连忘返。

（3）泉源 泉源之水通常是溢满的，一直不停地往外流出。古有天泉、地泉、甘泉之分。泉的地势一般比较低下，常结合山石，光线幽暗，别有一番情趣。游人缘石而下，得到一种"探源"的感觉。

（4）渊潭 潭景一般与峭壁相连。水面不大，深浅不一。大自然之潭周围峭壁嶙峋，俯瞰气势险峻，有若万丈深渊。庭园中潭之创作，岸边宜叠石，不宜披土；光线处理宜荫蔽浓郁，不宜阳光灿烂；水位标高宜低下，不宜涨满。水面集中而空间狭隘是渊潭的创作要点。

（5）溪涧 溪涧的特点是水面狭窄而细长，水因势而流，不受拘束。水口的处理应使水声悦耳动听，使人犹如置身于真山真水之间。

除上述类型外，随着现代园林艺术的发展，水景观的表现手法越来越多，如喷泉造景、叠水造景等，均活跃了城市景观空间，丰富了景观内涵，美化了景观的景致。

现代水景住区自20世纪90年代在欧美开始流行以来，这股流行浪潮很快就影响到中国，蔓延到广州、深圳、上海、北京等内陆城市。近年来，由于生活节奏的加快、建筑的高度密集、环境的严重污染，城市居民更加渴望能够与纯朴自然、亲切优美的湖光水色零距离接触并朝夕相处。因此，住区水景设计也就得到了极大的发展。如新兴城市深圳由于地理位置优越，区内山、湖资源丰富，气候湿热，经济发达，为水环境设计与建设提供了极其便利的条件，其设计达到了较高的水平。

2. 水景观的基本特征

水景观设计可以分为静态水景和动态水景两种基本形态。水景观的形态不同，它们的基本特征也不相同。

（1）静态水景的基本特征

静态水景是相对而言，静态水景只是说明它本身没有声音、很平静。这些都是人的视觉、听觉的主观感受。静态的水虽无定向，看似静谧，却能表现出深层次的、细致入微的文化景观。静水能反映出周围物象的倒影，增加空间的层次感，给人以丰富的想象力。在色彩上，静水能映射出周围环境的四季景象，表现出时空的变化；在风的吹拂下，静水会产生微动的波纹或层层的浪花，表现出水的动感；在光线的照射下，静水可产生倒影、逆光、反射等，这一切都能使水面变得波光晶莹，色彩缤纷。

（2）动态水景的基本特征

动态水景在视觉和音响上具有较高的吸引力，尤其是某些类型的动态水可以与人形成良好的互动关系，在夏季营造出趣味性的、更舒适的环境可以吸引孩童游戏其中。水的形态塑造具有多种可能性，而水的声音则可以用来屏蔽环境内的噪声，有利于创造一个令人愉悦的环境氛围。因此，有水的环境总是能够以其勃勃生机，吸引人们在此聚集，进行各种游憩、休闲活动。

动态性的水景观有丰富的形态表现，有各种形态的泉、瀑布、跌水、小溪、水渠等形式。设计效果良好的动态水景，产生的声响可以使喧嚣的城市显得宁静，就如"蝉噪林愈静，鸟鸣山更幽"所说的一样，这种有节奏持续不断的声音有别于突兀无规律的噪声，不会让人产生厌烦，反而使小区的景观更加富有情趣、生动。

（六）声音环境与景观设计

声音被分为有益的声音和有害的声音。有益的声音能够使人心情平静、愉悦、得到放松，促进身心健康；有害的声音，则被称为噪声。现代医学专家指出，噪声是造成听觉损害的主要原因，并可以导致神经质、高血压和紧张感。声音具有良好的引导作用，能够吸引人们去寻找和探索，对人的生理产生较大的影响，进而可调节人的情绪。工程实践充分证明，通过设置声音设施，建立人与声音的互动关系，可作为一种直观的体验式设计，好的声音能够丰富人的知觉体验、愉悦人的情绪、激发创造力。

《中华人民共和国环境噪声污染防治法》中规定："环境噪声污染，是指所产生的环境噪声超过国家规定的环境噪声排放标准，并干扰他人正常生活、工作和学习的现象。"环境噪声污染是一种能量污染，与其他工业污染一样，是危害人类环境的公害。环境中的声音设计以屏蔽噪声，营造有益的声音环境为主要目的。

噪声的处理方法主要有以下三种：一是增加与噪声源的距离；二是阻隔噪声的通道；三是采取措施吸收噪声。采用构筑物来阻隔声源，利用植被吸收和削弱噪声，利用动态的水声屏蔽噪声，这些都是营造良好声音环境的有益手法，有益于塑造具有鲜明个性特征的景观环境。

第二节　景观设计的原则与方法

景观一般是指某地区或某种类型的自然景色，同时也指人工创造的景观，常指自然景色、景象。景观不仅是人类观赏的空间，而且还是供人们使用和体验的空间，景观的美学质量高低，更多地取决于人们根据在景观中的动态体验而形成的综合评价。

一、景观设计的原则

（一）生态可持续原则

生态可持续原则是指生态系统受到某种干扰时能保持其生产率的能力。资源的持续利用和生态系统可持续性的保持，是人类社会可持续发展的首要条件，可持续发展要求人们根据可持续性的条件调整自己的生活方式，在生态可能的范围内确定自己的消耗标准。可持续性原则的核心是人类的经济和社会发展不能超越资源与环境的承载能力，平衡人类社会发展与地球自然环境之间的关系，是景观设计和实施中要解决的核心问题之一。通过科学系统的景观生态设计，达到资源保护、资源再生、资源再利用的可持续发展目标。

1. 资源保护

环境资源是人类赖以生存和发展的基础。近年来，随着世界经济的高速发展，各国环境资源问题日益突出。我国的环境问题亦日渐突出，经济发展与环境保护二者的协调需要加强。我国环境与资源保护立法还处于综合防治阶段，没能处理好人口、资源、环境与发展之间的

关系，建立符合生态规律的生产方式和生活方式，全面调整社会与环境的关系，树立可持续发展的总体战略。

在进行室外景观设计时，对于具有重要生态作用的景观应进行生态保护性建设，恢复区域内的自然生态环境，使景观处于良性发展状态，促进城市生态质量的提升。例如河流的防治污染和净化工程，不仅有利于城市生态环境的良性发展，更为城市居民创造了健康的绿色开敞空间。

2. 资源再利用

随着我国经济的高速发展和工业化进程的不断深入，日益严重的环境污染和资源能源危机已经对人类的生存和社会的发展构成威胁。各国经验充分证明，大力推行资源再利用，实现生态工业和循环经济，已成为综合解决资源、环境和经济发展的一条有效途径。

在城市化快速推进的进程中，新城建设和旧城改造，必然存在大量的建筑和城市空间面临功能转换的问题。合理利用废弃场地和建筑进行功能及生态改造，使其适应现代城市功能和居民的生活需求。如工业景观的改造和再利用，使原有的景观历史记忆得以延续，使人们对城市历史的发展和场地文脉有直观的认识。

3. 资源再生

人类可利用的资源可分为两类：一是不可再生资源；二是可再生资源。再生资源是可再生资源的一种，就是在人类的生产、生活、科学、教育、交通、国防等各项活动中被开发利用一次并报废后，还可反复回收加工再利用的物质资源，这种再生资源包括以矿物为原料生产并报废的钢铁、有色金属、稀有金属、合金、无机非金属、塑料、橡胶、纤维、纸张等。

为实现景观生态可持续原则，根据当地的环境特点，景观生态设计主要采用的设计手法有自然式设计、乡土化设计、保护性设计、恢复性设计、整体性设计等。通过上述途径，在受人类影响的地区，以自然保护和生态再生的理论与方法，使一些遭受破坏的地区生态环境得以恢复。

（三）传承和发展文化原则

景观的文化特征表现为地域性、民族性、历史性和艺术性。不同的园林和景观风格反映了不同地区、不同民族在特定历史时期的社会发展状况与文化特色。欧式园林主要有规整式的意大利台地园和英国式的风景园之分，一般认为意大利台地园是较早发展起来的，因为意大利半岛三面濒海而又多山地，所以它的建筑都是因其具体的山坡地势而建的，它前面能引出中轴线开辟出一层层台地，分别配以平台、水池、喷泉、雕像等；然后在中轴线两旁栽植一些高耸的植物如黄杨、杉树等，与周围的自然环境相协调，当意大利台地园传入法国后，因法国多平原，有着大片的植被和河流、湖泊，因此该风格的园林则设计成平地上中轴线对称整齐的规则式布局。在欧式风格的景观中，更兴盛的是英国的风景式自然树丛及草地，它讲究借景与园外自然环境的融合，并且重视花卉的应用，尤其在形态、色彩、香味、花期和栽植方式上，因而它表现出以花卉配置为主要内容的花园及以某种花为主题的专类园如"玫瑰园"、"百合园"等。因此，欧式风格的园林常表现出成片草坪，孤立树或成片花径的美景。

现代景观规划设计对文化的继承与发展，不仅关注历史文化传统和地或特色的表现，更融入了生态科学的理念，表现出生态文化的特色。如沈阳建筑大学的景观规划设计，以稻田中的大学校园的景观形象，表达了对当地历史悠久的传统农耕文化、传统土地利用方式的尊重，没有生硬地割断历史，而是巧妙地发挥和利用其独特的校园景观，是对地域历史文脉的继承，赋予校园环境鲜明的生态和地域特色，起到潜移默化的教育作用。

中国传统景观设计追求的是人与自然的和谐统一，它包含了中华民族悠久、独特、优秀的艺术元素。我们应比较、借鉴国外设计理念和方法，做到"中为体、外为用"，更好地传承中国传统文化。科学是景观设计的"敲门砖"，具有中国特色的综合性专业知识才是我们的"看家本领"。的确，只有保证我国优良的特色，不丢失、不抛弃优秀传统文化，将其继承并发展下去，我们才有与西方不同，与西方相媲美的东西。无论我们将西方的景观设计手法学得多么的出众，我们所做出来的景观总是缺少一定的深度。我们很难并且不能将西方的文化全盘学习，西方景观设计中蕴含其特有的西方文化，因此我们所做的只能，并且一定要融入自己的文化，这才是最好的出路。

二、景观环境规划设计

景观环境规划设计是指在区域范围内进行的景观规划设计，也是从区域的角度、区域的基本特征和属性出发进行的景观规划设计。现代景观规划设计包括视觉景观形象、环境生态绿化、大众行为心理3个方面的内容。视觉景观形象、环境生态绿化、大众行为心理三元素对于人们景观环境感受所起的作用是相辅相成、密不可分的。通过以视觉为主的感受通道、借助于物化的景观环境形态，在人们的行为心理上引起反应，即所谓鸟语花香、心旷神怡、触景生情、心驰神往。这也就是中国古典园林中物境、情境、意境一体三境的综合作用。

（一）风景环境的保护

根据对象的不同，风景环境的保护可以分为两种类型：第一类是保护相对稳定的生态群落和空间形态；第二类是针对演替类型，尊重和维护自然的演进过程。

1. 保护地带性生态群落和空间形态

生态群落在特定的空间和特定的生境下，若干生态种群有规律的组合，它们之间以及它们与环境之间彼此影响、相互作用，具有一定的形态结构和营养结构，执行一定的功能。生态群落的稳定性，可以分为群落的局部稳定性、全局稳定性、相对稳定性和结构稳定性四种类型。

要切实保护生态群落及其空间形态应当做到以下两个方面。一方面，要警惕生态环境的破碎化。尊重场地原有的生态格局和功能，保持周围生态系统的多样性和稳定性。对区域的生态因子和物种生态关系进行科学的研究分析，通过合理的景观规划设计，严格限制不符合要求的建设活动，最大限度地减少对原有自然环境的破坏，保护场地内的自然生态环境及其内部的生态环境结构的组成，协调场地生态系统以便保护良好的生态群落，使其更加健康地发展。另一方面，要防止生物入侵对生态群落的危害。生物入侵是指生物由原生存地经自然的或人为的途径侵入到另一个新的环境，对入侵地的生物多样性、农林牧渔业生产以及人类健康造成损失或生态灾难的过程。生物入侵会造成当地地带性物种的灭绝，使得生物多样性丧失，从而导致原有空间形态遭到破坏。在自然界中，生物直接入侵的概率很小，绝大多数生物入侵是由于人类活动直接或间接影响造成的。

2. 尊重自然演替的进程

随着时间的推移，生物群落中一些物种侵入，另一些物种消失，群落组成和环境向一定方向产生有顺序的发展变化，称为演替。主要标志为群落在物种组成上发生了变化；或者是在一定区域内一个群落被另一个群落逐步替代的过程。群落演替是指当群落由量变的积累到产生质变，即产生一个新的群落类型，群落演替总是由先锋群落向顶极群落转化。

排除人为干预后，同样也会具备自然的属性，亚热带、暖温带大量的人工纯林逐渐演替成地带性的针阔混交林是最具说服力的案例。以南京的紫金山为例，在经历太平天国、抗日战争等战火后，至民国初年山体植被严重毁坏。为保护和恢复紫金山的植被，人们开始有选择地恢复人工纯林，以马尾松等强阳性树种为主作为先锋树种。随后在近百年的时间里，自然演替的力量与过程逐渐加速，继之是大面积地恢复壳斗科的阔叶树，尤以落叶树为主。近30年来，紫楠等常绿阔叶树随着生态环境条件的变化，在适宜的温度、湿度和光照的条件下迅速恢复。随着自然演替的进行，次生群落得以慢慢恢复。由此可见，人与自然的关系往往呈现出一种"此消彼长"的二元对立局面。

3. 科学划分保护等级

（1）保护原生植物和动物，首先应当确定那些重点保护的栖息地斑块，以及有利于物种迁移和基因交换的栖息地廊道。通过对动物栖息地斑块和廊道的研究与设置，尽可能将人类活动对动植物的影响降到最低点，以保护原有的动植物资源。为了加强生态环境保护的可操作性和景区建设的管理，将生物多样性保护与生物资源持续利用有效结合，可以将景区划分为生态核心区、生态过渡区、生态修复区和生态边缘区4个保护等级。

（2）风景区生态环境网络与廊道建设

景观破碎度是指自然分割及人为切割的破碎化程度，即景观生态格局由连续变化的结构向斑块嵌块体变化过程的一种度量。景观破碎度是衡量景观环境破碎化的主要指标，也是风景环境规划设计先期分析与后期设计的重要因子。在景观规划设计中应注重景观破碎度的把握，建立一个大保护区比相同总面积的几个小保护区具有更高的生态效益。

不同景观破碎度的生态环境条件会带来差异化的景观特质。单个的保护区只是强调种群和物种的个体行为，并不强调它们相互作用的生态系统；单个保护区不能有效地处理保护区连续的生物变比，它只重视在单个保护区内的内容，而忽略了整个景观环境的背景；针对某些特殊生态环境和生物种群实施保护，最好设立若干个单个保护区，且相互间距离越近越好。为了避免生态环境系统出现"半岛效应"，自然保护区的形态以近圆形为最佳。当保护区局部边缘破坏时，对圆形保护区中实际的影响很小，因为保护区都是边缘；而矩形保护区中，局部边缘生态环境的丢失将影响到保护区核心内部，减少保护的面积。在各个自然景区之间建立廊道系统，可以满足景观生态系统中物质、能量、信息的渗透和扩散，从而有效提高物种的迁入率，非常有利于生态环境的保护。

（二）风景环境的规划设计策略

在人居环境系统日益复杂、生态环境恶化的今天，生态风景学科肩负着艰巨的责任。然而

由于种种原因，生态风景环境规划设计的策略，已经落后于时代。生态风景规划设计学科的困境和最新的发展，充分证明了采用生态风景规划设计策略，是风景环境规划设计的必由之路。

（1）融入风景环境之中

在风景环境中，自然因素占据主导地位，自然界在其漫长的演化过程中，已形成了一套自我调节系统以维持生态平衡。其中土壤、水环境、植被、小气候等，在这个系统中起着决定性作用。风景环境规划设计通过与自然的对话，在满足其内部生物及环境需求的基础上，融入人为过程，以满足人们的需求，使整个生态系统形成良性循环。自然生态形成都具有其自身的合理性，是适应自然发展规律的结果。

（2）优化景观格局

景观格局一般是指其空间格局，即大小和形状各异的景观要素在空间上的排列和组合，包括景观组成单元的类型、数目及空间分布与配置，比如不同类型的斑块可在空间上呈随机型、均匀型或聚集型分布。风景环境的景观格局是景观异质性的具体体现，也是自然过程、人类活动干扰促动下的结果；同时，景观格局反映一定社会形态下的人类活动和经济发展的状况。为了有效维持可持续的风景环境资源和区域生态安全，需要对场地进行土地利用方式调整和景观格局优化。

一般来说，生态系统具有很强的自我恢复能力和逆向演替机制，但是现在的风景环境除了受到自然因素的影响之外，还要受到剧烈的人为因素的干扰。人类的建设行为改变了自然景观格局，引起栖息地片段化和生态环境的严重破坏。栖息地的消失和破碎是生物多样性减少的最主要原因之一。栖息地的消失直接导致物种的迅速消亡，而栖息地的破碎化则导致栖息地内部环境条件的改变，使物种缺乏必要的足够大的栖息和运动空间，并导致外来物种的侵入。适应在大的整体景观中生存的物种一般扩散能力都很弱，所以最容易受到破碎化的影响。

（三）建成环境景观的设计

可持续景观设计理念要求景观设计人员对环境资源进行理性分析和运用，营造出符合长远效益的景观环境。针对建成环境的生态特征，可以通过3种方法来应付不同的环境问题：①景观整合化的设计，统筹环境资源，恢复城市景观格局的整体性和连贯性；②典型生态环境的恢复，修复典型气候带生态环境，以满足生物生长的需要；③景观设计的生态化途径，从利用自然、恢复生态环境、优化生态环境三个方面入手，有针对性地解决不同特点的景观环境问题。

1. 景观整合化的设计

整合化设计是对建筑环境的一种改造、更新和创新，即以创造优良生态环境、人居环境为出发点的一种调整，一种创新的设计和建造。宏观上整合化设计是一种建设活动，是自然和人造环境的整合，又是人造环境本身的调整。整合化的目的是改善和提高环境的质量，它是一种手段和方法，是景观策划与设计的一种行动，从某种意义上讲又是从环境出发对人生理、心理的调整。

景观环境作为一个特定的景观生态系统，包含有多种单一生态系统与各种景观要素。为

此，应对其进行优化。首先，加强绿色基质，形成具有较高密度的绿色廊道网络体系。其次，强调景观的自然过程与特征，设计将景观环境融入整个城市生态系统，强调绿地景观的自然特性，控制人工建设对绿地斑块的破坏，力求达到自然与城市人文的平衡。整体化的景观规划设计，强调维持与恢复景观生态过程和格局的连续性、完整性，即维护和建立城市中残遗的绿色斑块、自然斑块之间的空间联系。通过人工廊道的建立在各个孤立斑块之间建立起沟通纽带，从而形成比较完善的城市生态结构。建立景观廊道线状联系，可以将孤立的生态环境斑块连接起来，提供物种、群落和生态过程的连续性。建立由郊区深入市中心的楔形绿色廊道，把分散的绿色斑块连接起来，连接度越大，生态系统越平衡。

2. 典型生态环境恢复

生态环境是具有相同的地形或地理区位的单位空间。所谓物种的生态环境，是指生物的个体、种群或群落生活地域的环境，包括必需的生存条件和其他对生物起作用的生态因素，也就是指生物存在的变化系列与变化方式。生态环境代表着物种的分布区，如地理的分布区、高度、深度等。不同的生态环境意味着生物可以栖息的场所的自然空间有质的区别。

现代城市经过大规模的建设，破坏了原来的自然生态系统，使其成为比较脆弱的人工生态系统，它在生态过程上是耗竭性的。城市生态系统是不完全的和开放式的，它需要其他生态系统的支持。随着人工设施的不断增加，生态环境逐渐恶化，不可再生资源迅猛增加，加剧了人与自然关系的对立，景观设计作为缓解环境压力的有效途径，应注重对于生态目标的追求。合理的城市景观环境规划设计应与可持续理念相对应。

典型生态环境的恢复是针对建成环境中的地带性生态环境破损而进行修复的过程。生态环境的恢复包括土壤环境、水环境等基础因子的恢复，以及由此带来地域性植被、动物等生物的恢复。景观环境的规划设计应当充分了解基地环境，典型生态环境的恢复应从场地所处的气候带特征入手。一个适合场地的景观环境规划设计，必须首先考虑当地整体环境所给予的启示，结合当地生物气候、地形地貌等条件因地制宜地进行规划设计，充分使用地方材料和植物，尽可能保护和利用地方性物种，保证场地和谐的环境特征与生物多样性。

3. 景观设计生态化途径

景观生态设计反映了人类的一个新的梦想，一种新的美学观和价值观，即人与自然的真正的合作与友爱的关系。城市景观的生态化途径从利用、营造和优化三个层面出发，针对设计对象中现有环境要素的不同，形成差异化的设计方法。景观设计的生态化途径是通过把握和运用以往城市设计中所忽视的自然生态特点和规律，贯彻整体优先和生态优先的原则，力图创造一个人工环境与自然环境和谐共存的、面向可持续发展的理想城镇景观环境。景观生态设计首先应当具有强烈的生态保护意识。在城市发展的过程中，不可能保护所有的自然生态系统，但是在其演进更新的同时，根据城市生态的法则，保护好一批典型而有特色的自然生态系统对于保护城市生物多样性和生态多样性、调节城市生态环境具有重要的意义。

（1）充分利用和发掘自然的潜力环境的生态化表现为：发展以保护自然为基础，与环境的承载能力相协调。自然环境及其演进过程得到最大限度的保护，合理利用一切自然资源和保护生命保障系统，开发建设活动始终保持在环境的承载能力之内。具有完整的基础设施，并能够充分利用和发掘自然的潜力。

充分利用的基础首先在于保护。原生态的环境是任何人工生态都不可比拟的，必须采取各种有效措施，最大限度地保护自然生态系统。其次是提升，提升是在保护的基础上提高和完善，通过工程技术措施维持和提高其生态效益及共享性。充分利用自然生态基础建设生态城市，是生态学原理在城市建设中的具体实践。从实践经验看，只有充分利用自然生态基础，才能建成真正意义上的生态城市。不论是建设新城还是旧城改造，城市环境中的自然因素是最具地方性的，也是城市特色的体现。如何发掘地域特色，有效利用场地特质成为城市景观环境建设的关键点。

（2）模拟自然生态环境在经济快速发展的今天，城市建设对自然生态环境造成了一定的破坏，生态景观设计的目的在于弥补这一现实缺憾，提升城市环境的品质。"师法自然"是我国传统造园文化的精粹，师法自然是以大自然为师、加以效法的意思。只有科学才能抓住自然的本质，只有抓住自然本质才能真正地、具体地予以师法自然。自然生态环境能够较好地为植物提供立地条件和生长环境，模拟自然生态环境是将自然环境中的生态环境特征引入到城市景观环境建设中来，通过人为的配置、营造土壤环境、水环境等创造适合植物生长的条件。

（3）生态环境的重组和优化对于城市建设中的人为因素，针对建成环境中某些不具备完整性、系统性的生态环境进行结构优化，努力提高生态环境的品质，是城市景观规划设计中的一项重要任务。生态环境的重组和优化目的非常明确，就是为解决生态环境因子中的某些特定问题而采取措施。

①土壤环境

土壤环境是生态环境的基础，是生物多样性的不可缺少的部分，也是动植物生存的载体。微生物在土壤环境中觅食、挖掘、透气、蜕变，它们制造良好的腐殖土，在这个肥沃的土层上所有生命相互紧扣。但是在城市环境中，土壤环境往往由于污染和硬化变得贫瘠，非常不利于植物的生长，因此必须对其进行改良和合理利用。

充分利用表土是对土壤环境优化的重要措施。表土层泛指所有土壤剖面的上层，其生物积累作用一般较强，含有较多的腐殖质，肥力比较高。在实际建设的过程中，人们往往忽视表土的重要性，在土方施工中将表土遗弃。典型生态环境的恢复需要良好的土壤环境，表土的利用是恢复和增加土壤肥力的重要环节，生态环境恢复应尽量避免使用客土。

②水环境

水是一切生命之源，是各种生物赖以生存的物质载体。水环境是指自然界中水的形成、分布和转化所处空间的环境，是指围绕人群空间及可直接或间接影响人类生活和发展的水体，其正常功能的各种自然因素和有关的社会因素的总体。水环境的恢复意在针对某些存在水污染或存在其他不适生长因子的地段加以修复、改良。因此，营造适宜的水环境对于典型生态环境的构建显得尤为重要。根据建成环境中各类不同典型生态环境的要求，有针对性的构筑水环境。

三、可持续景观的技术途径

面对日益突出的全球环境问题，人类必须共同承担起责任，协调人类与自然关系，探索环境的可持续发展。而景观设计正是协调人类与自然关系的一个重要的方法和途径，是面向人类未来、实现可持续环境的一个可操作界面。通过面向人类未来的可持续景观设计，走向景观环境的可持续和人类发展的可持续。

（一）可持续景观生态环境设计

伴随着经济的不断发展，世界环境问题的加剧为人们的生存环境带来了巨大的污染，更多的人想要寻找一片纯自然的土地，希望能够在自然的绿色净土上享受生活，这就需要景观设计者在设计过程中，全面考虑生态因素，将生态景观设计纳入考虑范围，全面提高景观设计水平，通过科学地布置花草、树木、建筑小品以及其他自然风景，将人类居住环境与自然风光紧密结合起来，为人们提供一个良好的生存环境，使人们能够接近大自然，体会到自然风光的美好。可持续景观生态环境设计主要包括土壤环境的优化、水环境的优化。

1. 土壤环境的优化

（1）原有地形的利用

景观环境规划设计应当充分利用原有的自然地形地貌与水体资源，尽可能减少对原生态环境的扰动，尽量做到土方就地平衡，节约建设资金的投入。尊重现场地形条件，顺应地势组织环境景观，将人工的营造与既有的环境条件有机融合，是可持续景观设计的重要原则。对原有地形利用主要有以下原因：①充分利用原有地形地貌，体现和贯彻生态优先的理念。应注意建设环境的原有生态修复和优化，尽可能地发挥原有生态环境的作用，切实维护生态平衡；②场地现有的地形地貌是自然力或人类长期作用的结果，是自然和历史的延续与写照，其空间存在具有一定的合理性，以及较高的自然景观和历史文化价值，表现出很强的地方特征和功能性；③充分利用原有地形地貌有利于节约工程建设投资，具有很好的经济性。原有地形的利用包括地形等高线、坡度、走向的利用、地形现状水体借景和利用，以及现状植被的综合利用等。

（2）人工优化土壤环境

为了满足景观环境的生态环境营造，体现多样化的空间体验，需要人为添加种植介质，这就是所谓的人工土壤环境。这种人工土壤环境的营造，并不是只对单一的"土壤"本身，为了形成不同的生态环境条件，通常需要多种材料的共同构筑。

2. 水环境的优化

在城市景观环境设计和实施中，常采用大量硬质不透水材料作为铺装面，如沥青混凝土、水泥混凝土、砖石材料等，这些铺装均会造成大量地表水流失。沟渠化的河流完全丧失滨河绿带的生态功能，一方面加剧了人工景观环境中的水缺失，导致了土壤环境的恶化；另一方面，则需要大量的人工灌溉来弥补景观环境中水的不足，从而造成水资源和费用的浪费。

改善水环境，首先是利用地表水、雨水、地下水，这是一种低成本的利用方式。其次是对中水的利用，但是中水利用成本较高，且存在二次污染的隐患，生活污水中有害物质均对环境有害，而除去这些有害物质的成本比较高。

（1）地表水和雨水的收集

在绿色景观所有关于物质和能量的可持续利用中，水资源的节约是景观设计当前所必须关注的关键问题之一，也是景观设计师需要重点解决的一个问题。城市区域的雨水通常会为河流与径流带来负面影响。受到污染的雨水落在城市硬质铺装上，都会将污染物冲到附近的水道中，原本应当渗入自然景观区域土壤的雨水，快速流入河道中，不仅会造成水土流失，而且可能造成洪水泛滥。

绿色基础设施是场地雨水管理和治理的一种新方法，在雨水管理和提升水质方面都比传统管道排放的方法有效。采用生态洼地和池塘等典型的绿色基础设施，可以为城市带来很多方面的优越性。通过道路路牙形成企口收集和过滤雨水，将大量雨水限制在种植池中，通过雨水分流策略，减轻下水道荷载压力。同时考虑到人们集中活动和车辆的油泄漏等污染问题，应避免建筑物、构筑物、停车场上的雨水直接进入管道，而是要让雨水在地面上先流过较浅的通道，通过截污措施后再进入雨水井。这样沿路的植被可以滤掉水中的污染物，也可以增加地表的渗透量。绿色基础设施也可以与周围的环境一起构成宜人的景观，同时提升公众对于雨水管理系统和增强水质的意识。

（2）中水处理和回用

中水回用技术用各种物理、化学、生物等手段对工业所排出的废水进行不同深度的处理，达到工艺要求的水质，然后回用到工艺中去，从而达到节约水资源的目的。中水回用势在必行，水是人类生存的生命线，也是工业、农业和整个经济建设的生命线。水资源的短缺是影响中国经济发展的最大障碍之一。中水回用技术作为目前节约水源、防治水污染的重要途径，充分利用中水回用技术一方面能缓解城市供水压力，同时大大节省企业排污费，降低生产成本；另一方面保护周边环境的卫生，给城市营造良好的工作生活氛围。

（二）可持续景观的种植设计

近年来，在景观环境的建设过程中，由于人们过分追求"立竿见影"、"一次成型"的视觉效果，将栽大树曲解成为移植成年树，从而忽略了植被的生态功能，大量绿地存在着功能单一、稳定性差、容易退化、维护困难、费用较高等问题。可持续景观的种植设计，注重植物群落的生态效益和环境效益的有机结合。模拟自然植物群落、恢复地带性植被、多用耐旱植物树种等方式，是实现可持续绿色景观的有效途径。可持续景观的种植设计应建构起结构稳定、生态保护功能强、养护成本低、具有良好自我更新能力的植物群落。

1. 地带性植被的运用

地带性植被又称地带性群落，是指由水平或垂直的生物气候带决定，或随其变化的有规律分布的自然植被。它往往因经历多种演替而形成了一种具有自己独特的种群组成、外貌、稳定的层次结构、空间分布和季相特征。地带性植被是自然选择、优胜劣汰的必然结果，具有如下特点：①具备自我平衡、相互维系的生物链；②具备自然演化、自我更新的能力；③适合相应的地貌和气候，对正常的自然灾害有自我适应和自我恢复的能力。

在立地条件适宜的地段恢复地带性植物时，应当大量种植演替成熟阶段的物种，一般应首选乡土树种，组成乔木、灌木、草坪复合结构，在一定条件下可以抚育野生植被。城市生物多样性也包括景观多样性，是城市人们生存与发展的需要，是维持城市生态系统平衡的基础。城市景观环境的设计以其园林景观类型的多样化，以及物种的多样性等来维持和丰富城

市生物生态环境。因此，物种配置应当以乡土和天然为主，这种地带性植物多样性和异质性的设计，将会带来动物的多样性，能吸引更多的昆虫、鸟类和小动物来栖息。

地带性植物群落是当地植物经过长期的生存竞争，优胜劣汰后所形成的有机整体，能很好地适应当地自然条件，是当地自然环境及其历史的高度表达，不仅具有生态效益、美学价值，而且能够自我维持、自我发展。强调地带性植物的意义，并非绝对排斥外来的植物种类。但是，目前很多城市景观是由非本地或未经驯化培育的植物组成的，这些植物在生长期往往需要大量的人工辅助措施，并且长势及景观效果欠佳。这些引进的植物树种，由于对气候不适应，有的需要一个很长的适应环境过程，可能达不到原产地的效果，因此应持慎重态度。

2. 采取群落化栽植

自然界树木的搭配是有序的，乔木、灌木和草坪呈层分布，树种间的组合也具有一定的规律性。它们之间的组合一方面与生态环境相关，另一方面又与树种的生态习性有关。对于景观设计师而言，通过模拟地带性自然植物群落来营造景观是相对有效的办法，一方面可以强化地域特色，另一方面也可以避免不当的树种搭配。模拟自然景观的目的在于将自然景观的生态环境特征引入到城市景观建设中来。模拟自然植物群落、恢复地带性植被的运用，可以构建出结构稳定、生态保护功能强、养护成本低、具有良好自我更新能力的植物群落。不仅能创造清新、自然的绿化景观，而且能产生保护生物多样性和促进城市生态平衡的效果。

植物群落化栽植所营造的是模拟自然和原生态的景象。在种植设计中，要注意栽植密度的控制，过密的种植会不利于植物的生长，从而影响到景观环境的整体效果。在种植技术上，应尽量模拟自然界的内在规律进行植物配置和辅助工程设计，避免违背植物生理学、生态学的规律进行强制绿化。植物栽植应在生态系统允许的范围内，使植物群落乡土化，进入自然演替过程。如果强制进行绿化，就会长期受到自然的制约，从而可能导致灾害，如物种入侵、土地退化、生物多样性降低等。

3. 不同生态环境的栽植方法

在进行景观中的植物配置时，要因地制宜、因时制宜，使植物能够正常生长，充分发挥其观赏特性，避免为了单纯达到所谓的景观效果，而采取违背自然规律的做法。生态位是指物种在系统中的功能作用，以及在时间和空间中的地位。景观规划设计要充分考虑植物物种的生态位特征，合理选择和配置植物群落。在有限的土地上，根据物种的生态位原理，实行乔、灌、藤、草、地被植被及水面相互配置，并且选择各种生活型以及不同高度、颜色、季相变化的植物，充分利用空间资源，建立多层次、多结构、多功能的植物群落，构成一个稳定的长期共存的复层混交立体植物群落。

（三）可持续景观的群落设计

景观群落的可持续设计是建立在可持续发展概念基础上的设计理念，是一种新的设计思路。目前，许多学者对可持续景观的群落设计理论的研究做出了重要贡献，但一套成功的可持续设计模式还需我们在实践中不断摸索和总结。

景观是一个由陆圈和生物圈组成的、相互作用的系统。一个完善的生态系统能保持自然水土、调节局部气候以及提供丰富多样的栖息地，食物生产，减缓旱涝灾害，净化环境，满足感知需求并成为精神文化的源泉和教育场所等。所以，为了保持人与自然的和谐关系，我们进行的景观的可持续设计，需要保护和构建完善的生态系统。景观作为一个生态系统或是多个生态系统的聚合，它的可持续性受到很多因素的影响，如生态系统内物种的多样性与否、人的干扰程度大小等。

就物种的多样性而言，一个由复杂动植物和微生物所构成的生物群落，由复杂的物质间能量转化和循环过程所构成的生态系统，比只由单一物种和简单的生态过程构成的系统更具有可持续性。在目前城市建设过程中，我们经常看到，以美化的名义将自然的河道和山野风光加以改造并代之以鲜花和观赏树木，用简单的人工群落代替原生的、复杂的自然群落，这些做法大大降低了景观的可持续性。

生物多样性是可持续景观环境的基本特征之一，生物群落也是其中必不可缺少的重要一环。从生态链角度来讲，动物处于较高的层次，需要良好的非生物因子和植被的承载。生物群落多样，且存在地域差异。总体而言，城市景观环境中常见生物群落可分为鸟类、鱼类、两栖类和底栖类。生物群落的恢复与吸引关键在于栖息地的营造，通过对生物生态习性的了解，有针对性地进行生态环境创造、植物栽植来吸引更多的动物在"城市景观环境"中安家。因此，在景观的建设和维护过程中，在满足人的使用目的的同时，尽量使人的干扰范围和强度达到最少，这是景观设计师所必须具备的基本职业伦理。

第三节　绿色建筑与景观绿化

景观设计作为一种系统策略，整合技术资源，有助于用最少投入和最简单的方式，将一个普通住宅转化成低能耗绿色建筑，这也是未来我国绿色建筑的一个发展趋势。景观设计的内涵非常丰富，与生态学、植物学、植被学、气象与气候学、水文学、地形学、建筑学、城市规划、环境艺术、市政工程设计等诸多学科均有紧密的联系，是一个跨学科的应用学科。

一、绿化与建筑的配置

从园林植物与建筑的配置中来分析绿化与建筑的关系，一般多以植物与建筑共同形成园林景观，以及对植物材料的选择与应用为主要内容。园林建筑作为构成园林的重要因素和构成园林的主要因素——园林植物搭配起来，对于景观产生很大的影响。在我国古代园林景观设计中，早已成功地将绿色建筑与景观绿化有机地结合在一起，实际上建筑与园林植物之间的关系是相互因借、相互补充，使景观更具有画意，优秀的建筑在园林中本身就是一景。

（一）园林建筑与园林植物配置

园林建筑属于园林中以人工美取胜的硬质景观，是景观功能和实用功能的结合体；植物作为园林主要造景元素，因其独特的生命性和生态性，与其他造园要素有明显差别，可以说是园林活力的主要源泉。园林建筑和园林植物的配置如果处理得好，可以互为因借、相得益彰，

形成巧夺天工的奇异效果。

1. 园林植物配置对建筑的作用

（1）植物配置协调园林建筑与环境的关系植物是融汇自然空间与建筑空间最为灵活、生动的物质，在建筑空间与山水空间普遍种植花草树木，从而把整个园林景象统一在充满生命力的植物空间当中。植物属软质景观，本身呈现一种自然的曲线，能够使建筑物突出的体量与生硬轮廓软化在绿树环绕的自然环境之中。当建筑因造型、色彩等原因与周围环境不相称时，可以用植物缓和或消除矛盾。

（2）植物配置使园林建筑的主题和意境更加突出、丰富园林建筑物的艺术构图建筑在形体、风格、色彩等方面是固定不变的，没有生命力，需用植物、衬托软化其生硬的轮廓线，植物的色彩及其多变的线条可遮挡或缓和建筑的平直。因植物的季相变化和树体的变化而产生活力，主景仍然是建筑，配置植物不可喧宾夺主，而应恰到好处。树叶的绿色，也是调和建筑物各种色彩的中间色。植物配置得当，可使建筑旁的景色取得一种动态均衡的效果。

（3）植物配置赋予园林建筑以时间和空间的季候感建筑物是形态固定不变的实体。植物则是最具变化的物质要素，植物的季相变化，使园林建筑环境在春、夏、秋、冬四季产生季相变化。将植物的季相变化特点适当配置于建筑周围，使固定不变的建筑具有生动活泼、变化多样的季候感。

（4）植物配置可丰富园林建筑空间层次，增加景深植物的干、枝、叶交织成的网络稠密到一定程度，便可形成一种界面，利用它可起到限定空间的作用。这种界面与由园林建筑墙垣所形成的界面相比，虽然不甚明确，但植物形成的这种稀疏屏障与建筑的屏障相互配合，必然能形成有围又有透的庭院空间。

（5）植物配置使园林建筑环境具有意境和生命力独具匠心的植物配植，在不同区域栽种不同的植物或以突出某种植物为主，形成区域景观的特征，景点命题上也可巧妙地将植物与建筑结合在一起。园林植物拟人化的性格美，能够产生生动优美的园林意境。

2. 不同风格、类型及功能的建筑植物配置

园林建筑类型多样，形式灵活，建筑旁的植物配置应和建筑的风格协调统一，不同类型、功能建筑以及建筑的不同部位依要求应选择不同的植物，采取不同的配置方式，以衬托建筑、协调和丰富建筑物构图，赋予建筑时间季候感。同时，应考虑植物的生态习性、含义，以及植物和建筑及整个环境条件的协调性。

（1）中国古典皇家园林

宫殿建筑群体量宏大、雕梁画栋、金碧辉煌，常选择姿态苍劲、四季常青、苍劲延年的中国传统树种，如白皮松、侧柏、桧柏、油松、圆柏、玉兰、银杏、国槐、牡丹、芍药等作基调树种，这些华北的乡土树种，耐寒耐旱、生长健壮、叶色浓郁、树姿雄伟堪与皇家建筑相协调。一般多行规则式种植以此来凸显皇家园林的气势恢宏。

（2）江南私家园林

江南私家园林小巧玲珑、精雕细琢。建筑色彩淡雅以粉墙、灰瓦、栗柱为特色，用于显示文人墨客的清淡和高雅。整个园林面积虽不大，但建筑比重很大。各种自然组合的建筑空间及小庭院，常成为植物造景重要场所。植物多选择观赏价值高、具有韵味的小乔木与花灌

木。植物配置上多重视主题和意境，多于墙基、角隅处植松、竹、梅等象征古代君子的植物，体现文人具有像竹子一样的高风亮节，像梅一样孤傲不惧，和"宁可食无肉，不可居无竹"的思想境界。

（3）寺庙园林及纪念性园林

寺院、陵园建筑常具有庄严稳固的特点，故而植物配置主要体现其庄严肃穆的场景，多用白皮松、油松、圆柏、国槐、七叶树、银杏作基调树种。一般规则或对称式配置建筑物周围。如大雁塔南广场休憩区以白皮松，油松作基调树种来体现其庄严肃穆。

（4）现代园林

现代园林形式多样，建筑造型较灵活，广泛应用基础栽植来缓和建筑平直、僵硬的线条，丰富建筑艺术，增加风景美，并作为建筑空间向园林空间过渡的一种形式。因此，树种的选择范围较宽，应根据具体环境条件、功能和景观要求选择适当树种。如白皮松、油松、云杉、雪松、合欢、国槐、芍药、迎春、榆叶梅等都可选择。栽植形式亦多样。

（二）建筑环境绿化的主要作用

（1）可以直接改善人居环境的质量据统计，人的一生中90%以上的活动都与建筑有关，采取有效措施改善建筑环境的质量，无疑是改善人居环境质量的重要组成部分。绿化与建筑有机结合，实施全方位立体绿化，从室内清新空气到外部建筑绿化外衣，好似给人类生活环境安装了一台植物过滤器，环境中的氧气和负离子浓度大大提高，病菌和粉尘含量大幅度减少，噪声经过隔离显著降低，这些都大大提高了生活环境的舒适度，形成了对人更为有利的生活环境。

（2）可以大大提高城市绿地率在城市被硬质覆盖的场地里，绿地犹如沙漠中的绿洲，发挥着重要的作用。在绿化空间拓展极其有限，高昂的地价成为发展城市绿地的瓶颈时，对于占城市绿地面积50%以上的建筑进行屋顶绿化、墙面绿化及其他形式的绿化，可以充分利用建筑空间，扩大城市空间的绿化量，从而成为增加城市绿化面积、改善建筑生态环境的一条必经之路。日本在提高城市绿地率方面值得我国借鉴和学习，政府明文规定，新建筑面积只要超过 $1000m^2$，屋顶的 1/5 必须为绿色植物所覆盖。

（三）建筑绿化的功能

1. 植物的生态功能

植物具有涵养水源、保持水土、防风固沙、减弱噪声、增湿调温、吸收有毒物质、调节区域气候、释放氧气、净化大气、维持生态系统平衡、构建优美环境等生态功能，其功能的特殊性使得建筑绿化不仅不会产生污染，更不会消耗能源，同时还可以弥补由于建造以及维持建筑的能源耗费，降低由此而导致的环境污染，改善和提高建筑环境质量，从而为城市建筑生态小环境的改善提供可能性和理论依据。

2. 建筑外环境绿化功能

建筑外环境绿化是改善建筑环境小气候的重要手段。据测定，$1m^2$ 的植物叶面每日可吸收二氧化碳 15.4g、放出氧气 10.97g、吸收热量 959.3kJ、释放水分 1634g，可为环境降温

$1 \sim 2.59℃$。另一方面，植物又是良好的减噪滞尘的屏障，如高1.5m、宽2.5m的绿蓠可减少粉尘量为50.8%、减弱噪声$1 \sim 2dB（A）$。良好的绿化结构还可以加强建筑小环境的通风，利用落叶乔木为建筑调节光照已是国内外绿化常用的手段。

3. 建筑物的绿化功能

建筑绿化是指用花、草、树等植物在建筑的内外部空间、环境等进行绿化种植、绿化配置。在建筑与绿化的结合关系上，应以建筑为主，配之以绿化。但在某种特定的特殊环境条件下，有时以建筑去配合绿化，特别是那些有特殊含意的珍稀植物。由于近年来城市人口剧增、建筑迅速发展，人的社会、科学技术、文化艺术、生产、旅游等活动不断增加和扩大，使人们越来越感觉到改善环境、美化环境的重要性。然而，改善环境、美化环境最有效的办法就是绿化。建筑与绿化互相匹配、互相结合，成为一个和谐的整体，如同回归自然，这有利于人们的身体健康，还能保护我们的绿色家园。

一般而言，建筑绿化主要包括屋顶绿化和墙面绿化两个方面。建筑物绿化使绿化与建筑有机结合，一方面可以直接改善建筑的环境质量；另一方面还可以补偿由建筑物建立导致的绿化量减少，从而提高整个城市的绿化覆盖率与辐射面。此外，建筑物绿化还可以为建筑物隔热，有效改善室内环境。据测定，夏季墙面绿化与屋顶绿化，可以为室内降温$1 \sim 2℃$，冬季可以为室内减少30%的热量损失。植物的根系可以吸收和存储$50\% \sim 90\%$的雨水，大大减少水分的流失。据有关资料报道，一个城市如果其建筑物的屋顶全部绿化，则该城市的二氧化碳要比没有绿化前减少85%，空气中的氧气含量大大增加。

4. 建筑室内绿化的功能

一定规模的室内绿化，可以吸收二氧化碳并释放出氧气，吸收室内有毒气体，减少室内病菌的含量。试验结果表明：云杉具有明显杀死葡萄球菌的效果；菊花可以在一日内除去室内61%的甲醛、54%的苯、43%的三氯乙烯。室内绿化还可以引导室内空气对流，增强室内通风。由此可见，室内绿化可以大大提高室内环境舒适度，改善人们的工作环境和居住环境。另一方面，绿化可以将自然引入室内，满足人类向往自然的心理需求，成为提高人们心理健康的一个重要手段。

二、室外绿化体系的构建

实践充分证明，绿化不仅可以调节室内外的温湿度，有效降低绿色建筑的能耗，同时还能提高室内外空气质量，从而提高使用者的健康舒适度，并且能满足使用者亲近自然的心理需求。因此，建筑绿化是绿色建筑节能、健康舒适、与自然融合的主要措施之一。构建适宜的室外绿化体系是绿色建筑的一个重要组成部分，我们应当在了解植物的生物、生态习性和其他各项功能的基础上，提出适宜绿色建筑室外绿化、屋顶绿化和垂直绿化体系的构建思路。

1. 植物的选择原则

植物的选择是一项非常重要的工作，不仅关系到植物的适应性、成活率和美观性，而且关系到人的健康和安全。植物的选择首先要考虑其主要的生态功能和植物种类是否适宜，其次还要考虑到建筑使用者的安全，综合起来主要有以下几个方面。

（1）多用乡土植物

即选择生长健壮，便于管理的乡土树种，在居住区内，由于建筑环境的土质一般较差，宜选耐瘠薄、生长健壮、病虫害少、管理粗放的乡土树种，这样可以保证树木生长茂盛，并具有地方特色。

（2）耐阴树种和藤蔓植物应用

由于居住区庭园多处于房屋建筑的包围之中，阴暗部分较多，尤其是房前、屋后的庭园，约有1/2是在房屋的阴影部位，所以一定要注意选择耐阴植物，如垂丝海棠、金银木、珍珠梅、玉簪等。攀缘植物在居住环境中是很有发展前途的一种植物。庭园藤蔓植物，无论是主动攀扯或是依附攀缘，都使绿化布置产生向上爬或向下垂的效果，故也称"垂直绿化"，在目前人多地少的城市中，特别在居家庭园中可供绿化的地面空间小，它可以弥补绿地空间的不足，既美化环境又可以增加绿化面积，栽植此类植物不失为绝佳的选择。

（3）应用具有环境保护作用和经济收益的植物

根据建筑环境，因地制宜地选用那些具有防风、防晒、防噪声、调节小气候，以及能吸附大气污染的植物。有条件的庭园，可选用在短期内具有经济收益的品种，特别可以选用那些不需施大肥、管理简便的果、蔬等经济植物，如核桃、葡萄、枣、杏、桃等，既好看又实惠的品种。

（4）注重庭院环境细节

应注意选择观赏性较好，无飞絮、少花粉、无毒、无刺激性气味的植物。在了解植物自身特性因素的同时，也要将庭园功能纳入植物选择的考虑之内，尤其是供儿童玩耍、嬉戏的场所，这一区域内应当禁止种植带刺、带钩或尖状物的植物，如玫瑰、月季、椤木石楠、木香等。

2. 群落配置的原则

（1）功能性原则

在进行植物群落配置时，首先应明确设计的目的和功能。例如高速公路中央分隔带的种植设计，为了达到防止眩光的目的，确保司机的行车安全，中央分隔带中植物的密度和高度都有严格的要求；城市滨水区绿地中植物的功能之一就是能够过滤、调节由陆地生态系统流向水域的有机物和无机物，进而提高河水质量，保证水景质量；在进行陵园种植设计时，为了营造庄严、肃穆的气氛，在植物配置时常常选择青松翠柏，对称进行布置；在儿童公园和幼儿园内，一般应选择无毒、无刺、色彩鲜艳的植物，进行自然式布置，并且与儿童活泼的天性相一致。

（2）稳定性原则

在满足功能和目的要求的前提下，考虑取得较长期稳定的效果。在进行群落配置时，应根据立地条件，结合植物材料的自身特点和对环境要求来安排，使各种植物生长并生长得好。城镇绿化中引进一些适宜的树种是非常必要的，但相比之下使用乡土树种更为可靠、廉价和安全，因此这两者都应该受到重视。北方城镇受自然环境的影响，常绿树种资源有限，在冬季缺少绿色。因此许多城镇都非常注意常绿树种的引进。

（3）生态性原则

植物配置应按照生态学原理，充分考虑物种的生态位特征，合理选配植物种类，避免种间直接竞争，形成结构合理、功能健全、种群稳定的复层人工植物群落结构。同时根据生态学上物种多样性导致群落稳定性原理，植物配置时应充实生物的多样性。物种多样性是群落多样性的基础，它能提高人工植物群落的观赏价值，增强人工植物群落的抗逆性和韧性，有利于保持群落的稳定，避免有害生物的入侵。只有丰富的物种种类才能形成丰富多彩的人工植物群落景观，满足人们不同的审美要求；也只有多样性的物种种类，才能构建不同生态功能的人工植物群落，更好地发挥人工植物群落的景观效果和生态效果。

（4）多样性原则

地球上多数自然群落不是单一的植物区系所组成的，而是多种植物和生物的组合，符合自然规律和风貌的园林建设，必须重视生物多样性。如果植物种群单一，在生态上是贫乏的，在景观上也是单调的，园林植物配置注意乔、灌、草结合，植物群落可增加稳定性，也有利于珍稀植物的保护，充分利用高中低空间，叶面积指数增加，也能提高生态效益，有利于提高环境质量。

（5）艺术性原则

艺术性原则植物配置不是绿色植物的堆积，而是在审美基础上的艺术配置，是园林艺术进一步的发展和提高。在植物配置中，应遵循统一、调和、均衡、韵律等基本美学原则。这就需要在进行植物配置时熟练掌握各种植物材料的观赏特性和造景功能，对植物配置效果整体把握，根据美学原则和人们的观赏要求进行合理配置，丰富群落美感，提高观赏价值，渲染空间气氛。

三、室内绿化体系的构建

室内绿化是指建筑物内部空间（不论是敞开的或封闭的）的绿化。室内绿化可以增加室内的自然气氛，是室内装饰美化的重要手段。世界上许多国家对室内绿化都很重视，不少公共场所、私人住宅、办公室、旅馆、餐厅等内部空间都布置花木。

室内绿化是一种专门为人设计的环境，其出发点是尽可能地满足人的生理、心理乃至潜在的需要。在进行室内植物配置前，先对场所的环境进行分析，收集其空间特征、建筑参数、装修状况、光照、温度、湿度等资料，此外与植物生长密切相关的环境因子等诸多方面的资料是很有必要的。只有在综合分析这些资料的基础上，才能合理地选择适宜的植物，达到改善室内环境，提高健康舒适度的目的。

室内的植物选择是双向的，一方面对室内来说，是选择什么样的植物较为合适；另一方面对植物来说，应该有什么样的室内环境才能适合生长。大部分的室内植物，原产南美洲低纬度区、非洲南部和南东亚的热带丛林地区，适应于温暖湿润的半荫或荫蔽的环境下生长，不同的植物品类，对光照、温湿度均有差别。清代陈子所著《花镜》一书中，早已提出植物有"宜阴、宜阳、喜湿、当瘠、当肥"之分。

家庭室内绿化植物的选择，主要是指如何根据主人的爱好、各个空间的环境特点和功能要求，合理地陈设植物。室内绿色植物的选择主要是根据室内空间的大小以及光线和温度的情况而定。室内绿化选择的原则从总体上说，绿色植物在装饰室内时多作为衬景点缀出现，烘托整体效果。这就要求陈设时尽量利用室内周边、死角处，以衬托其他物品，或与其他物品共同形成视觉中心。

第四节　景观设计的程序与表达

景观是人所向往的自然，景观是人类的栖居地，景观是人造的工艺品，景观是需要科学分析方能被理解的物质系统，景观是有待解决的问题，景观是可以带来财富的资源，景观是反映社会伦理、道德和价值观念的意识形态，景观是历史，景观是美。作为景观设计的对象，景观是指土地及土地上的空间和物体所构成的综合体，它是复杂的自然过程和人类活动在大地上的烙印。城市景观是指景观功能在人类聚居环境中固有的和所创造的自然景观美，它可使城市具有自然景观艺术，使人们在城市生活中具有舒适感和愉快感。

一、环境景观设计的程序

环境景观在建造之前，设计者要按照建设任务书，把施工过程和使用过程中所存在的或可能发生的问题，事先作好整体的构思，以定好解决这些问题的办法、方案，并用图纸和文件表达出来，作为备料、施工组织工作和各工种在制作、建造工作中相互配合协作的共同依据，以便整个工程得以在预先设定的投资限额范围内，使建成的环境景观可以充分满足使用者和社会所期望的各种要求。它主要包括物质方面和精神方面的要求。

（一）环境景观设计的基本程序

为了使环境景观设计顺利进行，少走弯路，少出差错，取得良好的成功，在众多矛盾问题中，先考虑什么，后考虑什么，必须要有一个程序。根据一般环境景观设计实践的规律，环境景观设计程序应该是从宏观到微观、从整体到局部、从大处到细节、进而步步深入。环境景观设计可分为五个阶段：第一，环境景观设计的搜集资料阶段；第二，环境景观的初步方案阶段；第三，环境景观的初步设计阶段；第四，环境景观的技术设计阶段；第五，环境景观设计的施工图和详图阶段。

1. 环境景观设计的搜集资料阶段

环境景观设计之前，首先要了解并掌握各种有关环境景观的外部条件和客观情况。自然条件包括地形、气候、地质、自然环境等，根据城市规划对环境景观要求，城市人文环境使用者对环境景观设计要求，特别是对环境景观所应具备的各项使用要求，对经济估算依据和所能提供的资金、材料、施工技术和装备的要求等，以及可能影响工程的其他客观因素。这个阶段，设计者应经常协助咨询以确定设计任务书，进行可行性研究，提出地段测量和工程勘查的要求，以及落实某些建设条件等。

2. 环境景观的初步方案阶段

设计者在对环境景观的功能和形式安排有了大概的布局之后，在初步方案阶段首先要考虑和处理环境景观与城市规划的关系，即景观与周围建筑高低、体量的关系。然后还要考虑景观对城市交通影响等关系。

3. 环境景观的初步设计阶段

环境景观的初步设计阶段是环境景观设计过程中关键性阶段，也是整个设计构思基本成型的阶段。初步设计中首先要考虑环境景观的合理布局、空间和交通的合理联系以及景观的艺术效果。为了取得良好的艺术效果，还应该还结构和合理性相统一。因此，结构方式的选择应考虑坚固耐久、施工方便及造价的经济合理等要素。

4. 环境景观的技术设计阶段

环境景观的技术设计阶段是初步设计具体化的阶段，也是各种技术问题的定案阶段。技术设计的内容包含环境景观和各个局部的具体做法，各部分确切的尺寸关系、装修设计、结构方案的计算和具体内容等。各种构造和用料的确定，各个技术工种之间矛盾的合理解决以及设计预算的编制等。

5. 环境景观施工图和详图设计阶段

环境景观施工图和详图设计阶段主要是通过图纸，把设计意图和全部设计结果，包括具体的做法和尺寸等表达出来，作为工人施工制作的依据。这个阶段是设计工作和施工工作的桥梁。施工图和详图要求明晰、周全、表达确切无误。施工图和详图的设计工作是整个设计工作的深化和具体化，又可称为细部设计。它主要解决构造方式和具体做法的设计，解决艺术上的整体与细部、风格、比例和尺度的相互关系。该设计水平在很大程度上影响整个环境景观的艺术水平。

（二）主要设计程序的具体内容

一个科学合理的设计程序对于整体设计的成功具有非常重要的作用，它不仅可以帮助业主方和设计师理清设计工作的思路，明晰不同工作阶段的工作内容，而且可以引导并解决在景观设计中出现的诸多问题。根据景观设计的相关规律，归纳起来，环境景观设计主要包括前期准备阶段、方案设计阶段和施工图设计阶段，其各自包括的具体工作内容也不相同。

1. 前期准备阶段的工作内容

根据景观设计的实践经验，在前期准备阶段的主要工作内容有接受设计委托、进行现状调研、收集设计资料和制订工作计划。

（1）接受设计委托这是景观设计工作的开始，业主方向景观设计师提供设计任务书，设计任务书是最直接的景观设计依据，是业主以正式书面的形式提出，并在设计任务书中明确项目名称、建设地点、设计任务、设计目标、时间期限、功能要求、总体造价等内容。景观设计师在接到设计任务书后，会对其中的内容进行梳理和思考，根据项目的基本情况、业主的要求和以往的工作经验，提出设计的方向，然后通过和业主方详细沟通后，设计师明确设计项目的工作意向，然后经双方协商，签订景观工程设计合同。

（2）进行现状调研在景观设计工作正式开始之前，为了顺利和高质量完成设计委托任务，设计师必须深入现场了解情况，掌握设计的第一手资料。具体包括设计场地的区域概况、地形地貌、自然条件、人口密度、当地历史文化特征和人文背景，通过对现状的充分调查分析，景观设计者可以很好地把握环境对景观设计的影响和制约，这样才能进行有效的设计，所以进行现场调查、测绘、分析工作十分必要。

（3）收集设计资料在进行景观设计开始之前，相关的设计资料必须齐全，首先景观设计师要获得相关的设计图纸、规划指标、市政设施、地形条件、水文资料、交通条件等资料，同时也应该关注和收集与项目相关的实际案例，对其进行研究和总结，还需要熟悉相关的设计规范和标准，为下一步的设计奠定基础。

（4）制订工作计划制订切实可行的工作计划是景观设计工作顺利的保证，设计中各个环节的衔接和工作的交接、交叉，整个设计工作的有序推进，不同时间所需要完成的工作任务等，都需要有一个合理的工作计划来领引。景观设计工作计划主要包括设计内容、设计进度、时间节点、与各设计方配合节点、各工作段的汇报等。

2. 方案设计阶段的工作内容

方案设计是设计中的重要阶段，它是一个极富有创造性的设计阶段，同时也是一个十分复杂的阶段，它涉及设计者的知识水平、经验、灵感和想象力等。在方案设计阶段设计人员根据设计任务书的要求，运用自己掌握的知识和经验，选择合理的技术系统，构思满足设计要求的原理解答方案。

（1）方案立意与构思

立意与构思是进行景观设计的开始，设计师根据设计任务书的要求和前期资料，对设计场地进行创造性的思考和构想，正确的立意和巧妙的构思是优秀设计作品的起源，也是一直贯穿在整个设计过程中的。成功的设计立意可以在满足功能、形式、技术、生态等问题的基础上把设计推向更高的层次，使得设计作品具有更深刻的内涵和境界，从而能给人们心灵上的愉悦和情感上的升华。

（2）概念方案设计

概念方案是设计师充分考虑了场地的各种情况，通过具体的设计手法，将立意与构思图纸化、具体运用到场地的设计之中，进行概念性的表达。其表达是对整体空间的构想、功能布局的合理性和整体风格的定位，也是对立意与构思的再现，不拘泥于细节，主要从宏观而整体的角度，对整个场地的梳理和设计，可能是一个设计概念，也可能是几个不同的设计概念同时出现。

概念方案实际上是在项目的方案设计开始之前，提供给业主的初步的方向性设计草图、示意图、规划图、项目问题分析、风格趋向等内容。项目的概念设计方案通常是签订合同的前提，展示设计水平和服务项目的机会，也是和业主探讨方案的基础。

（3）方案设计

方案设计也称为初步设计，是在概念方案的基础上的完善和调整，将概念方案进行推敲和细化的过程，使之更加合理、更具可操作性。完整的方案设计对整体布局、功能分区、风格定位、交通流线等都有清晰的显示，并在重点区域有局部详图和效果图等，可以更清晰地体现设计意图。在方案设计阶段，往往会有一个方案的比较过程，即在概念方案设计阶级可能会提出几个概念性的设计方案，在方案设计阶段需要进一步地进行比较和选择，然后再进行有针对性的方案设计。

（4）方案深化设计

方案深化设计也称为扩大初步设计，方案深化设计是在方案设计已经被业主接受和认可的基础上，对设计方案进行更为深入、详细的深化设计，深化设计主要是对方案设计的延续和深入，在总平面图的基础上深入细化各区域平面、立面和剖面，同时会考虑设计的细部、构造等。整个深化过程既为下一步的施工图设计做准备，也是更为深入地解决景观形式和景观之间的相互关系，使得设计方案更趋合理和成熟的关键。

在方案设计的过程中，由于时间限制及客户喜好不确定等各种因素影响，作为设计思路的依据及表达，通常选择具有代表性的空间进行深化设计，也就是我们常说的主要平立面和主要空间效果图。

3. 施工图设计阶段的工作内容

施工图设计是景观工程设计的一个重要阶段，安排在方案设计、方案深化设计两个阶段后。这一阶段主要通过图纸，把设计者的意图和全部设计结果，准确无误地用图纸表达出来，作为施工单位进行施工的依据，它是设计和施工工作的桥梁。在图纸中不仅要明确各部位的名称、尺寸、材质、色彩，而且还要给出相应的构造做法，以便施工人员进行操作。在施工图设计阶段主要有如下工作内容。

（1）在向业主提交所有的施工图后，设计师应当向施工单位的技术人员解释所有施工图纸，让施工人员能清晰地理解设计图纸的意图，在施工中能正确地运用。

（2）在施工过程中，设计师需要定期去查看施工现场的施工工艺和施工材料的选用，对施工效果进行评价，以便及时发现施工中的不足，并给予纠正。同时如果现场出现问题，设计师也应当及时给予解决。

（3）在所有工程施工完成后，设计师应当到现场会同质量检验部门和建设单位一起进行竣工验收。

二、环境景观设计的表达

设计创作和设计表达是一直贯穿在整个设计过程中的两个不可分割的方向，首先设计需要优秀的创作，优秀的创作带给人们心灵的愉悦和生活的享受，而优秀的创作则需要用好的图纸形式向人们表达，让人们可以清晰、明了地理解创作意图，可以说"创作是设计的灵魂，表达是设计的根本"。因此，环境景观设计的表达是一项非常重要的工作。

1. 环境景观设计的徒手表达

运用一定的绘图工具和表现技法进行设计是景观设计中常用的表达方式，也是景观设计师必备的一项技能，因为景观设计从一开始就交织着构想、分析、改进和完善，景观设计师需要将头脑中的思维徒手表达出来，以便作进一步的推敲、判断、交流、反馈和调整，待设计方案完成后，也可以徒手绘出各种不同的分析图、效果图等来表达设计方案。在景观设计

中常用的徒手表达方法有铅笔表达、钢笔表达、水彩表达、水粉表达、马克笔表达和综合表达等。

景观手绘表现作为一个特殊的画种，有特殊的技巧和方法，对表现者也有着多方面的素质要求。一个优秀的表现图的设计师必须具有一定的表现技能和良好的艺术审美力。一个好的手绘设计作品不仅是图示思维的设计方式，还可以产生多种多样的艺术效果和文化空间。手绘的表现过程是扎实的美术绘画基本功的具体运用与体现的过程。一个好的创意，往往只是设计者最初设计理念的延续，而手绘则是设计理念最直接的体现。手绘是设计的原点，手绘的绘制过程有助于进一步培养、提高设计师在设计表现方面的能力，提高对物体的形体塑造能力，提高处理明暗、光影、虚实变化、主次等关系及质感表现、色彩表现与整体协调能力。手绘不仅一种技能，还是个人修养与内涵的表现。

2. 环境景观设计计算机表达

一个好的环境景观设计作品的产生，主要应当包括三个方面。从基础开始说是计算机表达、构图能力和创意。但作品的产生过程是相反的，首先有了好的创意，然后把它在脑海中进行粗略构图，借助简单的计算机手段或者手绘，变成较为详细的草图，最后综合运用计算机技巧做出成果图。所以说，以上三者缺一不可但有时又各有侧重，其中计算机表达是极其重要的一个方面。

随着计算机技术的日趋成熟和各种绘图软件的不断开发，计算机表达已经在景观设计行业得到广泛应用，其速度快、准确性好等优点，使得设计工作的效率得到很大的提升，给景观设计师带来前所未有的方便和快捷。同时计算机表达的效果非常逼真，场景还原性等优势也得到了市场的认可，更进一步提高了景观设计师运用计算机表达的热情。在环境景观设计中常见的计算机表达软件有以下几种。

（1）AutoCAD

AutoCAD（Auto Computer Aided Design）是 Autodesk（欧特克）公司首次于 1982 年开发的自动计算机辅助设计软件，用于二维绘图、详细绘制、设计文档和基本三维设计。现已经成为国际上广为流行的绘图工具，此设计软件以精确、高效而著称，可以十分准确、详细地绘制出不同设计层面所需要表达的尺寸、位置、构造等，在平时的设计中主要用于绘制工程图纸（如平面图、剖面图、立面图和各种详图等），也可以用于建立三维模型来直观、准确地表达设计形体，供设计师思考和推敲设计。

AutoCAD 具有良好的用户界面，通过交互菜单或命令行方式便可以进行各种操作。它的多文档设计环境，让非计算机专业人员也能很快地学会使用。在不断实践的过程中更好地掌握它的各种应用和开发技巧，从而不断提高工作效率。AutoCAD 具有广泛的适用性，它可以在各种操作系统支持的微型计算机和工作站上运行。

（2）3DStudioMax

3DStudioMax，常简称为 3DSMax 或 Max，是 Discreet 公司开发的（后被 Autodesk 公司合并）基于 PC 系统的三维动画渲染和制作软件。其前身是基于 DOS 操作系统的 3DStudio 系列软件。在 Windows NT 出现以前，工业级的 CG 制作被 SGI 图形工作站所垄断。3DStudioMax+WindowsNT 组合的出现一下子降低了 CG 制作的门槛，首先开始运用在电脑游

戏中的动画制作，后更进一步开始参与影视片的特效制作。在 Discreet3Dsmax7 后，正式更名为 Autodesk3DSMax，最新版本是 3dsMax2015。

此软件已广泛应用于广告、影视、工业设计、建筑设计、多媒体制作、游戏、辅助教学以及工程可视化等领域中，其具有强大的建模和动画功能，以逼真、可操作性强而著称，在国内发展的相对比较成熟的建筑效果图仰建筑动画制作中，3DSMax 的使用率更是占据绝对的优势。我国设计实践证明，在景观设计中用 3DSMax 软件来表达，对景观设计师有着很大的帮助。

（3）Lightscape

Lightscape 是一种先进的光照模拟和可视化设计系统，用于对三维模型进行精确的光照模拟和灵活方便的可视化设计。Lightscape 是世界上唯一同时拥有光影跟踪技术、光能传递技术和全息技术的渲染软件。它能精确模拟漫反射光线在环境中的传递，获得直接和间接的漫反射光线。光影跟踪技术（Raytrace）使 Lightscape 能跟踪每一条光线在所有表面的反射与折射，从而解决了间接光照的问题；而光能传递技术（Radiosity）把漫反射表面反射出来的光能分布到每一个三维实体的各个面上，从而解决了漫反射问题。最后，全息渲染技术把光影跟踪和光能传递的结果叠加在一起，精确地表达出三维模型在真实环境中的实情实景，制作出光照真实、阴影柔和、效果细腻的渲染效果图，从而让使用者得到真实自然的设计效果。

（4）SketchUp

SketchUp 是一套直接面向设计方案创作过程的设计工具，其创作过程不仅能够充分表达设计师的思想而且完全满足与客户即时交流的需要，它使得设计师可以直接在电脑上进行十分直观的构思，是三维建筑设计方案创作的优秀工具。SketchUp 是一个极受欢迎并且易于使用的 3D 设计软件，很多使用者将它比喻作电子设计中的"铅笔"。它的主要卖点就是使用简便，人人都可以快速上手。

SketchUp 软件其直观、形象的设计界面，简单、快捷的操作方式，深受使用者的欢迎，同时它可以直接输入数字，进行准确的捕捉、修改，使设计者可以直接在电脑上进行十分直观的构思设计，并可以方便地生成任何方向的剖面，让设计更加透彻、合理。同时整个设计过程的任何阶段都可以作为直观的三维成品，还可以模拟手绘草图的效果，也可以根据需要确定关键帧页面，制作成简单的动画自动实时演示，让设计和交流成为极其便捷的事情。

（5）Photoshop

Photoshop 是 Adobe 公司旗下最为出名的图像处理软件之一，此软件是集图像扫描、编辑修改、图像制作、广告创意、图像输入与图像输出于一体的图形图像处理软件，也是目前在设计中最为专业的图形处理软件，其具有强大的处理功能，基本能够满足城市景观设计工作中的各种需求。它可以制作为各种精美的图像，还可以弥补在其他设计软件上所作图形的缺陷，使设计变得更加完美，还可以调整图面色彩，以便更为准确地表达设计意图。

从功能上看，该软件可分为图像编辑、图像合成、校色调色及特效功能特色制作部分等。图像编辑是图像处理的基础，可以对图像做各种变换，如放大、缩小、旋转、倾斜、镜像、透视等；也可进行复制、去除斑点、修补、修饰图像的残损等。图像合成则是将几幅图像通

过图层操作、工具应用合成完整的、传达明确意义的图像，这是美术设计的必经之路；该软件提供的绘图工具让外来图像与创意很好地融合。

　　除了上面介绍的五种常用设计外，还有很多优秀的工具软件。在进行学观设计的过程中，多了解一些设计软件会使设计者的思路变得更为开阔，使城市的景观设计达到绿色、生态、综合、多效的目的。

参考文献

[1] 林宪德.绿色建筑——生态·节能·减废·健康 [M].北京:中国建筑工业出版社,2007.

[2] 中国建筑科学研究院.绿色建筑评价标准(GB/T50378—2014)[S].北京:中国建筑工业出版社,2014.

[3] 陈敖宜.张肇毅·全寿命周期分析 [J].绿色建筑,2012,(01):24.

[4] 甄兰平,邰惠鑫.面向全寿命周期的节能建筑设计方法研究 [J]·建筑学报,2003,(03):50–51.

[5] 吕丹.高层建筑的生物气候学一–杨经文设计理论研究 [J]·新建筑,1999,(04):72–75.

[6] 吴向阳.寻找生态设计的逻辑一一杨经文的设计之路 [J].建筑师,2008(01):78–86 +93.

[7] 齐康,杨维菊.绿色建筑设计及技术(第一版)[M].南京:东南大学出版社,2011.

[8] 栗德祥,周正楠.解读清华大学超低能耗示范楼 [J].建筑学报,2005,(09):16–17.

[9] 武毅,王磊,孙熙琳.清华大学超低能耗示范楼 [J].工业建筑,2005,(07):7—10 +98.

[10] 夏麟·绿色建筑的设计理念技术与实践 [J]·住宅产业,2013,(08):24_28.

[11] 甄兰平,邰惠鑫.面向全寿命周期的节能建筑设计方法研究 [J].建筑学报,2003,(03):52—53.

[12] 曾坚,左长安.基于可持续性与和谐理念的绿色城市设计理论 [J].建筑学报,2006,(12):10—13.

[13] 中国建筑科学研究院.绿色建筑评价标准(GB/T50378—2014)[S].北京:中国建筑工业出版社,2014.

[14] Top Energy 绿色建筑论坛.绿色建筑评估 [M].北京:中国建筑工业出版社,2007

[15] 陈华晋,李宝骏,董志峰.浅谈建筑被动式节能设计 [J].建筑节能,2007,(03):29—31.

[16] 林波荣.绿色建筑评价标准——室内环境质量 [J].建设科技,2015,(04):32—35+39.

[17] 马新慧.自然光光导照明在建筑采光中的应用 [J].建筑电气,2007,(04):15—18.

[18] 戚淑纯,薛冰洋,蒋国勇.太阳光导入器技术 [J]·建筑电气,2007,(04):9—14.

[19] 太阳能光伏发电系统的应用领域 [J].能源与节能,2015,(03):172.

[20] 申洁.地源热泵系统的工作原理和特点及应用 [J].山西建筑,2010,(30):187—188.

[21] 欧阳生春.美国绿色建筑评价标准 LEED 简介 [J].建筑科学,2008,(08):1—3+14.

[22] 李江南.对美国绿色建筑认证标准 LEED 的认识与剖析 [J].建筑节能,2009,(01):60—64.

[24] 中国建筑科学研究院.绿色建筑评价标准(GB/T50378—2014)[S].北京:中国建筑工业出版社,2014.

[25] 王清勤,叶凌.绿色建筑评价标准——节能与能源利用 [J].建设科技,2015,(04):21—24.

[26] 程大章.绿色建筑评价标准–运营管理 [J].建设科技,2015,(04):40—43.

[27] 齐康，杨维菊.绿色建筑设计及技术（第一版）[M].南京：东南大学出版社，2011.

[28] 王爱之.世界现代建筑史[M].北京：中国建筑工业出版社，2012.

[29] 王建国，兴平.绿色城市设计与低碳城市规划——新型城市化下的趋势[J]·城市规划，2011，（02）：20–21.

[30] 林中杰，时匡.新城市主义运动的城市设计方法论[J].建筑学报，2006，（01）：6—9.

[31] 任春洋.美国公共交通导向发展模式（TOD）的理论发展脉络分析[J]·国际城市规划，2010，（04）：92–99.

[32] 马和，马利波，张远景.TOD模式理论研究[J].山西建筑，2009，（25）：12—14.

[33] 王治，叶霞飞.国内外典型城市基于轨道交通的"交通引导发展"模式研究[J].城市轨道交通研究，2009，（05）：1—5.

[34] 陆彦，卢碧蓉.美国兴起"共同住宅"社区[J].社区，2009，（20）：55—56.